海绵城市绿地建设
管理技术指南与实践

Technical Guidelines and Practice for Construction
and Management of Sponge City Green Space

中国城市建设研究院有限公司　主编

图书在版编目(CIP)数据

海绵城市绿地建设管理技术指南与实践=Technical Guidelines and Practice for Construction and Management of Sponge City Green Space/中国城市建设研究院有限公司主编. —北京:中国建筑工业出版社, 2020.12

ISBN 978-7-112-25611-2

I.①海… II.①中… III.①城市绿地-绿化规划—研究 IV.① TU985.1

中国版本图书馆CIP数据核字(2020)第231936号

责任编辑:杜 洁
责任校对:赵 菲

海绵城市绿地建设管理技术指南与实践

Technical Guidelines and Practice for Construction and Management of Sponge City Green Space

中国城市建设研究院有限公司 主编

＊

中国建筑工业出版社出版、发行(北京海淀三里河路9号)

各地新华书店、建筑书店经销

北京富诚彩色印刷有限公司印刷

＊

开本:880毫米×1230毫米 1/16 印张:$15\frac{1}{4}$ 字数:465千字

2022年3月第一版 2022年3月第一次印刷

定价:149.00元

ISBN 978-7-112-25611-2

(36696)

编 委 会

上篇　海绵城市绿地建设理论

主　　编：王磐岩

副 主 编：白伟岚　王香春　任心欣　王思思　刘海龙　季冬兰

编　　委：牛　萌　王文亮　张春洋　樊崇玲　徐隆辉　蒋国超　马婷婷　周怀宇
　　　　　陈顺霞　王家卓　韦　护　刘小芳　任希岩　贾　茵　张　伟　苏　醒
　　　　　殷学文　韩刚团　让余敏　曹利勇　廖聪全　冯林林　孙　烨　魏映彦
　　　　　张　哲　张云天　杨　洁　莫长斌　周　峰　陈远霞　杨　涟　姚茜茜
　　　　　戴克安

校　　审：张晓鸣　章林伟　强　健　郑克白　朱志红　张树林　李俊奇　车　伍
　　　　　田永英　吕伟娅　王　滢　刘冬梅　雷　芸　朱坚平

主编单位：中国城市建设研究院有限公司
参编单位：北京建筑大学
　　　　　深圳市城市规划设计研究院
　　　　　清华大学
　　　　　中规院（北京）规划设计公司
　　　　　武汉市园林建筑规划设计研究院有限公司
　　　　　天津市建筑设计研究院有限公司
　　　　　重庆市风景园林规划研究院
　　　　　嘉兴市规划设计研究院有限公司
　　　　　武汉武钢绿色城市技术发展有限公司
　　　　　华蓝设计（集团）有限公司
　　　　　南宁市古今园林规划设计院
　　　　　武汉海绵城市建设有限公司
　　　　　陕西省西咸新区沣西新城管理委员会
　　　　　重庆悦来投资集团有限公司
　　　　　南宁市城乡建设委员会
　　　　　贵安市政园林景观有限公司
　　　　　葛洲坝风景园林公司

下篇　海绵城市绿地建设实践

主　　编：王磐岩

副 主 编：白伟岚　牛　萌　季冬兰　王贤萍　高　源

编　　委：王媛媛　马婷婷　达周才让　蒋国超　孙　晨　何俊超　王国玉　邱莉淘

让余敏　石　硕　秦　婷　李洁敏　姚　婧　冯林林　孙　烨　楼　诚

解明利　邓朝显　梁行行　马　越　石战航　张　哲　韦　护　冯延锋

莫长斌　李宇宁　黄　琳　黄　建　任荣志　魏映彦　申　亚　舒永胜

周　峰　郭波美　李雪梅　陈顺霞　杨　洁　李旭东　刘小芳　王耀堂

柴勇浩　李　靖　王　清　翟　玮

主编单位：中国城市建设研究院有限公司

参编单位：武汉市园林建筑规划设计研究院有限公司

武汉武钢绿色城市技术发展有限公司

武汉市水务科学研究院

武汉海绵城市建设有限公司

嘉兴市规划设计研究院有限公司

重庆市风景园林规划研究院

南宁市古今园林规划设计院

陕西省西咸新区沣西新城管理委员会

华蓝设计（集团）有限公司

天津市建筑设计研究院有限公司

重庆悦来投资集团有限公司

白城市住房和城乡建设局

北京建筑大学

深圳市致道景观设计有限公司

重庆市市政设计研究院

北京土人城市规划设计股份有限公司

序

海绵城市建设是通过城市规划、建设、管理等环节，坚持生态为本、自然和谐，采取灰绿结合、蓝绿融合的设计营造手法，充分发挥山水林田湖草等自然生态系统对降水的滞蓄、积存、渗透和净化作用，有效控制雨水径流，实现自然积存、自然渗透、自然净化的现代城市发展模式，有利于修复水生态，涵养水资源，改善水环境，提高城市韧性和防灾减灾的能力，促进人与自然和谐共生。

自 2014 年以来，我国海绵城市建设在中央和地方各级政府的高位推动下，通过试点引路，探索符合中国国情的可复制，可推广的工法、经验和制度，逐步由点及面、推而广之，正助力着我国城镇化建设方式转型，提升城镇建设品质和人居环境。

城市绿地系统是实现海绵城市建设目标的重要载体。本书编者作为海绵城市建设试点工作的直接参与者，积累了大量的工程实践经验和心得，由此凝练了海绵城市绿地建设技术实施理念，并从全国海绵城市建设试点中筛选了 24 个、建设规模从几千平方米到三百多公顷，涉及附属绿地、公园绿地、区域绿地等三类绿地海绵城市建设改造项目案例，从场地本底基本状况、问题与需求、海绵城市建设目标与指标确定、项目海绵工程设计、成效评价、绿地海绵设施的维护与管理等 6 个方面系统梳理了项目建设的全过程，以及通过城市绿地系统发挥源头减排、雨洪蓄排等海绵城市功能的作用。

此书的出版，相信一定会促进规划、设计、工程建设和管理等方面的技术人员加深对海绵城市建设的理解与认识，推动城市规划、给排水、园林景观、建筑设计等相关专业人员在海绵城市规划设计、建设与管理方面的有机融合，亦对我国系统化全域推进海绵城市建设有所裨益！

2021 年 12 月 8 日于北京

前　言

海绵城市作为城市发展的一种理念，立足生态优先，通过顶层设计，规划统筹，系统落实，有效控制雨水径流，实现雨水自然积存、自然渗透、自然净化，最大限度地保护水生态和水环境，利用水资源。

受住房和城乡建设部委托，中国城市建设研究院有限公司与北京建筑大学、深圳市城市规划设计研究院、清华大学、中规院（北京）规划设计公司等18家规划设计和教学科研单位、海绵城市管理部门，对海绵城市绿地建设管理技术开展研究。通过海绵城市建设成功案例分析、经验总结，梳理构建了跨专业推动海绵城市绿地建设的技术方法，并形成《海绵城市绿地建设管理技术指南与实践》，包括上篇"海绵城市绿地建设理论"和下篇"海绵城市绿地建设实践"。上篇包括总则、绿地系统规划、绿地设计、绿地及绿色雨水设施工程建设、绿地海绵功能维护管养和海绵城市绿地绩效评估六个章节，将海绵城市建设目标与城市绿地规划、建设、管理有机协调，为推动空间规划指导下的城市生态基础设施建设作了积极有益的尝试。

上篇基于有效发挥绿地作为海绵体在城市建设中的综合功能，更好地实现城市绿地对雨水的渗透、储存、调蓄、净化和利用，在研究总结国际相关国家先进经验的同时，立足我国城市特点和"因地制宜、天人合一"的中国园林工程理念，以海绵城市建设为目标，系统梳理了城市绿地规划设计、施工管理、考核评价全过程管控技术，突出"蓝绿灰"融合和多专业协同，编制完成《海绵城市绿地建设管理技术指南》。该指南提出了城市绿地在规划和项目建设不同阶段的控制指标及各类绿地应承担的海绵功能；并按照充分发挥绿地综合功能、强化有条件绿地提升海绵功能的原则，明确不同绿地要素的设计、建设、管养要点以及典型绿色雨水设施的设计、建设、维护重点。为保证海绵城市绿地持续有效地发挥综合效益，建立了海绵城市绿地评估体系，从绿地系统和项目建设两个层面提出定性与定量绩效评估指标，可推动建立海绵城市绿地建设有效评估的工作机制，对指导海绵城市建设理念下城市绿地建设与管理具有重要意义。

中国地域辽阔，地形和气候千差万别，各城市自然禀赋不一，城市建设基础条件不同。海绵城市建设要全局统筹，系统谋划，科学运用"渗、滞、蓄、净、用、排"技术措施，解决城市水问题，实现海绵城市目标。海绵城市的建设涉及规划、设计、施工、管理，也涉及水文、气象、排水、园林、建筑、道路等多学科、多方面的知识。学习、实践，总结、提升，再实践，是实现海绵城市良性发展的关键。

绿地是城市唯一有生命的绿色基础设施，绿地与水体是支撑城市可持续发展的基石。根植大地，水流滋润，植物得以荣华。城市绿地，涵养雨水，为城市带来了无限生机；城市园林绿地，维护生态，为市民的幸福生活作出贡献。修复水生态，改善水环境、涵养水资源、提高水安全、复兴水文化，这也正是海绵城市建设不可迷失的初心。

　　下篇从全国30个海绵试点城市中挑选了具有区域代表性的13个城市和地区，包括天津、武汉、嘉兴、常德、南宁、贵安新区、重庆、深圳、厦门、福州、白城、西咸新区、西宁等，从公园绿地、附属绿地、区域绿地三类绿地建设改造项目中筛选了24个案例。从这些案例来看，公园绿地属于城市公共开放空间，通常占到城市建设用地面积的10%左右，是城市绿地海绵建设的主要项目类型，在海绵建设中承担着更为综合的海绵功能。附属绿地（各类建筑附属绿地、道路附属绿地）由于绿地面积有限，管网情况复杂，因此在海绵城市建设或改造过程中，绿地发挥的"海绵体"作用有限，且这类绿地大多属于源头减排项目，以低影响开发为主要技术措施，海绵建设目标单一。区域绿地属于城市非建设用地，包括生态保育用地、风景游憩用地、区域设施防护绿地和生产绿地等不同类型，面积较大且生态基础良好，因此在海绵城市建设中，根据其区位和自然地形地貌，在实现雨水内部平衡的基础上，更多地发挥了区域雨洪调控、城市行泄通道等海绵功能，是城市海绵体的重要组成部分。

　　本书中选择的案例有新建项目也有改造项目，从现状基本情况介绍、问题与需求分析、海绵城市绿地建设目标与指标、海绵城市绿道建设工程设计、建成效果评价及海绵城市绿地维护管理等多方面进行论述，力求做到全过程、数据化、因地制宜的展示项目效果，读者可按图索骥，结合实地考察，了解海绵城市绿地建设管理维护运营方法。

　　最后，衷心感谢为此书提供案例和资料的城市及相关单位！衷心希望与各位行业同仁一道，不断创新和完善我国海绵城市建设理论和实践，发挥城市绿地作为"最大海绵体"在系统全域推进海绵城市建设中的重要作用。

目　录

上篇　海绵城市绿地建设理论

海绵城市绿地建设管理技术指南 ……………………………………… 2

下篇　海绵城市绿地建设实践

海绵城市助力中国城市践行生态文明理念 ……………………………… 22

公园绿地　南宁市南湖公园海绵化综合改造工程 ……………………… 24

南宁市石门森林公园海绵化改造工程 …………………………………… 33

贵安新区星月湖二期海绵城市绿地建设 ………………………………… 44

武汉市青山区倒口湖公园海绵化改造 …………………………………… 53

武汉市青山公园海绵改造 ………………………………………………… 62

深圳市香蜜公园 …………………………………………………………… 70

西咸新区中心绿廊公园海绵化建设 ……………………………………… 77

西宁市湟水河湿地公园海绵化改造及景观提升 ………………………… 87

附属绿地　嘉兴市府南花园三期海绵改造 …………………………… 96

嘉兴市实验初中范蠡湖区块海绵城市建设工程 ………………………… 103

武汉市碧苑花园东区海绵化改造 ………………………………………… 110

南宁市政协办公区海绵化建设工程 ……………………………………… 118

天津市中新天津生态城公屋展示中心海绵建设 ………………………… 127

西咸新区"西部云谷"产业园区海绵化建设 …………………………… 133

重庆市国际博览中心海绵城市海绵化改造 ……………………………… 142

厦门海沧厦顺铝箔工厂海绵改造工程 …………………………………… 152

常德市人大常委大院及家属院海绵化建设 ……………………………… 161

嘉兴市南湖大道海绵城市建设工程 ……………………………………… 169

白城市道路源头减排与生态沟渠海绵建设 ……………………………… 177

区域绿地　贵安新区月亮湖公园一期海绵改造 ……………………… 186

武汉国际园林博览会海绵化建设 ………………………………………… 195

南宁青秀山兰园海绵城市建设工程 ……………………………………… 205

西宁西山海绵化改造及景观提升项目 …………………………………… 214

重庆市张家溪（悦来段）生态环境整治工程 …………………………… 224

上篇 海绵城市绿地建设理论

海绵城市绿地建设管理技术指南

1 总则

1.1 编制目的

为落实海绵城市发展理念，统筹绿地规划、设计、施工及维护管理全过程，并通过开展绩效评估，在切实保障城市绿地主体功能基础上，更好地实现绿地对雨水的渗透、贮存、调蓄、净化和利用等生态功能，指导绿地建设，制定本指南。

城市绿地指城市规划区内以自然植被和人工植被为主要形态的用地，包括城市建设用地内的公园绿地、防护绿地、广场用地、附属绿地和城市非建设用地内的区域绿地。城市绿地是城市中唯一有生命的绿色基础设施，承担城市生态、游憩、景观美化和文化教育等综合主体功能。不同类型城市绿地主体功能有所差异，海绵城市建设要统筹协调各类绿地主体功能与作为绿地生态功能组成的海绵功能，才能有效实现海绵城市建设的理念。

1.2 适用范围

本指南适用于城市绿地规划设计、建设管理等工作。

1.3 基本原则

1.3.1 生态优先、蓝绿协同的原则

以"自然积存、自然渗透、自然净化"为核心，以保障城市生态安全及城市绿地主体功能为基础，以系统解决城市"水生态、水环境、水资源、水安全和水文化"为目标，城市园林绿化与城市规划、市政给水排水、水利工程、道路工程等多部门协同，保护和恢复"山水林田湖草"等天然海绵体，维护城市生态格局与生态安全。顺应自然地形地貌，保留自然低洼地，梳理城市竖向关系，通过城市绿地建设，有机融合蓝绿空间，协同开展雨水控制利用和水环境综合治理等工作。

1.3.2 因地制宜、功能复合的原则

基于绿地在城市空间所处区位、周边用地状况、开发强度、竖向关系、管网布置等条件，与绿地本身的土壤、植被、山水地形特点，在满足城市绿地主体功能定位基础上，通过地形塑造、竖向空间的合理引导和植被群落营建，辅以雨水设施，与河湖水系等蓝色空间，城市雨水管渠、泵站等市政基础设施协同发挥对城市雨水的控制作用，提升城市绿地海绵功效，营造"雨旱两宜"景观。

1.3.3 经济适用、以效评估的原则

城市绿地海绵设施建设立足自然生态，以自然做功为主，以雨水径流控制为目标，综合考量项目建设的技术经济指标与后期维护管养成本，选择适宜技术措施。"蓝、绿、灰"相结合，"源头、过程、末端"有机衔接，建立海绵城市绿地运维和评估体系，保证绿地持续有效的发挥综合效益。

2 绿地系统规划

2.1 一般规定

（1）绿地系统规划应贯彻落实海绵城市建设理念，基于城市地域特点和自然本底，保留与恢复城市生态空间，完善绿地系统；协调处理生态与景观、分散与集中、自然与设施等方面"绿蓝灰"统筹协调的关系，保障城市绿地在发挥生态、游憩、景观美化和文化教育等功能的同时，发挥对雨水渗、滞、蓄、净、用的效能，以及防灾避险功能。

（2）合理确定城市绿地规模和布局。遵循"顺应自然、因地制宜，以人为本、科学布局，统筹兼顾、完善功能，优美生态、彰显特色"的基本原则，保护、修复和利用区域山水格局，结合城市绿地系统布局，落实绿地海绵功能；结合区域绿地、防护绿地，预留保障城市雨洪安全的生

态通道，发挥城市绿地滞缓、消纳、渗透和净化利用雨水的海绵功能，构建多层次、多功能的绿地生态网络。

（3）依据城市总体规划，协同海绵城市专项规划，基于保障生态、休闲游憩、景观等主体功能和雨水消纳平衡、水资源节约和高效利用的原则，明确城市绿地规划建设与提升改造的海绵功能目标及指标。

2.2 海绵城市绿地规划控制指标

以系统解决城市绿地生态、游憩、景观功效与海绵功能为宗旨，选取自然低洼地保留率、绿地率、年径流总量控制率、区域内涝防治标准、承担周边雨水径流控制的绿地比例、雨水资源利用率、雨水径流污染削减率、绿地内水体环境质量等8个指标作为海绵城市绿地规划控制指标。其中，自然低洼地保留率、绿地率、承担周边雨水径流控制的绿地比例、绿地内水体环境质量是城市绿地系统规划落实海绵城市理念的基础指标；年径流总量控制率、区域内涝防治标准、雨水资源利用率和雨水径流污染削减率是由城市绿地系统、水系等蓝绿空间与雨水管渠等市政基础设施协同实现的海绵城市建设的综合指标。各城市应根据地域自然条件与城市空间格局，结合绿地生态安全、地质安全、水环境现状、水文特征等条件，选择适宜指标作为绿地规划控制要求。

2.2.1 水生态

（1）自然低洼地保留率

通过技术手段，系统分析识别在城市内涝防治标准降雨条件下，城市规划区内有内涝风险的低势区域或者天然的雨洪滞蓄区域，即自然低洼地区域范围。在绿地规划中宜对自然低洼地予以保留，并结合其汇水区土地利用情况，明确保留比例和留存形式。

（2）绿地率

基于海绵城市建设目标，保留并合理增加城市绿地面积，减少城市不透水下垫面面积，确定城市绿地率指标。

（3）年径流总量控制率

承担不同海绵功能的绿地，对应有年径流总量控制率、雨水管渠设计重现期或内涝防治设计重现期3个级别的雨洪控制标准，年径流总量控制率是各类绿地的基本控制指标。

对于需要且可以接纳客水的绿地，应明确承担雨水径流的控制区域、需要绿地调蓄的水量及对应区域的年径流总量控制率指标。

2.2.2 水安全

（1）区域内涝防治标准

通过市政基础设施与绿地系统、水系等蓝绿空间统筹协调作用达到内涝防治标准，按照现行国家标准《室外排水设计规范》GB 50014规定的内涝防治设计重现期标准。

（2）承担周边雨水径流控制的绿地比例

按照问题导向和目标导向，结合绿地的功能，综合确定承担周边雨水径流的绿地布局，明确具备该功能的绿地面积与城市绿地总面积的比例。

2.2.3 水资源

综合当地气候条件和水资源条件，确定不同类型绿地雨水资源利用率。雨水资源利用途径包括绿地及场地维护管养用水、景观水体补水等生态用水。

2.2.4 水环境

（1）雨水径流污染削减率

经过物理沉淀、生物净化等作用，使区域内雨水径流污染总量削减，雨水径流污染物削减总量占全年雨水径流污染物总量的比例。对于承担客水的绿地，应按该绿地服务的汇水区范围确定雨水径流污染削减率。

（2）绿地内水体环境质量

应满足景观水体水质要求，不宜低于地表水Ⅳ类。

2.3 规划协同

通过加强城市规划建设管理，保护自然山水空间格局，构建规模适度、布局均衡、竖向合理的城市绿地系统，发挥城市绿地、水系等生态空间对雨水的渗透、滞蓄、调蓄、净化和利用，有效控制雨水径流，实现自然积存、自然渗透、自然净化的海绵城市建设理念。海绵城市建设需要多专业协同，各项规划相互协调与衔接，城市绿地系统规划是重要组成部分。

2.3.1 与水系规划协调

城市水系（蓝）与城市绿地（绿）是城市生态系统的核心要素，海绵城市建设要统筹规划、蓝绿共融。

（1）最大限度保护河流、湖泊、海滩、湿地、坑塘、沟渠等水生态敏感区，保护天然水系和现有绿地生态系统，恢复遭到破坏和消失的自然水系和湿地，加强对水系廊道的保护与控制，维持并优化绿地及周边区域开发前地形地貌和自然水文特征。

（2）优化绿地与城市河道、湿地、湖泊的布局与衔接，协调处理好绿地与水系防洪安全、水利运输等相关关系，统筹实现城市防洪排涝安全与发挥绿地生态、游憩、景观美化、文化教育等功能。位于承接城市雨洪径流通道周边的绿地，应在保障城市防洪排涝安全的基础上，结合水位变化发挥绿地自然生态功能和景观游憩价值。

（3）城市滨河绿地应结合城市水系汇水范围同步优化，调整布局与规模，并衔接排水分区，落实海绵功能指标控制要求。

（4）应充分利用绿地内现状自然水体、低洼地等设计调蓄水塘和湿地；绿地中现有的有较大面积水域宜强化其雨水调蓄功能，并与雨水系统控制目标相协调，优先利用雨水作为补给水源。

2.3.2 与道路交通规划协调

道路绿带是道路落实海绵城市建设理念的载体，保障一定的绿带宽度是实现海绵功能的基础。

（1）在满足道路交通安全等功能的基础上，宜结合横断面和排水方式在道路红线内规划保留较宽的附属绿地。

（2）在保障道路绿化主体功能的基础上，根据道路绿带宽度、城市地下水位高度和城市地下管线分布，确定道路绿带的海绵功能定位，道路绿带雨水设施布局、溢流口高度等应与城市雨水管渠系统及下游水系相衔接。

2.3.3 与城市排水防涝规划协调

（1）基于城市山水格局和城市绿地规模，明确城市绿地系统雨水径流量控制、雨水资源利用等目标与指标，并结合绿地分类，通过建设项目加以落实。

（2）城市绿地布局和功能定位与城市竖向相协调。在保留城市低洼区域或规划新增规模较大的水体、湿地和绿地时，应统筹既有河道、明渠以及排水通道两侧现有和规划绿地，蓝绿交织，为雨水调蓄、行泄保留空间。

（3）根据海绵城市建设目标和绿地海绵功能定位，发挥城市绿地、广场、水体等渗透和滞蓄功能，提高城市内涝防治能力，并与其他内涝防治设施与管渠系统合理衔接。

2.4 海绵城市绿地规划控制

系统梳理城市自然地理特征和生态本底，在评估的基础上，构建蓝绿空间有机融合的城市绿地系统。

2.4.1 布局

（1）市域绿地布局

落实"山水林田湖草"生命共同体保护要求，确定城市河湖水系、湿地、低洼地、绿地等天然海绵体的保护范围；结合本地水文特征，完善城市绿地布局，明确绿地海绵功能目标；结合周边用地性质等条件，合理布局雨水设施，协同水系、市政管网发挥雨水调控功能。

①梳理、恢复和保护区域历史上曾有和现存的自然水系、河网，做好规划控制；

②保护在河流交汇处自然区域，特别是湿地水体；

③保护河流及沿岸绿带，规划控制宽度应保持水体的完整和绿地连续。

（2）规划区绿地布局

基于城市竖向高程，结合城市汇水分区、市政管网规模和海绵城市建设目标，对海绵城市重点控制区域（包括：城市雨洪排放、雨水径流传输关键区域，城市地势低洼区域以及现状内涝区域）内绿地进行现状摸底评估，结合城市汇水区划分，完善城市绿地布局；结合城市排水分区，梳理城市水系（水体）与绿地布局，明确承担周边雨水径流的绿地，分区域确定新建绿地总量、绿地海绵功能定位及现有绿地海绵功能提升目标。新建绿地海绵功能和现有绿地海绵功能提升应依据绿地分类，结合各类绿地的主体功能以及用地规模和场地条件统筹确定。

根据城市竖向，在城市低洼地区布局具有一定湿地、水体面积的海绵功能较强的城市绿地；协调城市河流水系两岸滨水空间，规划控制滨水绿带宽度应兼顾水体的完整性和绿地的连续性，并与市域绿带协调衔接，最大限度地发挥城市蓝绿交织的自然空间作用。

2.4.2 绿地海绵功能规划控制

（1）分类绿地海绵指标要求

依据城市海绵分区、降雨规律，确定各类绿地海绵功能定位，结合城市总体规划和控制性详细规划，分层次落实各类绿地年径流总量控制率和雨水资源利用率以及其他控制指标，有效发挥绿地综合功能。

①有一定水体或面积较大的绿地，在完成自身雨水控制的基础上，分析确定可承担周边雨水径流控制的指标。

②具有重要调蓄功能的绿地，宜结合调蓄容积要求，在规划中对竖向、绿地内水体水位、水面率等控制指标系统优化并提出控制指标。

③位于城市水系区域的绿地，在分析与上下游水系的协调关系基础上，明确可承担的雨水滞蓄、水环境质量控制和雨水水资源利用指标。

④严格控制地下空间开发，为雨水回补地下水提供渗透路径。

（2）分类绿地海绵功能规划

①公园绿地

公园绿地面向公众开放，以游憩为主要功能，兼具生态、景观、文化和应急避险等功能，有一定的游憩和服务设施。公园绿地是改善城市人居环境、提升居民生活品质的重要公共服务设施。根据公园绿地的规模和位置，分为综合性公园、专类公园、社区公园及游园。

公园应在降雨量不超过年径流总量控制率对应的设计降雨条件下实现雨水径流内部消纳；有条件的公园，在降雨量不超过雨水管渠设计重现期降雨条件下，实现雨水径流内部消纳。公园应合理保障雨水消纳能力，尽可能减缓、减少排入雨水管渠雨水，实现公园雨水错峰排放。公园外排径流峰值流量不应超过更新改造前或开发建设前的水平。面积较大或具有水体的公园宜根据规划要求受纳客水，实现雨洪滞蓄功能。受纳客水的公园应按照区域排水防涝要求，满足内涝防治设计重现期降雨条件下的雨洪滞蓄要求。历史名园海绵功能定位应开展专题论证。古典园林等文化遗产、文保单位应当维护原有的功能设施，执行相关的保护规定。

公园绿地应通过竖向设计自然坡差，并结合水体、湿地等，系统解决公园内部雨水的渗、滞、蓄、净、用、排；同时可辅以雨水设施，进一步提升公园绿地海绵功效。面积较大，特别是有较大水面的大型公园以及处于城市低洼区域的公园绿地，在满足其主体功能和安全运营基础上，可采用适宜技术提升调蓄能力，暴雨期合理分担周

边客水，协同周边汇水区域共同达到雨水系统总量控制与内涝控制要求。位于滨河区域的公园绿地景观和公共空间设计应结合流域安全工程统筹进行，宜结合竖向利用好近水空间，兼顾水系、滞洪区的防洪排涝、交通运输等安全和需要。

园林绿地应严格控制地下空间开发、利用，谨慎使用地下人工设施，应坚持雨水自然渗透的原则，以确保土壤生态系统的结构和功能安全。

②防护绿地

防护绿地用地独立，具有卫生、隔离、安全或生态防护功能，游人不宜进入。主要包括卫生隔离防护绿地、道路及铁路防护绿地、高压走廊防护绿地、设施防护绿地等。

防护绿地在不影响其防护功能的基础上，可强化海绵功能。其中，地面架空高压走廊防护绿地、设施防护绿地，在保障设施安全的前提下，应根据区域高程和汇水区功能需要，合理设置一定数量海绵设施，汇集、净化场地雨水；卫生隔离防护绿地则应对卫生隔离的场地污染源进行评估，对地下水有污染隐患的防护绿地不得建设海绵设施。

③附属绿地

附属绿地包括居住用地、公共管理与公共服务设施用地、商业服务业设施用地、工业用地、物流仓储用地、道路与交通设施用地、公用设施用地等用地中的绿地。

附属绿地宜实现雨水缓排为主的海绵功能，应在保障安全和改善生产生活环境的基础上，满足其年径流总量控制率、雨水径流污染削减率等源头减排要求。利用场地竖向组织雨水径流，并结合立体绿化、透水铺装或结构性透水地面以及其他雨水设施，实现雨水的滞缓、渗透、滤净和生态利用。

④广场

广场是以游憩、纪念、集会和避险等功能为主的城市公共活动场地，有较大面积的铺装。

广场应充分利用透水铺装、下沉式设计和其绿化用地缓滞、消纳自身径流，并在可能的条件下结合雨水设施承担周边场地径流；下沉广场与其他雨水汇蓄设施结合可兼作雨洪调蓄空间。进入广场绿地的径流雨水不应影响绿地植物健康生长，应根据雨水水质情况进行雨水预处理或弃流。广场建设应统筹地下空间开发与海绵城市建设需求，处于城市

地下开发空间之上的广场绿地，地下空间顶板覆土应满足乔木生长及雨水设施建设要求。

⑤区域绿地

区域绿地包括生态保育用地、风景游憩用地、区域设施防护绿地和生产绿地。

区域绿地一般规模较大，在实现雨水内部平衡的基础上，根据其区位和自然地形地貌，按照排水防涝规划要求，在确保绿地生态安全的前提下，合理设置雨洪调蓄净化空间，充分发挥绿地滞缓、消纳、渗透、滤净和生态利用等综合功能。

3 绿地设计

3.1 一般规定

（1）绿地设计应重点落实绿地系统规划确定的海绵功能控制要求。绿地设计应与水系统设计同步进行，相关专业相互配合，结合项目地域特点、项目类型和场地条件，因地制宜提出绿地雨水控制利用目标和技术方案。

（2）梳理绿地建设项目边界范围与排水分区、周边市政管网、河湖水系的关系，根据绿地分类和绿地自身条件，遵循生态优先的原则，结合区域城市竖向组织地面排水；利用水系水体，辅以雨水设施，落实排水分区各绿地建设项目功能定位及相关指标。

（3）绿地建设项目应关注雨水地表径流全过程，重视发挥自然功效，在设计方案中合理安排"渗、滞、蓄、净、用、排"措施，不可机械套用可透水铺装比例、盲目采用蓄水模块等；宜包含雨水设施养护管理和绿地监测的相关内容。设计前应加强对土壤基础资料的收集；设计方案中合理设置土壤渗透性指标。

（4）有条件的绿地在满足生态、游憩、景观等主体功能基础上，宜合理分担周边汇水区雨水径流；通过竖向地形和雨水设施的有机衔接，为周边雨水径流汇入绿地预留或设计空间和通道。周边雨水径流汇入绿地应进行预处理，确保雨水收集、调蓄、利用不对土壤环境、植物生长和环境景观造成安全隐患和危害。

（5）绿地内雨水设施不应引起地质灾害或损害建（构）筑物。下列场所不得采用雨水入渗措施：

①可能造成坍塌、滑坡灾害的场所；

②可能对居住环境以及自然环境造成危害的场所；

③自重湿陷性黄土、膨胀土和高含盐土等特殊土壤地质场所。

（6）人工水体宜优先采用天然河湖、雨水和再生水等作为水源，并应采用有效的水质保障措施。

（7）用于雨洪调蓄的绿地和广场，应设置通道，确保在启动调蓄功能时人员能够及时离开；应设置安全警示牌，标明调蓄功能启动条件、淹没范围和淹没水位。

3.2 海绵城市绿地建设控制指标

（1）绿地设计应结合场地条件、海绵功能定位及规划控制目标，细分、核算、落实海绵城市建设指标，宜与水系、水体等蓝色空间和市政管网等相协同，实现排水分区的海绵城市建设指标。主要控制指标包括：雨水年径流总量控制率或需要控制的设计重现期降雨条件下的雨水径流量，雨水资源利用率。

（2）水量控制：绿地项目自身应符合上位规划确定的雨水径流总量控制指标要求。绿地与周边设施协同控制周边雨水径流时，雨水径流总量控制指标应达到上位规划要求，排水和内涝防治标准应符合现行国家标准《室外排水设计规范》GB 50014 和《城镇内涝防治技术规范》GB 51222 的规定要求。

（3）水质控制：主要指标有雨水径流污染削减率和水体环境质量。雨水径流污染物（以SS计）削减率，通常在 40%~90% 之间；绿地水体水质指标包括总氮、总磷、COD 等污染物的浓度值，水体环境质量要求可参照现行国家标准《地表水环境质量标准》GB 3838。

（4）雨水资源化利用：应按需定供，并综合考虑经济效益、维护管理等因素合理选择雨水回用于景观水体、绿化浇灌、设施冲洗等。

（5）绿地控制指标应通过现状调研、分析计算和模型模拟等方法确定，给出雨水控制量和竖向控制条件；结合绿地类型和场地条件，明确设计思路；并通过水文水力计算或模型评估校核设计方案是否达到各项控制指标。

3.3 各类绿地海绵功能设计要点

绿地建设项目要落实规划确定的海绵功能要

求，并应结合各项目场地条件，通过地形塑造、土壤保护与改良，以及植被栽植，并辅以雨水设施的合理筛选和运用，构建满足缓滞、控制、消纳、利用要求的海绵城市绿地建设项目技术方案。海绵城市雨水设施包括绿色雨水设施和灰色雨水设施，绿地设计应优先选用绿色雨水设施，技术选择应当有利于提升绿地品质或保持绿地主体功效的稳定性。

实际工程中，绿地建设项目包括公园绿地中的各类型公园，附属绿地中的建筑与小区绿地、道路绿地，防护绿地和区域绿地中的滨水绿地、郊野公园等。附属绿地因建筑与道路广场的切割，地块分散且面积较小，其雨水控制指标应以项目所在汇水分区为基础，各项目地块承担的分解指标应结合现状基础条件加以复核后再行确定。

3.3.1 公园

(1) 设计目标

基于公园的位置、面积和立地条件，科学评估公园雨水消纳能力；在保障公园运营安全和有效发挥其休闲、游憩等基本功能的前提下，统筹协调，发挥公园涵养水源、调蓄雨水、净化水质、高效利用水资源等综合能力。公园设计应符合现行国家标准《公园设计规范》GB 51192 要求。

(2) 设计要点

①应根据公园周围城市竖向标高和排水条件提出公园内地形的控制高程。公园竖向控制应充分考虑地表径流的汇集调蓄、合理利用与安全排放，落实规划确定的雨水控制指标。

②基于公园绿地场地雨水径流特征、土壤渗蓄能力、植被覆盖及群落特性等分析，结合生态、游憩、景观、文化等基本功能以及雨水控制利用的综合定位，确定场地的径流流向、雨水汇蓄区、集水点和分区汇水面积，采用地形塑造、土壤改良、水体调蓄等方式组织地面排水、雨水集蓄和雨水回渗。受地面空间限制或其他条件限制时，可结合绿色和灰色雨水设施达到控制要求，但不宜将灰色雨水设施作为雨水径流控制的主要方式。

③公园绿地内自行车专用道、游步道、活动广场等宜采用透水铺装或结构性透水地面，利于雨水下渗。植物郁闭度高于50%的林下道路，宜采用结构性透水地面。

④公园中水体设计宜具有雨水调蓄功能，通过雨水湿地等雨水设施消纳公园内部及周边区域的径流雨水，构建具有游赏、休憩、调蓄等功能的水域景观区域，并通过溢流排放系统与城市雨水管渠系统、外部水系相衔接。

⑤有污染的雨水不得排入公园水体，可利用沉淀池、雨水滞留区等截污消能设施对雨水径流污染进行预处理。有降雪的城市应对含有融雪剂的融雪水弃流至市政污水管网，不得排入公园绿地。

⑥公园雨水利用应以入渗、景观水体和净化回用为主。

⑦公园内人体非全身性接触的娱乐性景观用水水质，不应低于《地表水环境质量标准》GB 3838—2002 中规定的Ⅲ类标准；人体非直接接触的观赏性景观用水水质，不应低于《地表水环境质量标准》GB 3838—2002 中规定的Ⅳ类标准。

3.3.2 建筑与小区绿地

(1) 设计目标

建筑与小区绿地在保障使用安全和改善生产、生活环境的基础上，有效收集建筑屋面与场地的径流雨水，源头削减建筑与小区雨水径流量，合理利用雨水资源，并衔接市政雨水管渠系统和超标雨水径流排放系统。建筑与小区绿地设计应符合现行国家标准《建筑与小区雨水控制及利用工程技术规范》GB 50400 和相关标准规范的规定。

(2) 设计要点

①新建建筑与小区应充分结合现状地形进行场地设计与建筑布局，保护并合理利用场地内原有的湿地、坑塘、沟渠等低洼地，优化绿地、建筑与不透水场地的空间布局及竖向关系，使建筑屋面、道路、广场雨水径流就近汇入绿地，进行分散控制或集中消纳，控制或减缓雨水排放市政管网；改造建筑与小区应结合现状场地条件，最大限度增加绿地面积、透水铺装或结构性透水地面比例，并结合场地竖向，组织雨水自然汇聚、减缓径流。

②建筑屋面和场地路面雨水径流宜通过雨落管断接、地表径流断接、管道截留等方式，就近排入绿地或景观水体，控制和减少其直接排入市政管网量。场地雨水径流在进入绿地前应采取措施进行污染物截留净化，宜分散进入绿地内雨水设施，如集中进入应在入口处设置缓冲措施。

③建筑与小区道路、广场应优化道路坡向、道路路面与周边绿地的竖向关系，绿地宜低于广场和道路，便于雨水径流汇入绿地。

④设有地下空间的建筑与小区，应明确地下空间范围线。地下空间顶板覆土层应满足植物健康生长和场地雨水滞蓄的需要。

⑤地势较低的绿地应设置溢流排放系统，并与其他雨水设施或市政雨水管渠系统相衔接，确保暴雨时雨水径流及时溢流排放。

⑥对于地下水含盐量较高、设施底部渗透面距离季节性最高地下水位或岩石层不到1m、距离建筑物基础小于3m(水平距离)的区域，应采取必要的措施防止次生灾害发生。

⑦有条件的建筑与小区，在满足建筑物荷载承重要求和结构安全的条件下，可采取屋顶绿化或绿色雨水设施控制雨水径流。

3.3.3 道路绿地

(1) 设计目标

在保障城市交通安全与行道树功能效益稳定的前提下，道路绿地与道路红线外绿地宜统筹设计，最大限度满足道路雨水径流控制要求，提高道路范围内的雨水排放设计标准，削减道路雨水径流排放量。道路绿地宜承接非机动车道路雨水径流；机动车道路雨水径流进入道路绿地前应进行综合评估，进入绿地的雨水不得对植物造成伤害；地下水位较高和台风频繁的城市不宜考虑机动车道路雨水径流进入道路绿地。

(2) 设计要点

①道路绿带雨水径流进口宜低于路面，机动车道路雨水径流进入绿带前，应采取预处理措施，并根据条件设置沉泥区。

②渗水、排水设施底部应与当地的地下水季节性高水位保持适度距离，以保证雨水正常入渗；绿地内应设排水溢流口，保障绿地内积存雨水及时溢流排入雨水管渠系统或周边水系。

③绿地与道路衔接的雨水设施应采取必要的防渗和导排措施，防止雨水径流下渗对道路路面及路基的强度和稳定性造成破坏。

④含有融雪剂的融雪水应进行弃流至市政污水管网，不得排入绿地。

3.3.4 滨水绿地

(1) 设计目标

消纳绿地内部及周边区域的雨水径流，滞蓄过滤排入水体的雨水径流，并衔接周边区域的雨水管渠系统、内涝防治系统和蓄滞洪区等，发挥滞蓄雨水、提高内涝防治能力和应对洪涝风险的作用。

(2) 设计要点

①滨水绿地控制线所辖范围，包括蓝线控制范围、驳岸及滨水绿化带控制范围。滨水绿地设计时应统筹考虑上下游关系，城市绿线与蓝线的整体性、协调性、安全性和功能性。

②位于泄洪河道和蓄滞洪区的滨水绿地，应统筹考虑洪涝期间泄洪安全性，宜设计缓坡式或台地式的水陆缓冲带，增加洪涝季节河湖调蓄量，缓解城市洪涝灾害。城市泄洪河道滨水绿地应设置防冲刷设施。

③应衔接好周边区域与滨水绿地之间的竖向关系，在滨水绿地中设计具有净化功能的植被缓冲带，以消减绿地内部及周边区域的雨水径流污染、减缓流速。

④滨水绿地可考虑在雨水排放口末端设置滞留区、雨水湿地等设施调蓄、净化雨水径流，并与城市雨水管渠的排放口、经过或穿越水系的城市道路的排水口相衔接。滨水空间局促的区域可设置灰色雨水设施控制径流污染。

⑤新建/改建滨水绿地水体护岸宜设计为生态驳岸，并根据水位变化选择适宜的耐水湿、耐水淹与湿生植物。生态驳岸设计应根据水系流量、流速满足耐冲蚀要求。

3.3.5 湿地(郊野)公园

(1) 设计目标

科学评估湿地和郊野公园的雨水消纳能力，发挥涵养水源、调蓄雨水、净化水质、生物保护等功能，实现雨水滞留渗透、贮存利用等多种控制目标。

(2) 设计要点

①最大限度的保护绿地中自然水体、湿地、低洼地和植被，充分考虑地表水的汇集、调蓄利用与安全排放，结合场地竖向标高和排水条件确定地形的控制高程，落实规划确定的雨水调蓄等指标。

②湿地宜汇集流域雨水、再生水作为补水来源，并发挥湿地在雨洪调蓄、净化、维护生物多样性等方面的重要作用。雨水径流进入湿地前宜进行预处理。

③水源保护区应采用绿色雨水设施，控制周边雨水径流对水环境的影响。

④坡度超过25°的山体应结合山体汇流，设计截洪沟及在山脚处设置拦洪沟，结合地形起伏

设置雨水拦蓄设施、护坡和山体内设置水土保持措施。

3.4 海绵城市绿地要素设计

3.4.1 竖向

绿地竖向高程设计应有利于雨水滞留、传输、收集与蓄存。场地设计结合汇水区划分，利用地形组织雨水自然汇集、调蓄利用与安全排放，雨水溢流设施宜设置在其所在汇水区下游或高程低点。

（1）竖向设计应以总体设计布局及控制高程为依据，营造有利于雨水就地消纳的地形并与相邻用地标高相协调，有利于分担相邻用地的排水。

（2）应最大限度地保持和利用现有场地的湖、渠及地形高低起伏等条件，保证绿地水体枯、丰水期水资源的充分利用。

（3）山地区域的绿地应合理确定竖向控制要求，绿地内山坡、谷地等地形必须保持稳定；严禁在地质灾害易发区进行深挖高填，25°以上的陡坡地，应做好水土保持和次生灾害防护措施。

（4）非机动车道路广场与绿化场地宜设计合理的高差，以便于道路广场雨水自然排入绿化场地。

（5）竖向设计应充分结合场地及周边环境整体设计，宜形成连续的微地形自然空间。

3.4.2 土壤

适度的土壤团粒结构是雨水下渗或蓄积的保障，也是各类植物健康生长的基础。海绵城市绿地建设应基于绿地海绵功能设计目标和项目场地条件，提出土壤保护利用与改良技术措施，以实现雨水控制利用与城市绿地生态、游憩与景观的综合目标。保持土壤结构的自然属性、植物生长条件与生态系统安全，避免过度使用不具有土壤自然性状的人工设施。

（1）土壤的理化性状应符合绿化种植土标准，并满足雨水渗透的要求。对绿地内原有适宜栽植的土壤，应加以保护并有效利用；对不适宜栽植的土壤，应明确改良技术措施。

（2）在保证土壤肥力的基础上，绿地土壤改良应增加土壤的入渗率，保证雨水入渗速度和入渗量。一般绿化种植，其表层土壤入渗率（0~20cm）应不小于 1.39×10^{-6} m/s；若绿地海绵功能定位为雨水滞缓、渗透或净化，其土壤入渗率应在 $2.78 \times 10^{-6} \sim 1 \times 10^{-4}$ m/s 之间，确保绿地表面积水在设计时间内排空。

3.4.3 植物

（1）因地制宜，结合生境条件选择适生植物。

（2）优先选择乡土植物以及抗逆性强、耐粗放管理的植物种类，应避免多毛、多果、多流胶、多病虫害的植物。

（3）在土壤渗透性差、盐碱地、寒冷地区、坡地等特殊条件下，应选择耐水湿、耐盐碱、耐寒、抗冲刷或耐干旱瘠薄的植物种类。

（4）与道路广场、水体交接的植被缓冲带应选择根系发达、地表覆被能力强的植物，增强缓冲带的净化能力和抗冲刷能力。滨水绿地应根据立地条件合理选择既耐旱又耐水湿的旱湿两宜植物；道路植被缓冲带，宜选择具有较强抗污染、抗粉尘、耐盐碱等综合抗逆较强的植物。

3.4.4 水体

（1）绿地内水体位置、规模、常水位标高等宜结合地域水文气候条件，水资源状况，统筹城市绿地主体功能予以确定。

（2）绿地应充分利用场地现状水体、低洼地，营造景观水体、湿地，发挥调蓄、净化雨水径流污染的作用；绿地的景观水体和湿地应优先利用地表径流雨水、再生水作为补给水源。

（3）人工景观水体的设计水位应根据景观和雨水减排要求统筹确定，调蓄水深及构建形态应根据水量平衡分析、竖向关系、安全性和景观设计要求等综合确定。

（4）水体护岸应采取生态驳岸类型，以营造良好的生境，提升水岸对水质的改善和净化功能，并根据水深、水体流速等水体生境条件选择适宜的水生及湿生植物。

3.4.5 雨水设施

雨水设施应用于海绵城市绿地，可进一步提升绿地的海绵功效。雨水设施分为灰色雨水设施和绿色雨水设施，绿色雨水设施主要包括植草沟、生物滞留设施、雨水塘、雨水湿地以及绿色屋顶等。

（1）雨水设施应与周边地表高程、管网系统相衔接，使雨水可通过重力自然流入或排出设施。

（2）绿色雨水设施应与绿地要素统筹设计，地形坡度应与场地地形顺畅连接，在满足径流体积控制要求的同时，形成连续的微地形空间和近自然植被栽植区。

（3）雨水塘、雨水湿地等雨水设施，应对进出水通道、调蓄空间、净化介质、溢流口、导排层等进行设计，并保证暴雨时雨水径流可通过溢流口与城市雨水管渠系统、内涝防治系统相衔接。

（4）绿色屋顶应用于建（构）筑物，应结合建（构）筑物的形式、结构强度确定绿色屋顶类型，既有建筑设置绿色屋顶，应校核屋顶荷载和防水性能。绿色屋顶应设置屋面排水沟或排水管等设施。有地下空间开发，且覆土深度偏浅的场地，应参照绿色屋顶建设要求。

3.5 常见绿色雨水设施设计

3.5.1 植草沟

植草沟具有较强的雨水转输作用，可用于地表径流较为集中地形低洼处、绿地与不透水铺装连接处，除转输型植草沟外，还包括兼具缓滞渗透功能型的干式植草沟及常有水的湿式植草沟，可分别提高径流总量和径流污染控制效果。

（1）植草沟断面形式可采用浅 U 字形，或因地制宜、随形就势，断面尺寸及纵向坡度应通过水文水力计算确定，满足排水设计要求；边坡两边平滑衔接。

（2）植草沟应优先选择根系发达而叶茎短小、旱湿两宜、抗污染能力强，且能在薄砂和沉积物堆积环境中生长的植物，宜多种草本植物有机组合，以实现水质过滤净化、水土保持等海绵功能，并兼顾观赏性。植草沟植被高度宜控制在 100~200mm。

3.5.2 生物滞留设施

生物滞留设施包括雨水花园、生物滞留带、高位花坛及生态树池等形式。

（1）生物滞留设施的规模应根据汇水范围、设计降雨量标准及溢流去处等条件，通过计算确定；设计排空时间不宜超过 12h，土壤或人工介质的渗透能力应满足排空时间设计要求。

（2）生物滞留设施可包括进水口、蓄水层、覆盖层、种植土或人工基质层、过渡层、砾石排水层、溢流口；生物滞留设施应用于道路绿地时，进水口处宜设置沉砂池对雨水径流进行预处理，并设置沉泥区便于后期维护管养。

（3）生物滞留设施应选择耐水湿、耐水淹、抗污与抗旱能力较强的本土植物；植物耐淹能力应与设计排空时间相匹配，应当保持植物生长及生态效应的稳定。

（4）雨水花园宜根据汇水面积的大小、竖向

条件、土壤含水量及地下水位等情况，形成与环境景观相协调的水域空间。面积大而水体相对稳定的可以考虑雨水综合利用，面积小无明显水体蓄存区的可以形成雨水花境，线形带状区域可形成雨水花溪。雨水花园常水位下浅滩区面积尽量延伸满足挺水植物种植层次与生物多样性要求，发挥雨水滤净作用。

3.5.3 雨水塘

雨水塘宜结合地形在绿地调蓄功能区设置，在实现雨水拦蓄、消纳、净化、调蓄功能时，兼顾景观效果。

（1）雨水塘的调蓄空间一般包括用于径流总量与径流污染控制的储存或水质控制容积和用于削减峰值的调节容积。雨水塘利用汇蓄的雨水作为水景观空间，水域景观相对稳定；设置溢流口和溢洪道，排出超标雨水，排水能力应根据下游雨水管渠或超标雨水径流排放系统的承受能力确定。

（2）渗透塘的设计排空时间不宜超过 12h，湿塘、调节塘的设计调蓄时间不宜超过 24h，延时调节塘的排空时间不宜超过 48h。

（3）雨水塘的进水口应设置前置塘对径流雨水进行预处理，周边应设计清淤通道，进水口应设置消能设施；出水口包括溢流管和溢洪道，排水能力应根据下游雨水管渠或超标雨水径流排放系统的承受能力确定。

（4）雨水塘植物配置应当充分考虑不同竖向种植条件的土壤含水量，且依据种植条件合理配置旱湿两宜、耐水湿、耐水淹与水生植物，确保植物能够适应条件、健康生长、景观丰富、充满自然意趣。

3.5.4 雨水湿地

宜结合城市河道、河流、湖泊等水体环境，在内外水体交界处设置雨水湿地，雨水湿地应保持内外环境水体连通。

（1）雨水湿地构造一般包括进水口、前置塘（或前池）、沼泽区、出水池、溢流出水口、维护通道等。

（2）雨水湿地应根据汇水区面积、设计降雨量控制要求计算规模，宜设计一定的常年水位，提供水生动植物生长条件。

（3）雨水湿地进水口的收水能力根据排水设计重现期确定；应设置前置塘（或前池）对雨水径流进行预处理。

（4）雨水湿地底部土壤渗透系数宜小于 1×10^{-7} m/s，形成生态防渗构造便于生境维持。

（5）雨水湿地应选用根系发达、耐污染或净化功能强的植物，根据各区的常水位水深配置水生、湿生植物，植被覆盖度不低于50%。

3.5.5 绿色屋顶

绿色屋顶设计应满足《种植屋面工程技术规程》JGJ 155—2013中第3.2节和第5章的相关要求。

4 绿地及绿色雨水设施工程建设

4.1 一般规定

绿地工程建设应落实海绵城市绿地建设规划设计目标。项目工程竣工验收应在国家现行施工质量验收有关标准规定基础上，增加对海绵城市绿地规划设计目标和控制指标的考核与评估。

（1）施工前期准备中，做好设计交底，明确工程的海绵功能控制和施工要点。加强对项目场地与周边用地的竖向关系，区域地下水文、市政管线以及地质、土壤情况资料的核对，应重点复核土壤渗透系数和地下水埋深。

（2）施工中要重点关注竖向、土壤、植物选择和栽植以及雨水设施的进水口、溢流式雨水口等与海绵设施相关的关键环节，做好记录，作为施工验收的重要依据。

（3）充分利用雨水监测评估海绵城市绿地建设管理。工程项目监测设备宜在建设项目竣工验收前完成安装与调试。

（4）需要安全控制的区域应设置警示牌、护栏等安全警示标识，位置醒目，安装牢固，并与工程项目同步实施、同步验收、同步投入使用。

4.2 各类绿地工程建设要点

4.2.1 公园

（1）施工前应做好基址地形、地貌和土壤状况的复核，对绿地海绵设计中山水地形和场地的高程、管网分布情况、内外雨水管网的顺接状况、绿色雨水设施实施条件等关键要素进行复核。

（2）结合场地竖向条件和土壤状况的复核，确定工程实施建设的关键步骤和工序。

（3）基址区内较好的自然表土应采取工程措施进行保护与利用。

（4）核查基址需要保留的古树名木和古树后备资源以及胸径超过20cm的大树，在地形处理和海绵设施建设时，应予以保留和保护，必要时联系设计人员，结合汇水区组织，适当调整竖向高程。

（5）与自然河湖、水系相邻的绿地施工，应落实施工期间极端天气情况的安全保障措施。

（6）根据立地条件和各类雨水设施设计目标，做好土壤渗透性处理及垫层配置，并根据植物设计做好植物栽植，水位较高的情况下要做好降水施工。

（7）基址内透水铺装或结构性透水的非机动车道、园路、活动广场等应做好与绿地的竖向衔接与施工工序的统筹，避免交叉施工造成的污染或海绵设施的损坏。

4.2.2 建筑与小区绿地

（1）对场地的高程、管网分布情况、内外雨水管网的顺接状况等关键要素进行复核，包括绿色雨水设施实施条件的复核。结合现场实际和建筑标高做好高程衔接和雨水径流组织，保障实现项目场区绿地设计目标和海绵功能。

（2）复核建筑屋面雨水断接排放的消能措施是否落实到位，复核场地道路雨水进入绿地的消能和截污措施落实情况，复核建（构）筑物临边绿地雨水设施与建筑的距离，并做防渗处理，确保建（构）筑物基础稳定；复核雨水设施与地下管网的关系，确保雨水设施的有效施工。

（3）绿色屋顶施工重点做好防水层、蓄水层、保护层（耐根穿刺层）的质量及功能性检测，上道工序隐蔽验收合格后方可实施下道工序。注意雨水设施与屋面排水的衔接，植物种植的稳定性的施工措施。

（4）做好绿地源头减排设施与市政雨水管渠系统的竖向高程衔接，确保溢流口的溢流高程和设计要求吻合，确保绿色雨水设施雨水滞留时间在设计规定的时间内排空。

（5）溢流雨水口设置宜与景观营造相协同，在不影响排水功能的前提下，采取栽植地被植物、设置卵石、置石等方式进行隐蔽防护。

4.2.3 城市道路绿地

（1）应做好与城市市政各类管线高程以及管理模式的复核，如与海绵设施冲突应进行调整或优化。

（2）实地复核竖向标高，确保路面排水坡度均匀顺畅以及路缘石开口能顺畅汇入雨水。

（3）落实道路雨水入水口的截污和消能措施，确保发挥功效。

（4）做好源头减排系统和雨水管渠系统、内涝防治系统三套雨水系统的竖向衔接，应与作为城市雨洪行泄通道的道路两侧的绿地景观相协调。

（5）改造项目中施工前应对原有行道树、电力通信杆线、地下管线等做好保护措施。严禁盲目降低绿地标高和过度加大土壤渗透性，影响现状树木正常生长，造成安全隐患。

4.2.4 滨水绿地

（1）复核基址现状地形地貌、原有植被等，合理组织施工通道、驳岸工程、清淤工程等，减少施工过程中对自然区域原有场地现状的破坏性扰动。

（2）复核基址地及周边关联区域雨洪排涝设施的关系，做好雨水设施的有效衔接。

（3）复核滨水植被缓冲带的竖向空间关系，确保防止水土流失的技术措施落实到位。

4.3 海绵城市绿地要素（工程）施工

4.3.1 竖向

（1）复核图纸基准点、基准线、特征线所在坐标与施工现场实际坐标的一致性；复核汇水区分水线的实际高程，确认设计汇水分区与现场一致；复核山顶或坡顶、坡底设计与现场实际的标高。

（2）落实项目及雨水设施与周边场地衔接标高，落实雨水设施同竖向标高的匹配度，确保生物滞留设施、雨水塘、雨水湿地等雨水设施能与市政管网有效衔接。

（3）复核雨水设施进水口、出水口标高以及绿地及雨水设施坡度对雨水径流传输和滞蓄的影响。

（4）竖向施工要确保设计保留的原有树木稳固及生长安全，埋深不宜超过根茎或挖方不得使土球裸露，不能产生倒伏。

（5）地形改造回填区域标高应预留沉降高度。雨水设施建设施工中出现大高差或大面积填方时，应根据回填土的自然沉降系数进行自然沉降的复核，并处理好与周边场地的衔接。

（6）地表雨水设施的转折点、交叉点和变坡点宜增加竖向控制点，并确定其高程，加大竖向控制的精细度。

（7）复核高程拐点设计与现场实际的标高。

4.3.2 土壤

（1）土壤检测按照现行国家标准《绿化种植土》CJT 340 的要求开展。

（2）雨水设施内净化介质和种植土应有效隔离，不能混杂，并落实各层设计厚度，保证渗透系数达标。

（3）对场地自然表土层应进行检测评估，符合种植要求的自然表土要在工程建设中予以保护和利用。

（4）回填土质量应满足植物栽植及健康生长的基本要求。经检测不能满足植物正常生长和实现海绵功能需要的场地土壤，应进行土壤改良。

（5）对有防渗要求的雨水塘、雨水湿地，若场地现状土压实后可达到防渗要求，则可以直接利用；若压实度达到 93% 以上仍不能满足防渗要求，则须考虑采取防渗措施。防渗处理宜优先采用黏性客土，达到 93% 压实度后作为防渗层，若不能更换客土，可采用防渗膜进行防渗处理。

4.3.3 水体

（1）施工前应充分复核周边场地及市政雨水管网的标高，确保雨水塘、雨水湿地等雨水设施能与其衔接，充分发挥现状水体的对雨水径流的消纳功能。

（2）滨水区域施工中复核水体的最高水位、常水位和最低水位设计与现场实际的标高；复核水底、驳岸顶部设计与现场实际的标高。

（3）依据水力计算，合理确定生态驳岸的区域和施工措施；绿地内水体生态驳岸的营造应注意水岸与水体的合理衔接。

（4）驳岸工程如在地质条件较差、积淤严重地段，应首先清淤并采取软基处理措施，并对岸坡及坡角进行加固，确保驳岸整体的稳定性。

（5）进入绿地的雨水要进行水质检测，污染超标雨水不得直接进入绿地水体。改造项目需要勘测水底淤泥状况，并根据实际需要开展清淤工程。

4.3.4 植物栽植

（1）绿地建设中，植物栽植应兼顾植物生长和雨水设施的渗排状况。

（2）在种植施工前应确定合理的备苗数量，运到现场的苗木应确保当天栽植完毕。

（3）根据设计要求，结合场地条件，确保乔灌木栽植与雨水设施的安全距离，雨水设施附近的高大乔木应做好防风和抗倒伏等施工保护措施。

（4）注意植物栽植与其他雨水设施，特别是溢流口、地下管线等定位和竖向关系，进水口及溢流口处的种植密度不应影响进水、排水功能以及景观效果。

（5）滨水区域的大乔木栽植要注意临水区域树穴底标高，原则上不低于常水位标高。

（6）耐水湿、耐水淹植物种植前应符合土层含水量等种植条件；水生及湿生植物种植前应复核水体深度，必要时应采取降水栽植措施，植物成活后再逐渐升高水位；对于蔓延性较强的品种应实施工程化措施控制，兼顾景观效果和功能需求。

（7）地下水位过高的场地，以树池栽植乔木时可在树穴底部水平埋入塑料软管，竖直方向埋入塑料管，一端露出地表，透气渗水，防止树根腐烂。地下水位较高的区域，乔木栽植可采用抽槽栽植，结合盲管排水设施，确保植物成活。

4.4 常见绿色雨水设施建设要点

4.4.1 植草沟

（1）应根据设计要求和地形控制纵坡，确保排水顺畅。

（2）植草沟断面尺寸要控制到位，并与周边景观相协调。

（3）施工中，因避免重型机械碾压具有入渗要求的植草沟沟槽，以免降低基层土壤渗透性能。

（4）入水口高程应低于汇水面，避免阻水。

4.4.2 生物滞留设施

（1）生物滞留设施施工宜在其服务的汇水区域内的道路、广场结构层施工完成后进行。进水口位置应根据完工后汇水面径流的实际汇水路径进行确定，保证汇水面径流雨水汇入，设施竖向高程应以进水口处汇水面高程为基准进行核定。

（2）开挖前需复核土方开挖边线与建（构）筑物的距离，当距离不满足设计要求时，应及时与设计人员沟通、调整，保障建（构）筑物安全。

4.4.3 雨水塘、雨水湿地

（1）应严格控制进水口与出水口高程，保证入水和排水功能的有效发挥。溢流口标高应达到设计要求，确保水位调节功能。

（2）雨水湿地驳岸施工中，当坡度较陡时，应采用相应的措施固岸。

（3）雨水人工湿地填料应预先清洗干净，分层填筑。填料铺设时应按水流方向，粒径从小到大铺设，并妥善控制填料孔隙率。

4.4.4 绿色屋顶

（1）绿色屋顶施工应满足《种植屋面工程技术规程》JGJ 155—2013 中第 3.3 节和下文"6 海绵城市绿地绩效评估"的相关要求。

（2）建筑屋面施工中应协调好屋顶排水和雨落管断接的关系，确保超过绿色屋面滞蓄能力的雨水径流安全排放，不影响屋面正常功能的发挥。

5 绿地海绵功能维护管养

5.1 一般规定

科学管理与养护，保障城市绿地持续有效发挥包括海绵功能在内的生态、游憩、景观美化和文化教育功能等。

5.1.1 基础管理

绿地运行维护包含日常巡查、雨季前后检修、暴雨期间重点巡查、常规定期维护及出现损坏时的应急处置等，通过对绿地及雨水设施运行情况的巡查、监管，及时发现问题、解决问题，维护绿地及雨水设施的完好性。

（1）绿地中涉及游人安全处必须设置相应的警示标识，雨水设施运行维护时应加强排查，确保防误接、误用、误饮等警示标识明显、规范、完整。

（2）雨水入渗、收集、输送、处理与回用系统应及时清扫清淤，进/排水口、溢流口/管应保持完好、通畅，清理垃圾、落叶、泥沙等阻塞物，绿色雨水设施应及时清除杂草、防治病虫害，确保正常运行。

（3）土壤、覆盖层、碎石消能带、石笼和护坡应保持完好，对存在侵蚀、破损和移位的部分及时进行修补。

（4）定期检查雨水溢流外排设施，保证其与城市雨水管渠系统和超标雨水径流排放系统有效衔接。

（5）绿地灌溉设施须保证性能良好，接口处严禁发生滴、渗、漏现象。

（6）绿地中雨水设施应在雨季来临前或雨季期间做好检修和维护管理，承担客水消纳的雨水设施应加强雨季期间巡查，保证客水顺利汇入。

（7）定期记录绿地和雨水设施的运行维护情况。

5.1.2 信息化管理与监测

（1）海绵城市雨水监测管理平台与城市绿地

智慧管理系统应协同共享。

（2）通过可追溯的实时监控和监测数据，可对雨水设施的运行状态、功能效果等进行评估。

（3）依据评估结果，动态调整运维管理方案、植物养护周期及频次等，保证绿地功能和景观品质，保障设施功效正常发挥。

5.2 绿地维护

5.2.1 植物养护

（1）海绵城市绿地管理应加强巡视管理，增加必要的巡视频次。巡视植物生长状况、覆盖度、种类变化、病虫害等情况等内容。针对海绵功能要求，重点巡查易出现积水的绿地和绿色雨水设施，检查植被层是否存在影响景观效果的杂草、死亡植株和发病植株以及绿地雨水设施进出口是否存在被垃圾、沉积物、表层覆盖物等堵塞的情况。

（2）植物养护应保证易积水的绿地和绿色雨水设施内的植物健康生长；针对超过设计积水时间的低势绿地及时采取排涝措施，暴雨后绿地和树池内积水不得超过24h。

（3）对植物修剪产生的园林废弃物或自然脱落的树枝落叶应及时处理，防止堵塞管道和透水铺装等设施。

（4）绿地和绿色雨水设施内植物出现发病植株、死亡植株或其他不正常生长情况，应及时移除和更换，并将雨水设施下垫面恢复到原状。强降雨之后应及时清理、更换受损植株。

5.2.2 土壤养护

（1）绿地及绿色雨水设施中的种植土壤应尽量采用经过改良的粉土，定期检测绿地及绿色雨水设施土壤理化性质。

（2）根据水质控制要求合理施肥。

（3）绿色雨水设施的种植土壤改良要保证植物的健康生长要求的土壤肥力和质地，兼顾土壤渗透性，满足绿地景观品质和海绵功能正常发挥。

（4）土壤全盐含量大于或等0.5%的重盐碱地和土壤重黏地区应在植物栽植前实施土壤改良。

5.3 水体养护

水体养护包括水体水质净化与水体流通设施维护、水生动物放养和水生植物栽植以及实施曝气净化、水面垃圾清理等日常维护措施。

（1）对雨水湿地、雨水塘或其他景观水体进行巡视，检查水面的垃圾、进出水口堵塞情况、沉积物情况和边坡稳定性等情况。

（2）根据水域面积、水位深浅、水体景观效果和水生植物特点等对水生植物进行合理养护。在冬季前，将无法越冬的水生植物进行收割并妥善处置。

（3）对于水动力不足的水体宜建保持水体流动性的自循环系统，如条件不允许，且不能采用清理、增氧或消毒等常规手段改善水质时，应采取必要措施保障水质的清洁。

（4）当水体底泥有碍景观或出现发黑发臭现象，应及时进行清淤或淤泥固化等处理措施。清理出的淤泥，应随清随运，并做无害化处理，不能对周边环境造成影响。

（5）应定期检查水体溢流系统，防止溢流设施堵塞，保证水体在暴雨后48h内恢复常水位。

5.4 雨水设施维护

5.4.1 绿色雨水设施养护

（1）设施运行过程中出现受损植株应及时复壮，出现的植株缺失应及时补植。

（2）应定期修剪设施内植株，清除对景观面貌影响较大的杂草。

（3）进水口、溢流口堵塞或淤积导致过水不畅时，应及时清理垃圾与沉积物。

（4）进水口、溢流口因冲刷造成水土流失时，应设置碎石等消能缓冲带或采取其他防冲刷措施。

（5）每场降雨后应检查绿色雨水设施防渗层，出现防渗层漏水或地表沉降，须及时对防渗层进行修补或更换，避免地基发生湿陷沉降。

（6）应定期对生物滞留设施、雨水塘、雨水湿地等调蓄类绿色雨水设施进行清淤，保证雨水设施的调蓄容积。

（7）汛期前应检查设施溢流系统，保证各类雨水设施在设计规定的排空时间下正常运行。

5.4.2 灰色雨水设施维护

包括透水铺装、渗管（渠）及渗井、人工土壤渗滤设施、渗透塘（池）等。

（1）透水铺装应日常巡查、及时养护。定期检查透水铺装面层状况，遇有青苔生长造成面层透水能力明显下降时，应采取清理措施；面层破损时应及时修补或更换，沉降不均匀时应局部修整找平或对道路基层进行修复。

（2）渗井应定期检修、清淤。进水口因冲刷造成水土流失时，应设置碎石缓冲带或采取其他防冲刷措施；设施内沉积物淤积时，应及时清理沉积物保障调蓄能力或过流能力正常。

（3）应定期对蓄水池、雨水罐进行清洗和消毒。北方城市入冬前应排空调蓄类设施内的存水，防止冻胀损坏。

5.4.3 配套设施维护

主要包括预处理设施、石笼网、宾格网、雨水过滤设施以及进/排水管、溢流口/管、放空管等。

（1）预处理设施进水口和出水口应及时清除垃圾与沉积物，保证出水通畅。

（2）进水管、出水管和雨水弃流管堵塞、开裂或错位，应清理、维护或更换。

（3）结合日常巡查，及时清除雨水过滤设施内的沉积物，保证弃流容积充足。

（4）石笼应定期清理，清除垃圾、落叶等，以防堵塞内部孔隙，影响渗水净化功能。

（5）设有截污篮或净化装置的雨水口，应定期清除截污篮或净化装置内的垃圾落叶等。

5.5 应急管理

（1）大型雨水塘、雨水湿地等雨水设施应设置预警系统，配备应急设施及专职管理人员，保证暴雨期间人员安全和设施安全运营。

（2）绿色雨水设施若引起地面或周边建筑物、构筑物沉降或导致地下室漏水等，应查明原因并及时处理。

（3）当发生自然灾害时，应待灾情过后对雨水设施进行排查，因灾情造成破坏的应及时按原设计要求进行修复。

（4）有降雪的城市应尽量避免使用融雪剂。透水铺装和结构性透水地面严禁使用融雪剂，并在降雪后及时移除铺装表面的积雪。含融雪剂的径流严禁进入道路两侧绿化隔离带内。

（5）如有含盐径流进入绿地，应检测土壤含盐量，并及时更换超标土壤。

6 海绵城市绿地绩效评估

6.1 一般规定

（1）海绵城市绿地绩效评估目标是综合评价海绵城市绿地系统和绿地建设项目建设的环境、社会与经济效益，检验海绵城市绿地的建设效果，并为规范和优化绿地的规划、设计与建设提供指导和依据。

（2）海绵城市绿地绩效评估应多专业、多部门合作完成，确保绩效评估客观、科学。

（3）海绵城市绿地绩效采用后评估方式，评估内容涉及规划设计、建设以及运营全周期。评估考核材料包括相关图纸、文本、检测报告等资料。

（4）海绵城市绿地绩效评估中，凡涉及数据计算、监测与模型模拟的，需确保数据资料、监测数据的有效性，模型参数需进行率定和验证。

6.2 评估体系

海绵城市绿地绩效评估分为城市绿地系统与绿地建设项目两个层次。城市绿地系统层面重点评估绿地系统规划建设落实海绵城市建设理念的实践效果，建设项目层面重点评估绿地海绵功能设计目标的实施成效。

海绵城市绿地绩效评估核心内容包括三方面：（1）城市绿地系统综合功能提升效果；（2）海绵城市绿地海绵功能实现成效；（3）城市居民满意度。

6.2.1 绿地系统评估

海绵城市绿地系统绩效评估主要基于海绵城市建设实现"小雨不积水、大雨不内涝、水体不黑臭、热岛有缓解"的目标，对城市绿地系统规划落实情况及海绵功能的发挥进行定性与定量评估，评价内容包括城市绿地规模与布局、蓝绿融合度以及绿地系统海绵功能落实情况三个方面。

（1）评估指标

海绵城市绿地系统绩效评估指标

序号	评估指标	评估内容
1	绿地率	包括城市建设用地绿地率和城乡绿化率；该指标对应城市绿地规划控制指标中的绿地率，用于评价规划执行情况
2	自然低洼地保留率	该指标对应城市绿地规划控制指标中的自然低洼地保留率，用于评价规划执行情况
3	蓝绿融合度	评价城市蓝绿协同的落实情况与完成效果，可从城市滨水绿地规模与连续性、滨水绿地与城市水系竖向衔接关系、水体生态岸线保护等方面评估
4	承担周边雨水径流控制的绿地比例	该指标对应城市绿地规划控制指标中的承担周边雨水径流控制的绿地比例，用于评价规划执行情况
5	城市热岛缓解度	可依据城市范围内的气象、遥感数据或相关模拟软件，评估海绵城市绿地系统规划前后城市热岛效应的改善成效，主要包括城市热岛强度、范围
6	居民满意度	针对海绵城市绿地建设带来的城市绿地格局优化、绿地功能完善、保障城市安全、改善人居生态环境、提升居民生活品质等方面的效果，采用居民问卷调查反馈内容进行评估

（2）评价指标分值占比

6.2.2 建设项目评估

海绵城市绿地建设项目绩效评估主要用于评价具体绿地建设项目的建设效果。评价内容包括雨水径流控制指标、雨水资源利用率、绿色雨水设施调蓄容积比例、水体水质达标率（或提升率）、水体岸线自然化率、居民满意度、教育与宣传。

6.3 绩效考核方法与内容

6.3.1 评估基础

（1）现状调研及数据收集。充分了解海绵城市绿地水文及水资源条件，并收集相关的数据，为后期评估提供基础资料。

（2）根据规划指标，通过合理的分析计算或水文模型模拟得出项目雨洪管理和生态恢复目标；结合场地的社会属性与功能需求，确定海绵城市绿地设计与建设的社会绩效目标；以提升海绵城市绿地建设的性价比为目标，进行成本控制与管理。

6.3.2 评估

（1）工程验收评估。重点考核施工中海绵城市绿地功能定位、设计目标、建设技术要点等落实情况，并以为最终竣工图作为绩效评估的基本资料。

（2）评估以自评和相关资料作为主要依据，

可结合实地调研核查。绩效评估宜根据各地实际，通过对规划实施后关键指标与规划指标的比较、影响海绵功能关键技术实施情况以及海绵城市目标落实成效的单因子评价和综合评估，形成分级结果。

6.4 项目监测

海绵城市绿地建设中，可充分利用水文模型，对建成前后的效果进行模拟与比较，并结合实地监测数据与参数率定，得到相关评估指标。

海绵城市绿地评估宜依托海绵城市构建的监测体系，用于绩效评估数据的收集。

6.4.1 一般原则

（1）根据规划确定的各类绿地海绵功能定位，明确监测的重点。一般来说，位于流域上游的绿地建设项目需重点考核水质指标，流域下游的绿地建设项目要重点考核其径流量指标。

（2）监测区应选择在城市绿地绿线范围内，城市绿地面积较小（1km² 以内）时，可考虑将绿线范围内的区域全部纳入监测范围；如绿地面积较大（10km² 以上），宜选取 3~5km² 作为监测范围。

（3）可根据具体条件和评价需要设置对照组作为比较和参照。对照组区域的汇水分区宜选在监测的绿地汇水分区附近，面积宜与监测区域地

海绵城市绿地系统评价指标分值占比

	绿地率	自然低洼地保留率	蓝绿融合度	承担周边雨水径流控制的绿地比例	城市热岛缓解度	居民满意度
分值占比	20%	15%	20%	10%	20%	20%

海绵城市绿地建设项目绩效评估指标

序号	评价指标	评价内容	适用绿地类型
1	雨水径流控制指标	项目实际雨水径流控制量与规划设计要求指标的比较	全部绿地
2	雨水资源利用率	项目实际雨水资源利用率与规划设计要求情况的比较	
3	绿色雨水设施调蓄容积比例	项目实施的绿色雨水设施调蓄容积与规划设计要求的比较	
4	水体水质达标率（或提升率）	景观水体达到 IV 类水标准的比例（或景观水体水质提高的比例）；项目景观水体水环境质量检测数据质量	有自然或人工水体的绿地
5	水体岸线自然化率	符合自然岸线要求的水体岸线比例。项目实际的水体岸线自然化率	有自然或人工水体的绿地
6	居民满意度	项目提升完善绿地功能，改善人居生态环境、提升居民生活品质的效果，采用居民问卷调查反馈内容进行评估	全部绿地
7	教育与宣传	利用绿地特别是公园绿地传播海绵城市建设、生态环保等生态文明理念、相关知识等	

海绵城市绿地项目评价指标分值占比

	雨水径流控制指标	雨水资源利用率	绿色雨水设施调蓄容积	水体水质达标率（或提升率）	水体岸线自然化率	居民满意度	教育与宣传
分值占比	15%	15%	15%	15%	15%	15%	10%

各类建设项目的监测重点

绿地类型	监测重点
公园	降雨量、小气候数据、入流出流量、水体水质
建筑与小区绿地	降雨量、小气候数据、不同地面的面源污染、入流出流量
道路绿地	降雨量、小气候数据、不同地面的面源污染、入流出流量
滨水绿地	降雨量、入流出流水质、水体水位与水质、地下水位
湿地（郊野）公园	降雨量、小气候数据、入流出流量、水体水质

块相近；对照组应尽量包含与监测区相同的下垫面类型，且不包含任何正在改造、建设或已经建成的雨水设施。

（4）监测的绿地区域应尽量包含道路、广场（停车场）、屋面等多种下垫面类型；应包含2种（含）以上雨水设施和至少1种末端调蓄型绿色雨水设施。

（5）监测的绿地区域（包括对照组）应拥有独立的分流制雨水管网，且有唯一的汇入干管的出水口，若存在多个出水口，出水口的数量应不超过3个。

6.4.2 监测点选择与设置

（1）监测的绿地区域（如果有对照组也要同时考虑）雨水管网汇入干管的各出水口均应选择或设置监测点，监测雨水径流水量和水质。

（2）在监测的绿地区域内可选取不同类型的下垫面，且每种下垫面至少选择或设置1个监测点，监测不同下垫面雨水径流水质。

（3）绿地监测区域内道路、广场等硬质下垫面宜在下垫面的雨水口附近选择或设置监测点，建筑屋面的监测点宜设置于雨落管出口。

（4）监测点的布置密度，可根据绿地类型和监测重点适当调整。

附录：术语

（1）海绵城市

通过城市规划、建设的管控，从"源头减排、过程控制、系统治理"着手，综合采用"渗、滞、蓄、净、用、排"等技术措施，统筹协调水量与水质、生态与安全、分布与集中、绿色与灰色、景观与功能、岸上与岸下、地上与地下等关系，有效控制城市降雨径流，最大限度的减少城市开发建设行为对原有自然水文特征和水生态环境造成的破坏，使城市能够像"海绵"一样，在适应环境变化、抵御自然灾害等方面具有良好的"弹性"，实现自然积存、自然渗透、自然净化的城市发展方式，有利于达到修复城市水生态、涵养城市水资源、改善城市水环境、保障城市水安全、复兴城市水文化的多重目标。

（2）年径流总量控制率

通过自然与人工强化的渗透、滞蓄、净化等方式控制城市建设下垫面的降雨径流，得到控制的年均降雨量与年均降雨总量的比值。

（3）汇水区

又称汇水分区、集水区，指根据地形地貌划分的雨水地面径流相对独立的汇流区域。

（4）自然低洼地保留率

通过技术手段识别出，城市规划区内有内涝风险的低势区域或者天然的雨洪滞蓄区域统称为自然低洼地区域；规划保留的自然低洼地区域面积与通过技术识别出自然低洼地区域面积的比值为自然低洼地保留率。

（5）雨水资源化利用率

雨水收集净化并用于道路冲洗、园林绿地灌溉、市政杂用、工农业生产、冷却、景观、河道补水等的雨水总量（按年计算并折算成毫米数），与年均降雨量的比值。

雨水资源利用率＝（雨水年利用总量÷汇集该部分雨水的区域面积）/年均降雨量。

（6）绿地率

一定城市用地范围内，各类绿化用地总面积占该城市用地面积的比例，包括城市建设用地绿地率和城乡绿地率。

城市建设用地绿地率：公园绿地面积、防护绿地面积、广场用地中的绿地面积以及附属绿地面积之和占城市建设用地面积的比例。

城乡绿地率：公园绿地面积、防护绿地面积、广场用地中的绿地面积、附属绿地面积以及区域绿地面积之和占城市用地面积的比例。

（7）承担周边雨水径流控制的绿地比例

承担周边雨水径流控制的绿地与该区域绿地总面积的比率。

（8）历史名园

有一定的造园历史和突出的本体价值，在一定区域范围内拥有较高知名度的公园。

（9）城市雨水系统

收集、输送、调蓄、处置城市雨水的设施及行泄通道以一定方式组合成的总体，包括源头减排、排水管渠和排涝除险等工程，以及应急管理等非工程性措施，并应与防洪设施相衔接。

（10）源头减排系统

场地开发过程中用于维持场地开发前水文特征的生态设施以一定方式组合成的总体。源头减排措施主要通过绿色屋顶、生物滞留设施、植草沟、调蓄设施和透水路面等控制降雨期间的水量和水质，既可减轻排水管渠设施的压力，又使雨水资源从源头得到利用。

（11）雨水管渠系统

应对常见降雨径流的排水设施以一定方式组合成的总体，以地下管网系统为主，也称"小排水系统"。雨水管渠系统主要由排水管道、沟渠、雨水调蓄设施和排水泵站等组成。雨水管渠设施应确保雨水管渠设计重现期下雨水的转输和排放，并应考虑对下游排水管渠和受纳水体的影响。

（12）防涝系统

应对内涝防治设计重现期以内的超出雨水排放系统应对能力的强降雨径流的排水设施以一定方式组合成的总体，也称"大排水系统"。排涝除险设施主要应对长历时降雨的小概率事件，这一系统可以包括：城镇水体、调蓄设施和行泄通道。排涝除险设施应确保内涝防治设计重现期下雨水的转输、调蓄和排放。

（13）雨水管渠设计重现期

用于进行雨水管渠设计的暴雨重现期。

（14）内涝防治设计重现期

用于进行城镇内涝防治系统设计的暴雨重现期，使地面、道路等地区的积水深度不超过一定的标准。内涝防治设计重现期大于雨水管渠设计重现期。

（15）超标雨水

指超过城市雨水管网设计标准的雨水径流。

（16）结构性透水地面

指通过铺装材料之间缝隙或铺装本身的孔隙，达到雨水径流下渗目的的铺装形式。

（17）断接

通过切断硬化面或建筑雨落管传输的雨水径流路径，将径流合理输送到绿地等透水区域，进而通过渗透、调蓄及净化等方式控制雨水径流的方法。

（18）预处理设施

为满足雨水设施进水要求，用于初步处理雨水径流的设施。

（19）调蓄容积

调蓄类雨水设施一般包括常水位以下的永久容积和常水位以上的调蓄容积，调蓄容积应在24~48h内排空。调蓄容积一般根据所在区域相关规划提出的"单位面积控制容积"确定。

（20）雨水设施

本指南的雨水设施为低影响开发雨水设施，是指通过生物滞留设施、植草沟、绿色屋顶、调蓄设施和透水路面等措施控制降雨期间的水量和水质，减轻排水灌区系统压力的设施类型，包括绿色雨水设施和灰色雨水设施。

绿色雨水设施是采用自然或人工模拟自然生态系统控制城市降雨径流的设施。绿色雨水设施包括绿色屋顶、生物滞留设施、雨水湿地、渗透塘、调节塘、植草沟、植被缓冲带、人工土壤渗滤等。

灰色雨水设施指传统的工程化排水设施。灰色雨水设施包括不设有绿色植物的低影响开发雨水设施，如透水铺装、渗井、调节池、蓄水池、雨水罐/桶、渗管/渠等。

（21）植草沟

种有植被的地表沟渠，可收集、输送和排放径流雨水，并具有一定的雨水净化作用，可用于衔接其他雨水设施、城市雨水管渠系统和超标雨水径流排放系统。包括转输型植草沟、渗透型的干式植草沟及常有水的湿式植草沟，后两种植草沟具有径流总量控制和消减径流污染的效果。

（22）生物滞留设施

在地势较低的区域，通过植物、土壤和微生物系统蓄渗、净化雨水的设施。生物滞留设施分为简易型生物滞留设施和复杂性生物滞留设施，按应用位置、种植形式不同，可分为雨水花园、植被缓冲滞留带、高位花坛、生态树池等。

（23）雨水塘

雨水塘是具有一定景观价值的可收集和调蓄雨水的洼地，可结合地形在绿地调蓄功能区设置。雨水塘分为干塘和湿塘；干塘又包括渗透塘、调节塘及延时调节塘。干塘通常是在降雨时塘内才存有雨水，池底的土壤具有一定的渗透性能，满足设计的雨水排空时间的要求；湿塘需保持一定的水位，并留有一定的雨水调蓄空间，因此池底应是低渗透性的土壤或采取减渗措施。

（24）雨水湿地

雨水湿地是将雨水进行沉淀、过滤、净化、调蓄的湿地系统，同时兼具生态景观功能，通过土壤、动物、植物及微生物及其环境共同作用达到净化雨水的目标。

（25）绿色屋顶

绿色屋顶也称种植屋面或屋顶绿化，在建筑物屋顶铺设种植土或设置容器填充栽培基质，栽植植物的雨水径流源头减排设施。根据种植基质深度和景观复杂程度，绿色屋顶可分为简单式屋顶绿化和花园式屋顶绿化。

（26）古树名木

树龄在一百年以上的树木，珍贵稀有的树木，具有历史、文化、科研价值的树木和重要纪念意义等树木的统称。

（27）古树后备资源

指树龄50（含）~99年的木本植物（乔灌木和木本花卉）。

下篇

海绵城市绿地建设实践

海绵城市助力中国城市践行生态文明理念

2015 年第一批海绵试点城市开始至今，整整 7 年过去了，海绵城市从试点做到了示范，海绵城市的理念日益深入人心，成为"十四五"期间城市绿色发展的重要抓手。城市绿地是海绵建设的主要空间载体，地形、水系、土壤和植被是城市绿地的骨架，也是发挥海绵功能的要素。

在风景园林行业的一个共识：凡是绿地皆有海绵功能。

海绵城市建设中源头减排措施普遍采用的技术路径就是断接建筑屋面雨水以及硬质不透水场地上产生的雨水径流，使之尽量先排到绿地中，经过植物和土壤的净化和下渗后再溢流排放。对此，某些风景园林从业者不能理解，认为这是"城市水系统生病，让绿地吃药"。把绿地当作解决城市洪涝问题的"蓄水盆"，影响了绿地游憩、景观等综合功能的发挥。

在海绵城市建设中，由于部分风景园林师对涉及城市水系统的专业概念理解不深，出现了抵触海绵设施进入园林绿地的倾向；而市政水专业做海绵，难以实现技术与景观艺术的有机融合，绿地中的海绵设施常常沦为"海绵符号"。

本篇收集了 24 项海绵建设试点城市中公园绿地、建筑小区和道路的附属绿地以及区域生态绿地以海绵理念指导建设的案例。从中可见，风景园林、市政给水排水、建筑、环境工程、水利等专业技术的融合，互动与合作，落实海绵城市有关水资源、水环境、水生态、水安全的相关指标，采取艺术与技术相合的设计方法，实现园林理水与城市海绵工程技术的对接，更好发挥城市绿地的综合效益。

经常被问到以下问题：海绵绿地规划怎么做？以水定城如何定？

我们呈现的案例部分回答了上述疑问，笔者把最核心的内容在此陈述一下。海绵绿地最主要的是针对绿地在城市的定位和功能以及自身的场地条件，确定雨水径流量控制指标。附属绿地，应该尽量落实源头减排的功能，控制中小雨的雨水径流在场地内消纳，达到基本的年径流总量控制率指标；公园绿地应该根据其面积的大小、竖向关系，尽量达到雨水管网设计重现期对应消纳的雨水径流量。对于面积大的公园和区域绿地，应尽可能地消纳客水，达到这个城市片区内涝防治标准对应的降雨重现期下的径流量不外排或者错峰排放。

对于城市中的水系湿地，不应该为了单纯的土地开发建设多出地，任意地改变区域水脉流向，粗暴地采取"占补平衡"的方式补偿占用的水系湿地，而应保留下、利用好这类半自然生态廊道，并且在其周围划定植被缓冲带，使之嵌入城市空间。

中国传统造园有"相地"篇，对于"山林地、城市地、村庄地、郊野地、傍宅地、江湖地"6种类型的场地，如何营建，都有"疏水察源"的理水法则。基于农耕时代的生产力水平，中国古代建城多采取适应自然的方式来营建城镇和村落，维护自然山水构架的完整。

现代城市的建设人力某种意义上已经能够"胜天"，愚公移山已成为现实。但是，当下更应该强调对于城市依存的自然山水脉络的梳理和保护。生态的保护是以水定城的基础，根据水资源的量来确定城市经济社会的发展，尤其是在城市人口高度聚集的当代中国。

以水定城要借自然之力做工。

大家知道改变我们城市形态的一个重要因素就是"日照间距系数"。因此，我国北方高纬度地区的建筑布局相对疏朗，南方低纬度区域则是"握手楼"遍布。建筑日照间距是满足人的基本需求的一项卫生健康指标，很大程度上界定了城市的空间关系。

以水定城理念的落地，需要有足够消纳雨水的半自然城市开放空间，根据城市的设防标准对应降雨重现期要排涝的径流量，确定城市的调蓄空间，布局和保护城市的低洼地、水系，即对以城市绿地和水系为主体的生态空间的合理布局，而不是以灰色基础设施高投入的、满堂红式的开发。因为后者，面对超出基础设施设防水平的降雨情景时，城市缺乏缓冲区域，进而引发灾难，造成城市韧性的丧失。

在人力微弱的时候，我们祖先学会了怎样适应自然。当代经过40余年的快速城镇化，我们用推土机、高人力投入仿效西方，建造了充满几何感、光鲜的城市。在生态文明时代，我们应该重拾中国人的传统生态智慧，假以现代的CIM城市管控技术，传承创新建设更具韧性的海绵城市，这是我们为之奋斗和探索的事业。

白伟岚　牛萌
2021 年 12 月

南宁市南湖公园海绵化综合改造工程

项目位置：南宁市南湖公园

项目规模：90.8hm²

竣工时间：2016年11月开工，计划2018年8月竣工

1 现状基本情况

1.1 项目概况

该工程建设地点位于广西省南宁市南湖公园，公园规划面积为192.2hm²，其中陆域面积为85.2hm²，水域面积为107.0hm²。设计范围为南湖公园范围内陆域以及部分水域，总计90.8hm²。工程包括海绵改造及基础设施修复完善，涵盖了给水排水、景观、绿化、建筑、电气等专业的设计。

1.2 自然条件

南宁市属湿润的亚热带季风气候，年平均气温在21.6℃左右，极端最高气温40.4℃，极端最低气温-2.4℃。年均降雨量达1304.2mm，平均相对湿度为79%，气候特点是炎热潮湿。夏天比冬天长，炎热时间较长。春秋两季气候温和，夏天为集中雨季。

1.3 下垫面情况

南湖公园总面积为192.2hm²，其中绿地面积为58hm²，道路、铺装面积为27.2hm²。场地内的岩土层主要为填土及第四系冲积相的黏性土等，其中填土为特殊性岩土，土壤渗透能力差。南湖的黏壤土为灰黄色，主要成分为黏性土，偶混少许碎石。填土回填时间约1~3年，未完成自重固结，属于欠固结土，具高压缩性及湿陷性。

1.4 竖向条件与管网情况

场地地处南宁市盆地，地形起伏不大，整体地势四周高、中间低，最高高程为82.72m，最低高程为68.71m。现状排水为自然排水结合原有排水管网排水。

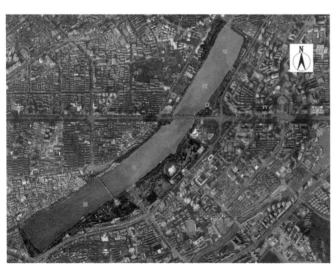

区位图

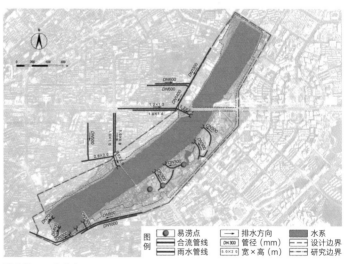

排水管网及内涝点图

1.5 客水汇入情况

南湖公园海绵化改造，充分利用大面积的绿地空间，接纳周边市政道路及居住区的汇水。在明确周边汇水区域汇入水量，提出预处理、溢流衔接等保障措施的基础上，通过平面布局、竖向控制、土壤改良等多种方式，将低影响开发设施融入绿地设计中，尽量接纳周边雨水。

公园是否接入周边区域客水的原则如下：

小区客水接入：（1）目前汇水区的雨水径流沿道路路面漫流，下游通过接口支路直接汇入环湖路的建筑小区；（2）目前汇水区的雨水径流沿道路路面漫流，下游通过建筑外排出水口直接汇入环湖路的建筑小区。

小区客水不接入：（1）绿容率较大，目前已经初步设置了透水铺装、下凹绿地等海绵排水设施，适合进行场地海绵化改造的建筑小区。如自治区区域工会宿舍、银湖花园、滨湖庄园等；（2）小区建有较完整的排水系统，且场地内具备海绵化改造的建筑区，如区政府建筑区等。

南湖南岸周边居住区较为密集，且地势高于公园，因此雨水的汇水方向都向南湖，而北岸绿地率低，只有狭长的有一定坡度的3~20m绿化带，难以提供完整的大片公共空间进行海绵设施布局对雨水径流进行全面的过滤渗透，海绵设施只能分散地布设在有条件的绿地中。居住区进入的客水有颗粒物、N、P等化合物，汇入南湖后将对水质产生不利影响。

2 问题与需求分析

2.1 海绵改造核心问题

南湖位于城市中心区，是城区重要的内湖水体。近年来，受到合流制管道溢流和初期雨水污染，南湖水体环境较差，水环境为V类。为了改善南湖水体环境质量，按照海绵城市建设的要求，急需开展南湖公园综合改造、改善南湖水质、控制南湖合流制溢流污染等。

南湖水环境改善主要从内源污染控制和外源污染控制两个方面开展。其中涉及内源污染控制的项目是南湖水质提升工程，目的是修复南湖水体自身的净化能力；涉及外源污染控制的项目包括南湖合流制溢流污染控制和南湖公园综合改造

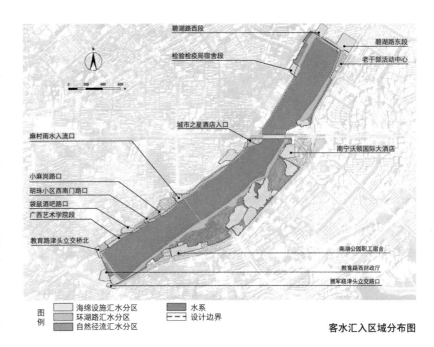

客水汇入区域分布图

工程，目的是解决合流制溢流和初期雨水污染。

2.2 公园海绵改造目的

本项目为南湖公园综合改造工程，其主要目的是解决公园内硬化地面及周边场地的初期雨水污染问题，通过科学组织雨水产汇流过程，综合利用"渗、滞、蓄、净、用、排"等措施，消纳周边小区客水径流，有效控制径流污染，降低初期雨水对水体环境造成的污染。

2.3 海绵改造面临困难

南湖公园周边密集分布着老旧小区，这些区域从场地条件和居民改造意愿方面，都对海绵化改造造成较大的阻力。

（1）南湖周边居住区较为密集，绿地率低，难以为海绵设施布局提供公共空间；

（2）老旧小区改造，对居民生活扰动较大，且由于地下管道资料不足，施工难度大；

（3）南湖公园距离周边居住区较近，高差较为适宜，且公共区域建设对居民影响较小。

3 海绵城市绿地建设目标与指标

3.1 水生态目标

公园海绵改造工程充分利用自然洼地，综合考虑项目场地内现状情况、土壤状况等条件，建

设不同类型的雨水设施，削减初期雨水对南湖水环境的污染，减缓园内局部内涝给群众带来的不便，并开展雨水收集利用工程。公园海绵改造目标根据上位规划确定年径流总量控制率指标≥85%。

3.2 水安全目标

根据公园与周围场地的关系，严格按照水环境功能区划控制要求，形成"南湖公园区域—竹排冲—民歌湖"海绵体系。实现从源头至末端区域海绵体，同时减轻周围部分道路内涝防治压力，提高城市防洪排涝能力，保障城市水安全。

3.3 水资源目标

完善公园雨水供水系统，构建现代化雨水回用工程。公园进行海绵化改造后，公园绿地灌溉、道路浇洒全部使用南湖湖水。收集的雨水可作为南湖的补水，除此之外，剩余水量可以向下游民歌湖补水。

3.4 水环境目标

优先采用绿色源头减排雨水设施，形成对雨水径流的渗透、净化与调蓄，构建南湖的水质保障措施，提升南湖的水环境，使公园年径流污染控制率（以SS总量去除率计算）指标≥50%。

4 海绵城市绿地建设工程设计

4.1 总体改造构思

针对南宁市降雨量大、降雨天数多的气候特征，土壤渗透条件差、地下水位高的场地特征以及南湖水环境改善的迫切需求，本工程海绵化设计强调以"渗、滞、蓄、净、用、排"六位一体措施有机结合。根据场地硬化地面的分布、周边居住区的径流控制要求和海绵城市建设目标的差异，结合汇水分区范围，将南湖公园研究范围划分为4个主体功能区，分别为海绵系统综合示范区、客水径流控制示范区、海绵宣传教育示范区、内涝风险控制示范区。按照各分区主体功能特征，对各分区提出差异化的径流控制目标及设施布局要求。

4.2 总体布局

按照各分区的主体功能和海绵化改造目标要求，结合场地内硬化地面、周围市政道路及居住小区的布局，选择源头减排雨水设施类型，并初步选定设施的位置，对场地竖向进行优化调整，

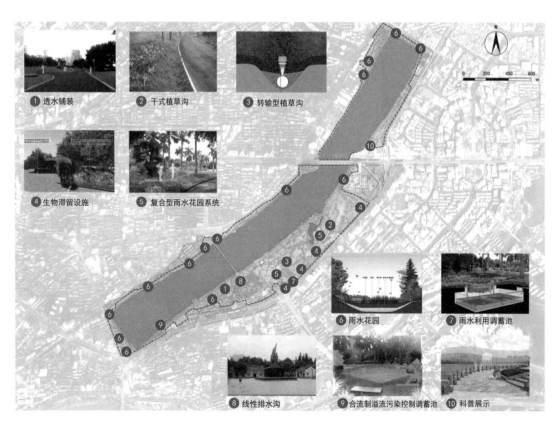

海绵设施布局示意图

有序组织雨水径流，划分各设施的汇水区，并进行规模结算校核，并对各类设施的类型、布局和规模进行优化组合。

透水铺装系统改造重点针对广场、公园主园路、支干路以及部分破损较为严重的步行通道。在公园内硬化地面、园路、停车场等边上设置转输型植草沟、干式植草沟，面积过大、汇水收集没有条件的硬质地面布置线性排水沟进行雨水收集；同时遵循现状条件，在以上设施绿地内布置生物滞留设施、雨水花园和雨水利用调蓄池（靠近现状厕所）等海绵设施净化利用雨水。入园客水通过道路漫流汇入公园边界的排水明沟截流，经过初步处理满足要求后，进入公园内布置的各种雨水设施系统。

4.3 竖向设计与汇水分区

4.3.1 竖向设计与汇水分区

南湖公园整体地势较为平坦，竖向设计在尊重原有地形的基础上，因地制宜、随坡就势，尽可能保持自然地形地貌，在陆域局部进行场地微调，解决地表排水，并满足防洪排涝要求。公园湖区位于中部，湖体常水位标高为70.08m；陆地部分整体地势较为平坦，最高海拔80.92m，位于碧湖路附近，最低海拔70.31m，位于南湖水岸。

根据现状排水管网情况，将设计研究范围分成两个汇水分区：南湖汇水分区、外排汇水分区。南湖汇水分区内，雨水通过地表径流或排水管网进入南湖，按竖向高程细分子排水分区。外排汇水分区内，雨水通过地表径流或公园排水管网进入市政排水系统。

4.3.2 径流控制量计算

项目对应设计降雨量约为40mm。根据用地类型及自然地形坡度，场地综合径流系数根据各下垫面径流系数取值，通过加权法算得0.71，设计径流控制总量约为58072.60m³。

南湖的常水位标高为70.08m，而溢流口最低处标高也为70.3m，多余的雨水则通过溢流管道排出。即在不考虑开闸降低水位用于蓄水的情况下，南湖水体不计入调蓄容积。因此，公园海绵设施设计调蓄容积为4020m³。若在下雨时预先开闸放水，水位降低0.1m，则调蓄容积整体将达到111020m³（其中南湖调蓄容积107000m³），满足年径流控制率不小于85%的要求。

汇水分区设计径流控制量表

下垫面类型	南湖总体汇水分区面积	径流系数
总面积 (hm²)	192.2	—
生物滞留设施 (hm²)	1.34	0.15
透水铺装 (hm²)	3.18	0.30
草地 (hm²)	56.66	0.15
水域 (hm²)	107	1.00
道路 (hm²)	5.56	0.80
硬化铺装 (hm²)	17.46	0.80
综合径流系数	0.71	
雨水径流量合计 (m³)	54843.80	
客水 (m³)	3228.80	
设计径流控制量 (m³)	58072.60	

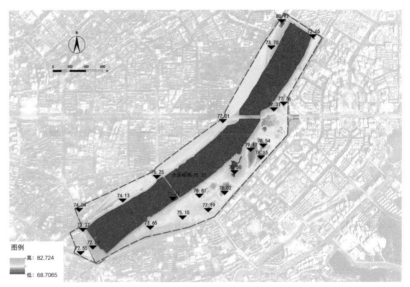

图例
高: 82.724
低: 68.7065

竖向设计图

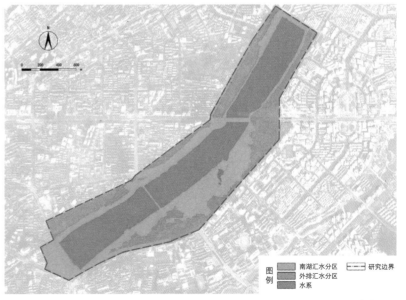

图例
南湖汇水分区　　研究边界
外排汇水分区
水系

汇水分区图

SS 总量去除率的计算公式为：年 SS 总量去除率 = 年径流总量控制率 × 低影响开发设施对 SS 的平均去除率，根据《海绵城市建设技术指南导则》及《南宁市海绵城市规划设计导则》中的"低影响设施比选一览表"中内容，选取各单体的平均污染去除率表进行加权法计算，则 SS 去除率结果超过 50%。

4.3.3 设施选择与径流组织路径

公园内绿地、园路铺装及园外客水的设施首选下凹绿地；园内草坪选择植草沟组织雨水径流；硬化路面铺装的改造宜选透水铺装；绿化覆盖较差的区域选择植物缓冲带。

绿地及周边场地雨水通过地表径流流入沉沙设施后，流入雨水花园，进而自然下渗进入盲管，

公园总体汇水分区海绵设施设计调蓄容积表

汇水分区	设施类型	滞水深度（m）	调蓄容积（m³）	调蓄容积小计（m³）
南湖总体汇水分区	生物滞留设施	0.3	4020	4020
	南湖	0.1	107000	107000

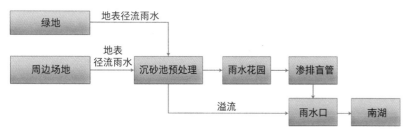

径流组织路线图

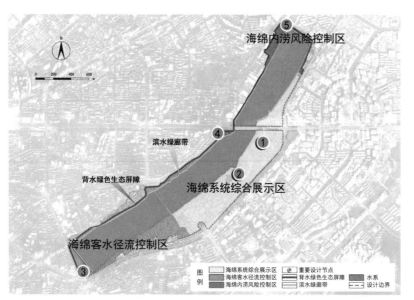

功能分区图

最后净化后的雨水进入雨水口，通过排水管网排入南湖。如径流雨水过大，雨水花园无法调蓄时，雨水则经过沉沙设施后溢流进入雨水口，通过排水管网排入南湖。

4.3.4 客水处理

客水主要指公园外小区、市政道路的雨水，引入客水时，应在引入前进行前期处理，采取雨污分流，公园只接纳雨水，不接纳污水、雨污合流水或其他生活废水。根据客水水量，设置海绵设施，达到补充本区地下水、削减径流峰值流量、净化地表雨水径流的目的。

4.4 分区详细设计

4.4.1 海绵系统综合示范区

（1）分区概况

该示范区的范围是从滨湖广场至李明瑞纪念园，面积总计 46.26hm²，是公园的核心区域，集中了 80% 的硬化面积。目标是解决场地硬化地面的初期雨水径流污染和局部内涝点整治问题，集中展示海绵城市建设的示范效果。

（2）低影响改造策略

在满足自身功能条件下，充分利用大面积的绿地与景观水体，设置雨水渗滞、调蓄、净化为主要功能的低影响开发设施，消纳临近的硬化地面的雨水径流，达到有效控制径流污染、削减峰值径流量、消除内涝积水点等目标要求。主要工程包括广场透水铺装改造、停车场海绵化综合改造、水幕电影海绵化综合改造、旱溪海绵化综合改造、沃顿酒店客水径流污染控制。

以具有净水能力、一定耐水湿和旱生能力、景观性良好为植物选择原则，选用观赏草搭配耐湿开花的植物，如银边山营兰、鸟巢蕨、肾蕨等，结合场地设计融入多类型的海绵城市设施。

（3）4 号停车场详细设计

4 号停车场汇水区总面积 0.96hm²，其中硬化面积 0.38hm²，绿地面积 0.58hm²。场地整体地势北高南低，停车场的雨水顺地势排入现状雨水口，初期雨水未经处理直排入雨水管道。

设计沿南侧绿带设置生物滞留设施，并将现状雨水箅子移至生物滞留设施内，设置 0.2m 的超高，作为大流量雨水的溢流通道。生物滞留设施 200m²，雨水利用调蓄池 45m³。

海绵系统综合示范区实景照片　　　　　　　　　　　　　　　4 号停车场汇水分区海绵设施布置图

生物滞留设施通常包括蓄水层、覆盖层、种植土壤层、隔离层、排水 / 入渗层。蓄水层厚度一般为 200~300mm，并设置 100mm 的超高；覆盖层厚度一般为 70~80mm；种植土壤层厚度一般为 600~1200mm；隔离层厚度一般为土工布或不小于 100mm 的砂层（粗砂和细砂）；砾石层厚度一般为 300~1000mm。渗排盲管：直径为 100mm，最小坡度为 0.5%。

4.4.2 客水径流控制示范区

以竖向条件为依托，雨水在周边地块汇集后流入公园内部设置的 14 个雨水花园进行净化、调蓄，最后形成对南湖有效的补水，构建公园内部的海绵系统。

（1）分区概况

该区是从南湖公园职工宿舍至城市之星酒店入口，面积总计 20.78hm²，该区域距离市政道路、居住区较近。主体功能是利用大面积的绿地空间，接纳周边客水，削减周边区域的初期雨水径流污染。

（2）低影响改造策略

客水汇入分为两种情况进行设计，一是竖向条件满足，可自流汇入南湖公园的，设计要求在入园处设置截流设施，将初期雨水截流至附近绿地内的低影响开发设施进行处理；二是小区和道路已布置雨水管道的，通过改造雨水井，在底部设置小管径的截流管，将初期雨水截流至公园内进行集中处理。

处理方式主要都是通过雨水花园进行过滤、净化后排入公园雨水系统或直接排到南湖。根据地形因素及设施进出口的竖向布置设施的位置。每年引入公园的水量为 9.7 万 m³，TSS 的污染物削减率达 90%，总磷和总氮的污染物削减率也达到了 45% 和 59% 以上，污染物削减效果显著。

该示范区共计 9 处客水径流控制点主要设置雨水花园（生物滞留设施），其面积根据汇水面积及面源污染消减指标等确定。

（3）种植设计

选用具有一定净化能力、水旱两宜的植物，种植麦冬、石菖蒲、大叶棕竹等多品种、多颜色组合植物，打造宜人景观。

（4）麻村汇水分区详细设计

麻村汇水分区总面积 0.70hm²，其中硬化面

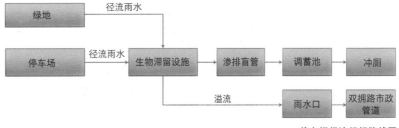

停车场径流组织路线图

客水径流控制示范区周边地块客水汇入平面图

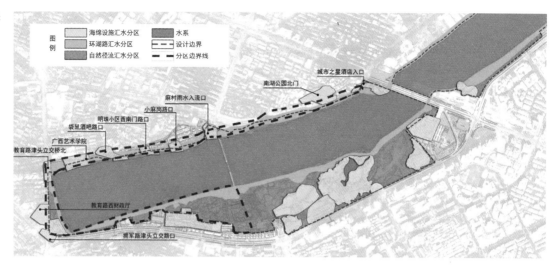

客水径流控制示范区种植平面图

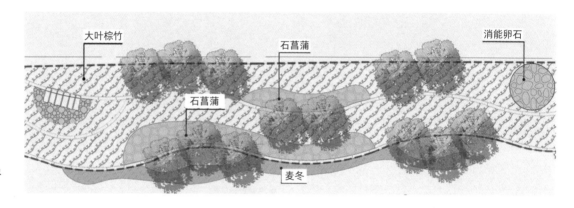

客水径流控制示范区实景照片

积0.63hm²，绿地面积0.07hm²。麻村雨水入流口，汇水区缺乏排水管线，硬化地面雨水通过地面汇流进入南湖公园环湖路系统，增大了环湖路的内涝风险，同时初期雨水没有控制处理，增加了入湖的面源污染量。

设计在客水汇入口设置截流设施，将径流导入公园绿地海绵设施，初期雨水进入雨水花园，面源污染削减处理后进入穿越环湖路的排水管排入湖。初期雨水至五年一遇的较大径流直接进入穿越环湖路的排水管排入湖。

雨水花园面积300m²，蓄水深度设计为200mm，设置100mm砂层防止砂质壤土流失，设置300mm砾石层便于排水和调蓄，用穿孔管引导溢流雨水下渗至下游管道。

5 建成效果评价

5.1 工程造价

建安费为8366.49万元，总投资9994.27万元。

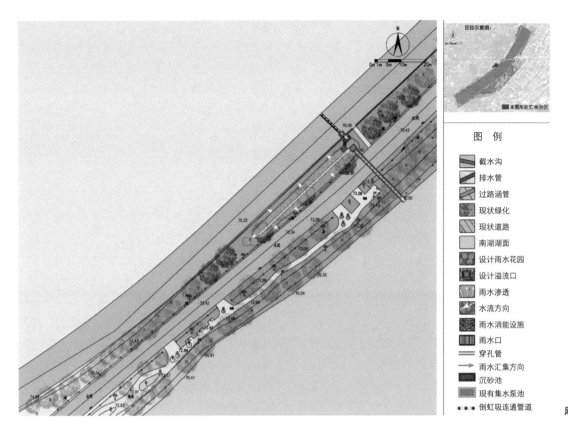

麻村汇水分区海绵设施布置图

5.2 建成效果评估

通过南湖公园海绵化改造，可实现设计范围内年径流污染削减率达到 60% 以上，公园及周边可汇水的客水范围内实现年径流总量控制率达到 85%。年生态补水量 41.77 万 m³，基本可满足公园内绿地、园路浇洒和部分公厕用水。南湖公园综合改造工程的设计及建设，可有效削减公园内硬化地面及周边区域的初期雨水对南湖水环境的污染，是一项具有显著生态及社会效益的城市基础设施建设项目。

5.3 效益分析

作为第一批公园绿地消纳客水的海绵城市建设项目，工程建设期间，接待了来自全国各地的考察学习团队，发挥了良好的示范引领作用。该项目的实施，极大地提升了公园的环境品质，为百姓提供了优美宜人的游赏空间，受到广大市民的高度赞誉。均得到较高的评价；并得到市民的极大理解与支持，市民对部分建成内容高度赞扬。南湖公园品质的逐渐提高，吸引了更多市民前来游赏，取得一定的社会效益。

6 海绵城市绿地维护管理

6.1 海绵城市绿地维护管养机制

公共项目的海绵设施由城市园路、排水、园林等相关部门按照职责分工负责维护监管。其他海绵

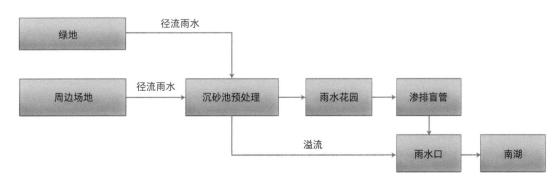

周边场地径流组织路线图

设施，由该设施的所有者负责维护管理。海绵设施的维护管理部门应做好雨季来临前和雨季期间设施的检修和维护管理，保障设施正常、安全运行。海绵设施的维护管理部门对设施的效果进行评估，确保设施的功能得以正常发挥。

管养费用纳入公园日常维护及养护费用。

6.2 海绵城市绿地维护要点

6.2.1 植物养护

根据不同植物的生长习性和需求进行定期的植物养护，养护内容主要包括植物的更换和补种、枯败植物以及杂草的清理、植物的修剪、植物的灌溉和施肥等基本养护。

维护周期：每两到三个月一次。

6.2.2 土壤养护

由于存在一定的水土流失情况，需定期补充种植土，保证土壤肥力的可持续性。

定期查看土壤的松实情况或检测土壤的透水率，通过补充松散填料，保证土壤具有良好的透水性。

维护周期：每半年一次。

6.3 典型雨水设施维护

6.3.1 透水铺装

面层出现破损时应及时修补或更换；出现不均匀沉降时应进行局部整修找平；当渗透能力大幅下降时应采用冲洗、负压抽吸等方法及时进行清理；维护频次：检修、疏通透水能力2次/年（雨季之前和期中）。

6.3.2 雨水花园、生物滞留设施

应及时补种修剪植物、清除杂草；进水口不能有效收集汇水面径流雨水时，应加大进水口规模或进行局部下凹等；进水口、溢流口因冲刷造成水土流失时，应设置碎石缓冲或采取其他防冲刷措施；进水口、溢流口堵塞或淤积导致过水不畅时，应及时清理垃圾与沉积物；调蓄空间因沉积物淤积导致调蓄能力不足时，应及时清理沉积物；边坡出现坍塌时，应进行加固；由于坡度导致调蓄空间调蓄能力不足时，应增设挡水堰或抬

高挡水堰、溢流口高程；当调蓄空间雨水的排空时间超过36h时，应及时置换树皮覆盖层或表层种植土并查看溢流过水情况；出水水质不符合设计要求时应更换填料；维护频次：检修、植物养护、淤泥清理2次/年（雨季之前、期中），植物栽种初期适当增加浇灌次数；不定期地清理植物残体和其他垃圾。

6.3.3 蓄水池

进水口、溢流口因冲刷造成水土流失时，应及时设置碎石缓冲或采取其他防冲刷措施；进水口、溢流口堵塞或淤积导致过水不畅时，应及时清理垃圾与沉积物；沉淀池沉积物淤积超过设计清淤高度时，应及时进行清淤；应定期检查泵、阀门等相关设备，保证其能正常工作；防误接、误用、误饮等警示标识、护栏等安全防护设施及预警系统损坏或缺失时，应及时进行修复和完善；维护频次：检修、淤泥清理2次/年（雨季之前和期中），每次暴雨之前预留调蓄空间。

6.3.4 植草沟

应及时补种修剪植物、清除杂草；进水口不能有效收集汇水面径流雨水时，应加大进水口规模或进行局部下凹等；进水口因冲刷造成水土流失时，应设置碎石缓冲或采取其他防冲刷措施；沟内沉积物淤积导致过水不畅时，应及时清理垃圾与沉积物；边坡出现坍塌时，应及时进行加固；由于坡度较大导致沟内水流流速超过设计流速时，应增设挡水堰或抬高挡水堰高程；维护频次：检修2次/年（雨季之前、期中），植物生长季节修剪1次/月。

设计单位：南宁市古今园林规划设计院有限公司、中国城市规划设计研究院

管理单位：南宁市市政和园林管理局、南宁市南湖公园

建设单位：南宁市南湖公园

编写人员：李宇宁　吴彦桦　杨宁彬　韦　护
　　　　　冯延锋　莫长斌　陶云飞　雷振洲
　　　　　赵浩利　梁　杏

南宁市石门森林公园海绵化改造工程

项目位置：南宁市石门森林公园内
项目规模：设计范围共计63.2hm²
竣工时间：2016年3月

1 现状基本情况

1.1 项目概况

石门森林公园项目位于南宁市海绵城市试点区"雨水资源综合利用示范区"内，该项目改造的主要目的是通过一系列海绵城市改造措施，实现流域雨水的收集和净化，最终为下游竹排冲提供优质的补给水源。项目地处南宁市密集建设区，周围被现状居住区以及南宁会展中心包围，项目周边所有地块均为现状建设用地，公园面积为63.2hm²。

1.2 自然条件

1.2.1 气候、降雨条件

南宁市位于广西南部，北回归线南侧，属湿润的亚热带季风气候，阳光充足、雨量充沛、气候温和，年平均气温在21.6℃左右。冬季最冷的1月平均12.8℃，夏季最热的7、8月平均28.2℃。年均降雨量达1304.2mm，平均相对湿度为79%，雨季集中在夏季。

1.2.2 土壤条件

公园内地貌单元复杂，为膨胀岩土分布区，土壤渗透性整体较差。公园内土壤类型多样，主要为填土、第四系冲洪积的黏性土、碎石土以及第三系泥土等。项目所涉及的主要天然土层为黏土和粉质黏土，透水性较低，除素填土外，其他土层渗透系数不足0.5m/d。

1.3 下垫面情况

石门森林公园现状下垫面情况分为以下几类：林地面积35hm²，草地面积17.6hm²，水域2.3hm²，道路面积3.0hm²，硬化铺装面积5.3hm²。

1.4 竖向条件与管网情况

石门森林公园为丘陵地貌，地形起伏较大。公园东侧、南侧、西侧均有山体，中间为公园最低处，基本保持原始的自然冲沟地形。

园内明湖为最低点，除少量山脊线外侧区域，大部分场地雨水径流最终汇入明湖。其中，西侧部分为现状陡坎，与西侧会展中心高差较大。陡坎产生的降雨径流由陡坎下方设置的排水沟排至会展路雨水管道，避免对会展中心造成积水压力。

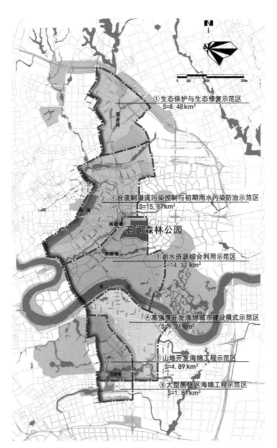

①生态保护与生态修复示范区
S=8.48km²

②合流制溢流污染控制与初期雨水污染防治示范区
S=15.97km²

石门森林公园

③雨水资源综合利用示范区
S=14.37km²

④高强度开发海绵城市建设模式示范区
S=9.21km²

⑤山地开发海绵工程示范区
S=4.89km²

⑥大型居住区海绵工程示范区
S=1.81km²

项目区位图

下垫面分布图

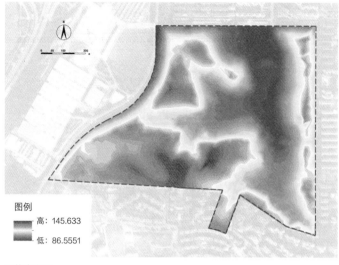

现状高程图

目前整个片区基本为碎片化的排水状态，各个地块雨水分别由地块内的雨水管道排往市政雨水管道，最终通过两条主干雨水管网排至竹排冲。石门森林公园现状不承接周围地块的雨水径流。

1.5 客水汇入情况

为发挥石门森林公园的区域减排作用，通过对石门森林公园与周边小区场地的地形分析和实地踏勘，发现有条件汇入石门森林公园并进入明湖汇水区进行收纳的小区包括：龙曦山庄、山水方园、公园南门处裸地、倚林佳园、右江花园以及青秀花园等。它们分别从公园规划南门和公园

东南角山沟汇入。

按照接入难度对上述小区进行区分，可分为两类，一类为稍加改造即可接入的，如龙曦山庄、山水方园以及右江花园，这类小区可以通过雨落管断接、增加雨水排出口等方式接入公园；另一类是必须对小区排水系统进行改造后方能接入的，如倚林佳园和青秀花园等小区。

在接入方式上有三种，分别为：

（1）从建筑雨落管通过高差汇入公园

这种方式适用于紧邻公园且存在高差的部分小区建筑。

（2）从市政雨水管道接入公园

原理是利用市政雨水管管底标高与公园汇入

周边关系分析及管网分析图

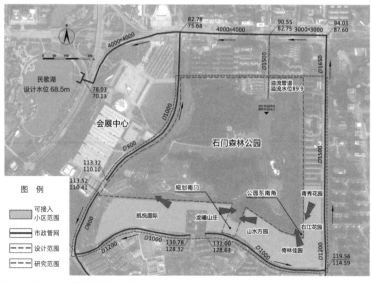

石门森林公园可接入地块关系图

口的高差，对市政雨水管道进行断接，从市政雨水管接入公园，此类方法适用于市政雨水管管底标高较高的情况。

（3）通过小区集中的雨水口接入公园

通过合理组织小区内雨水排水系统，对小区内雨水管道或者雨水管渠新增或者改造，合理组织地表径流方向，通过统一或局部统一的方式进入客水进水管，汇入公园预留的雨水接入口（小区的雨水管道改造不在本次海绵化改造范围内）。

通过上述三种接入方案的比较，综合技术可行性、实施难度、投资大小等进行统筹分析，选择第三种方法作为小区雨水径流汇入公园的主要方式。

2 问题与需求分析

2.1 公园自身问题和改造需求

（1）明湖年久失修，坝体渗漏严重，湖底淤积深度厚

明湖始建于1997年，水位较深，建成初期水深（最深处）曾达7m左右，目前大部分区域水深3~4m，最深处约6m，至今没有进行过清淤工作。

（2）硬化初期雨水径流污染控制措施不完善，对水质造成影响

目前园区道路和市民活动场地等大部分为硬化地面，且由于地形陡峭，部分道路坡度较大。暴雨时，雨水径流污染容易对湖体造成冲击。路面的初期雨水径流直接通过管道排入湖水，缺少径流污染控制措施。

（3）明湖水体水质

根据石门森林公园管理处多年的观察，明湖水体水质近年来有所下降，水体缺少流动，在夏季高温天气条件下，时常发生富营养化现象。

（4）园区部分地区存在内涝问题

根据现场调研以及石门森林公园管理处的反馈情况，目前园区存在三处内涝点。北门入口处由于地势位于低点，缺少排水出路，暴雨时经常造成内涝现象；公园东南小广场前道路标高较低，且没有出口，造成积水；游乐园场地硬化程度高，地势平坦，排水不畅，降雨时，容易产生内涝。

（5）公园给排水附属设施缺少

缺少绿地喷灌设施，绿地浇灌主要依靠人工；公园道路两旁集水边沟等道路附属设施陈旧，需要及时进行更新改造。

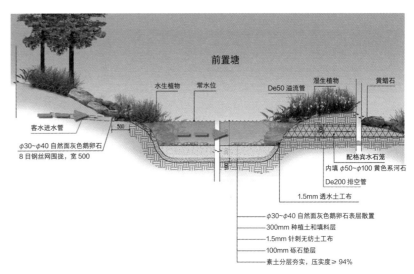

客水接入示意图

2.2 公园周边排水问题和改造需求

上位海绵城市规划要求区域年径流总量控制率目标不低于80%。需要将公园作为区域性海绵体，承担一部分周边小区雨水径流的消纳，从而实现整个区域海绵城市达标。

3 海绵城市绿地建设目标与指标

3.1 水安全目标

根据公园与周围场地的关系，通过合理的设施布局，吸纳周围地块的雨水径流，并对客水进行水质净化，消纳和净化附近小区雨水，提高整个片区的雨水径流总量控制率，打造区域海绵体，保障城市水安全。

3.2 水生态目标

充分利用自然洼地，建设雨水湿地或者雨水花园，开展雨水收集利用工程，削减初期雨水对明湖水环境的污染，并减缓园内局部内涝给群众带来的不便，公园内达到年径流总量控制率指标（约束性指标）≥85%。

3.3 水资源目标

完善公园雨水供水系统，构建现代化雨水回用工程。公园进行海绵化改造后，公园绿地、道路浇洒和公厕用水全部使用明湖湖水，除此之外，剩余水量每年可以向下游民歌湖补水。

3.4 水环境目标

严格按照水环境功能区划控制要求，强化径

流雨水的渗透、净化与调蓄，有效提升明湖的水环境及滨水空间品质，使明湖水质指标（约束性指标）达到《地表水环境质量标准》GB 3838中Ⅳ类水体，明湖水体透明度≥0.8m。

设计充分尊重自然、顺应自然、结合自然，优先采用生态型低影响开发设施，使公园年径流污染控制率（以SS总量去除率计）指标（约束性指标）≥50%。

4 海绵城市绿地建设工程设计

4.1 总体改造思路

（1）科学选择海绵建设措施

针对南宁市降雨量大、降雨天数多的降雨特

改造思路

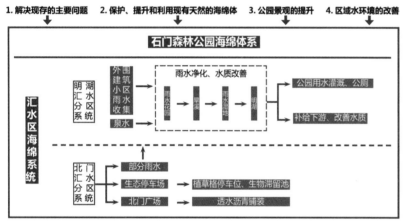

设计流程

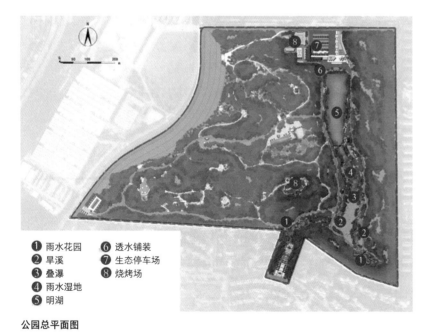

❶ 雨水花园　❻ 透水铺装
❷ 旱溪　　　❼ 生态停车场
❸ 叠瀑　　　❽ 烧烤场
❹ 雨水湿地
❺ 明湖

公园总平面图

征，土壤渗透条件差、地下水位高的场地特征以及明湖水环境改善需求，本工程海绵化设计强调以"滞""净""用"为主。

（2）以区域海绵建设整体达标为要求，解决场地内外雨水径流

石门森林公园为丘陵地貌，场地起伏较大，首先应解决场地雨水收集问题。同时，由于公园位于该区域的较低位置，需引入周边用地客水，完成区域海绵建设指标。公园有两个天然的汇水通道，在高程和竖向上可以引入周边小区客水。明湖位于公园的最低点，面积2.3hm²，现状库容约8.1万m³，通过水位的综合调度，为周边地块提供天然的雨水滞蓄空间。

（3）合理组织场地竖向，梳理雨水汇流路径，布置适宜海绵设施

在场地雨水合理疏导收集的基础上，结合地形与用地条件设置各类渗蓄净化设施。根据现场踏勘情况，初步建议以明湖为核心，通过溪流、旱溪、草沟、边沟建设，梳理场地雨水自然汇流路径，形成雨水径流渗、滞、蓄同步的自然消纳与净化，实现场地水质、水量指标。

（4）完善园内给排水系统，实现雨水资源化利用

测算公园雨水资源化利用潜力，分析公园用水类型，配套完善相关管网系统，实现园内的雨水资源利用。

4.2 总体布局

基于目标导向和问题导向，本次改造工程主要位于公园北门区域、明湖周边区域。其中北门区域的主要海绵设施包括办公区透水铺装、停车场透水铺装、停车场绿化带生物滞留设施。明湖周边区域主要海绵设施包括烧烤场透水铺装、环湖路透水铺装、南门区域透水铺装以及雨水花园、旱溪、叠瀑、植草沟、雨水湿地等。

4.3 竖向设计与汇水分区

4.3.1 竖向设计

明湖为公园内主要水体，常水位标高为89.80m，最高设计水位90.30m，最低设计标高为88.80m。池底高程为84.80~84.30m。设计公园主路纵坡小于8%，支路和小路纵坡不高于18%。公园内设计最低高程为90.1m。

4.3.2 汇水分区

根据石门森林公园现状场地特征，现状排水设施，将石门森林公园划分为四个汇水分区，分别是明湖雨水分区、东盟博览园雨水分区、北门停车场汇水分区以及边缘向外排水分区（包括东部向青秀路排水、向会展路排水区域）。

4.3.3 径流控制量计算

结合现状存在的主要问题，本次海绵化改造的重点区域为明湖汇水区，其次为北门停车场汇水区，东盟博览园汇水分区范围属其他单独项目，不纳入此次海绵改造范围内。径流量计算公式如下：

$$W = 10 \Psi_{zc} h_y F$$

式中：W——径流总量（m³）；

Ψ_{zc}——雨量综合径流系数；

h_y——设计降雨量（mm）；

F——汇水面积（hm²）。

对于公园其他汇水分区，现状下垫面以自然林地或草地为主，径流系数较低，产生径流较少，为自然排放状态，以现状保持为主。合计本次海绵化改造的径流控制量为7752.8m³，超出设计降雨量对应的径流控制量的径流雨水，通过溢流口与市政管网衔接。

对于北门停车场汇水区，由于此区域是公园的主入口，可用于海绵设施的用地不多，整个汇水分区海绵设施设计总调蓄容积为430m³，与调蓄容积目标1152m³相差722m³，将此部分排入明湖汇水分区进一步消纳。此外，若考虑周边小区12.5hm²的面积按照85%的控制率，还需增加调蓄容积2475m³。

明湖汇水区所有海绵设施设计总调蓄容积为494.24 m³，与目标7322.8m³（含北门区汇水分区排入水量722m³）相差6829m³，若考虑周边客水容量，则相差9304m³。明湖驳岸修复后，最高水位可以达到90.30m，即使按照常水位89.50m的水平，可调蓄容积将达到30000m³，可达到区域年径流控制率85%的要求。

4.3.4 设施选择与径流组织路径

主要技术措施包括：雨水湿地、旱溪、雨水花园、生态停车场以及水质改善设施等。径流组织包含两个部分：一是园内径流，主要通过植草沟和集水边沟汇入附近雨水湿地，经净化处理后汇入明湖；二是周边地块客水，通过沉砂池预处理，再进入雨水花园进行初步净化，通过蜿蜒的旱溪和层层

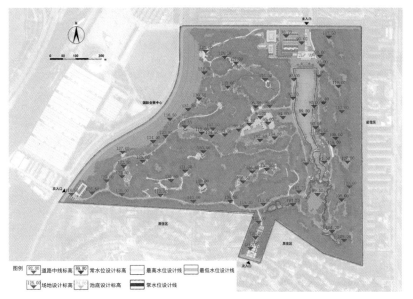

图例　▽92.00 道路中线标高　▽89.80 常水位设计标高　□最高水位设计线　□最低水位设计线
　　　▽125.00 场地设计标高　▽ 池底设计标高　■常水位设计线

竖向设计图

图例　■明湖汇水分区　□边缘外排汇水分区
　　　■东盟博览园汇水分区　——现状集水边沟
　　　□北门停车场汇水分区　→汇水方向

汇水分区图

明湖汇水分区海绵设施设计调蓄容积表

汇水分区	设施类型	滞水深度（m）	调蓄容积（m³）	调蓄容积小计（m³）	调蓄容积合计（m³）
明湖汇水分区	湿地和旱溪	0.4	198	494.2	30924.2
	雨水花园	0.1	296.24		
	植草沟	0.3	58.8		
北门停车场汇水区	生物滞留池	0.3	362	430	
	透水沥青铺装改造减少68m³径流量				
明湖调蓄容积				30000	

的跌水汇入山下雨水湿地，最后汇入明湖。

4.4 雨水资源化利用

公园用水包括绿化用水、厕所用水、消防用水等，测算石门森林公园进行海绵化改造后，年利用雨水量达到 23.5 万 m³。收集的雨水贮存于明

周边地块客水径流组织路径图

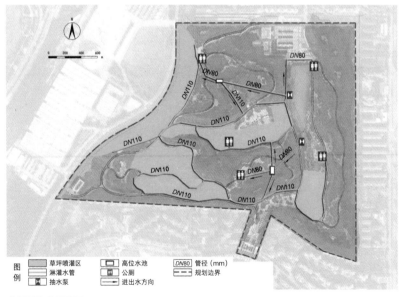

公园再生水利用图

湖内，除少量必须使用自来水的用水需求外，公园其余用水均使用明湖的湖水，结合公园地形及原有道路，完善公园给排水系统，设置自动喷灌系统，使园区用水实现自动化。

4.5 水系设计

4.5.1 水系布局

该项目水系设计包括雨水花园、旱溪、雨水湿地、明湖等内容。

（1）雨水花园：园区南部设置东、西两处雨水花园

西侧雨水花园位于南门下游现状广场西侧，110m 高程处，建设一处雨水湿地，对客水进行处理，雨水湿地进行二次净化，面积为 1964m²。东侧雨水花园位于公园东南角下游，山体自然涌水水质清澈，结合现状已经形成的水池，改造为小型雨水花园，对来水中污染物进行生物净化，面积约 1770m²。两个雨水花园的蓄水深度设计为 100mm。

（2）旱溪：位于明湖南部草坪东西两侧

草坪东西两侧各增加一条旱溪，利用溪水植物和鹅卵石打造生态景观，主要功能为传输两个雨水花园净化后出水以及暴雨时雨水花园的溢流出水。两条旱溪宽度分别为 2m 左右，深度约为 0.4m，面积为 1718m²。路径根据微地形适当弯曲，以降低流速。

（3）雨水湿地：位于明湖南部的现状游泳池场地

利用现状游泳池改造建设为雨水湿地，对客水进行净化后排入明湖。同时，为了提高明湖的水质，建设水循环系统，将湖水输送至雨水湿地进行循环净化。雨水湿地面积约 2062m²，设计平均水深 0.5m。

（4）明湖：位于园区中部

明湖为公园内主要水体，常水位标高为 89.8m，最高设计水位 90.3m，最低设计标高为 88.8m。池底高程为 84.8~84.3m。

4.5.2 水位设计

以明湖现状溢流口水位标高（89.80m）为重要限制依据，确定公园不同条件下的水位高程。在明湖溢流口设置可调节闸门，分别在汛期和旱期进行调度。

（1）极限水位

明湖驳岸修复后，可调蓄容积将达到

30000m³，故明湖最高水位可以达到 90.30m。

（2）常水位

公园内达到年径流总量控制率指标（约束性指标）≥85%，对应设计降雨量为 40.4mm。本次海绵化改造的径流控制量为 7752.8m³，收集客水 3734.2 m³，设计径流控制量 11057m³。超出设计降雨量对应的径流控制量的径流雨水，通过溢流口与市政管网衔接。明湖现状溢流口水位 89.80m，故设计常水位为 89.80m。

（3）汛期水位

汛期设计水位标高为 90.30m，在汛期暴雨来临时，将水位保持在低水位，随着雨水量增加，同时将溢流口闸门关闭，使水位蓄至 90.30m，水位超过溢流口水位时，将自然溢流至民族大道雨水管道。在暴雨过后，将闸门打开，向下游排水，降低下游道路内涝风险。

（4）旱期水位

本次根据景观需要，选定在现状常水位（89.80m）的基础上降低 1m 作为最低水位，即设计最低水位标高为 88.80m，在竹排冲严重缺水时，在保证明湖最低水位 88.80m 的前提下，使用备用水泵抽取明湖水排至民族大道。

4.5.3 水循环设计

明湖的主要问题是湖水缺少流动，容易爆发富营养化问题。方案从增加湖水流动方面进行优化，增加水体循环，提高水体自净能力。

湖水的水循环系统要结合景观打造，考虑到景观跌水的水流量要求，取循环流速为 0.2m³/s，雨季可适当减少，以营造良好的景观效果，水泵选用变频泵，可调节水量，管材管用不锈钢管。循环系统，根据景观需求和水体水质的好坏不定期开启。

4.5.4 生态补水系统

（1）来水量

明湖来水量包括四个部分，即泉水、周边小区客水、公园雨水径流以及湖面收集的降雨。

泉水，根据目前的监测资料，结合现场调研，测算全年平均流量为 15L/s，全年汇入明湖的泉水共计 47.30 万 m³。

客水，引入公园的周边小区面积约 12.52hm²，根据每个小区的总平面，分别测算径流系数，使用面积加权平均后，计算得到平均径流系数按照 0.67 估算，按照年平均 1298mm 的降雨量，估算

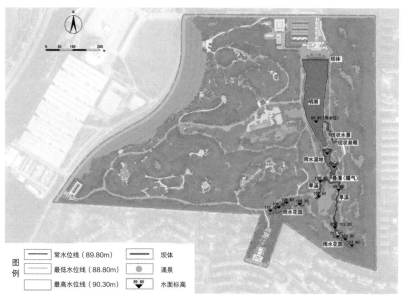

水系布局图

全面可引入公园的水量为 10.89 万 m³。

公园内径流雨水，取公园综合径流系数为 0.4，明湖汇水区面积 44.6hm²，计算得到公园绿地可收集的雨水为 21.96 万 m³。

明湖自身收集的雨水，明湖湖面 2.3hm²，则湖面收集降雨 2.99 万 m³。

明湖年总收水量为 83.14 万 m³。在忽略渗漏量的前提下，根据全年月平均蒸发量数据，计算得到全年蒸发量约为 3.27 万 m³，扣除后，得到实际收集的雨水量为 79.89 万 m³。

（2）可补充下游水量

明湖设计最高水位 90.30m，设计常水位 89.80m，设计最低水位 88.80m。向民歌湖补水可分为几种情形：雨季时，来水量充足，公园自身用水量较少，水位超过溢流口水位时，将自然溢流至民族大道雨水管道。旱季时，来水量不足，公园绿化用水升高，水位无法达到溢流高度，需要根据景观和生态需水量要求，设定最低水位，在达到最低水位之前，通过泵站或者调蓄池向下游补水。

本次根据景观需要，选定在现状常水位的基础上降低 1m 作为最低水位，则根据来水量和耗水量，计算得出每月可向下游的补水量。明湖在现有水位设计条件下，每年可以向下游竹排冲补水 54.62 万 m³。

（3）补水路径设计

通过溢流管道直接输送至民族大道 4.0m×4.0m 的方涵，向西重力排往竹排冲。同时建议加强民族大道沿线雨污混接的治理，加强地

下管网的监测，尤其是要防止雨水管道的雨水渗漏，保证明湖的优质水源进入竹排冲。

4.6 土壤改良与植物选择

4.6.1 土壤改良

本次海绵化改造要求对改造范围的绿地进行土壤改良。改良深度为30cm，乔木与孤植灌木按土球规范标准覆土量计算。改良种植土配比为：种植肥土树枝叶腐殖肥30%，表层土70%。种植土覆上护坡后夯实度应≥80%。

要求施工时对各种花草树木均应施足基肥，保证植被的存活率。

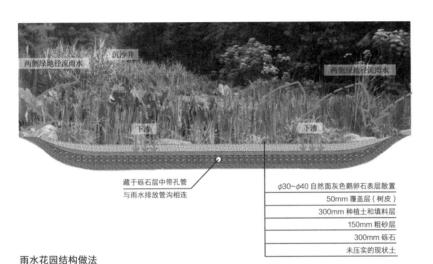

雨水花园结构做法

- 藏于砾石层中带孔管
  与雨水排放管沟相连
- φ30~φ40 自然面灰色鹅卵石表层散置
- 50mm 覆盖层（树皮）
- 300mm 种植土和填料层
- 150mm 粗砂层
- 300mm 砾石
- 未压实的现状土

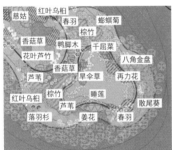

雨水花园配置平面图

南门雨水花园净化原理图

旱溪结构做法与净化原理图

- 黄色系河石
- 200mm 细沙层
- 300mm 粗砂层
- 素土夯实

4.6.2 低影响开发设施植物选择

（1）雨水花园

雨水花园结合游览的需要合理配植，以具有净水能力的植物和短时间耐水涝能力、景观性良好为植物选择原则。为满足景观需要，局部采用丰富的观赏草、水生植物进行自然式组团种植，以达到功能合理、景观优美的效果。

主要选用植物：

乔灌木：落羽杉、木槿、木芙蓉、散尾葵、红叶乌桕、澳洲鸭脚木、海芋、春羽等。

观赏草：旱伞草、紫叶狼尾草、细叶芒、花叶芒。

水生植物：红花睡莲、荷花、萍蓬草、花叶芦竹、芦苇、再力花、千屈菜、紫芋、菖蒲、香菇草等。

片植地被：姜花、八角金盘、翠芦莉、肾蕨、蜘蛛兰、大叶棕竹、沿阶草、香菇草等。

（2）旱溪

在下游绿地内东西两侧，各增加一条旱溪，旱溪设计宽度为2m，深度约为0.4m，利用溪水植物和鹅卵石打造生态景观，主要功能为传输两个雨水花园净化后出水以及暴雨时雨水花园的溢流出水。

旱溪两侧以花境的配置形式，以短时耐水涝植物且景观性良好为植物选择原则，结合旱生植物、景石相配合，打造特色的植物群落，形成一道亮丽的风景线。

主要乔灌木植物：黄槿、串钱柳、落羽杉、花叶榕、澳洲鸭脚木、龙血树、双荚槐、鹤望兰、银叶金合欢、黄金香柳、美花红千层、粉花夹竹桃、黄花夹竹桃、红叶乌桕、朱槿等。

观赏草：细叶芒、旱伞草、小兔子狼尾草、紫叶狼尾草、血草、玉带草等。

水生植物：花叶芦竹、芦苇、千屈菜、水生鸢尾、水葱、香蒲、刺芋、紫芋、香菇草等。

片植地被：大花美人蕉、紫叶美人蕉、黄脉美人蕉、海南变叶木、花叶假连翘、大花萱草、金叶番薯、银边山菅兰、巴西野牡丹、姜花等。

旱溪实景照片

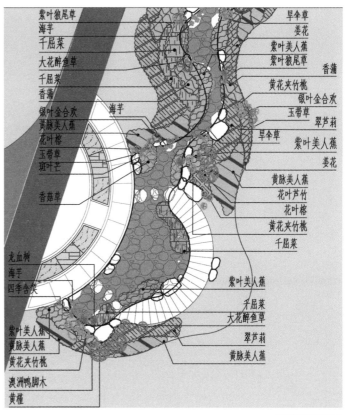

紫叶狼尾草
海芋
千屈菜
大花醉鱼草
千屈菜
香蒲
银叶金合欢
黄脉美人蕉
花叶榕
玉带草
斑叶芒

香菇草

龙血树
海芋
四季含笑

紫叶美人蕉
黄脉美人蕉
黄花夹竹桃

澳洲鸭脚木
黄槿

旱伞草
姜花
紫叶美人蕉
紫叶狼尾草
香蒲
黄花夹竹桃
银叶金合欢
玉带草
翠芦莉
旱伞草
紫叶美人蕉
姜花
黄脉美人蕉
花叶芦竹
花叶榕
黄花夹竹桃
千屈菜

紫叶美人蕉

千屈菜
大花醉鱼草
翠芦莉
黄脉美人蕉

旱溪配置平面图

（3）雨水湿地

场地周边模拟湿地生态主要乔灌木植物：山樱花、水松、仪花、花叶榕、朱槿、澳洲鸭脚木、木芙蓉、双荚槐、亮叶朱蕉、红叶乌桕、银叶金合欢等。

观赏草：班叶芒、大布尼狼尾草、矮蒲苇、花叶芒、紫叶狼尾草等。

水生植物：睡莲、荷花、香水莲、荇菜、再力花、梭鱼草、花叶芦竹、水生鸢尾、黄菖蒲、水生美人蕉、水葱、香蒲、紫芋等。

片植地被：粉花夹竹桃、花叶良姜、大叶棕竹、紫叶美人蕉、七彩竹芋、八角金盘、红萼龙吐珠、姜花、琴叶珊瑚、银边山菅兰等品种。

（4）水下森林

本次改造在雨水湿地与明湖过渡区种植沉水植物，面积约1300m²，形成水下森林，进一步改善水质，水下森林选用植物为狐尾藻、金鱼藻。沉水植物可以增加水中的溶氧，吸附水中营养盐从而净化水质。

（5）植草沟

植草沟现状土上部为300mm的砾石层，上铺

土工布、100mm粗砂层、300mm种植土和填料层、300mm卵石表层铺设、300mm深的蓄水池、草皮种植。

公园内雨水径流通过建设完善的植草沟系统，结合现有集水沟，过滤径流中的泥沙后通过四个雨水口进入明湖，在进入明湖前设置沉砂井，对泥沙进行进一步截流和沉淀，降低泥沙含量。

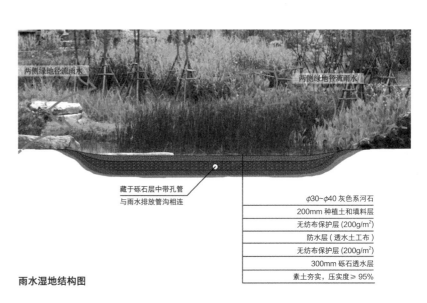

两侧绿地径流雨水

两侧绿地径流雨水

藏于砾石层中带孔管
与雨水排放管沟相连

φ30~φ40灰色系河石
200mm种植土和填料层
无纺布保护层（200g/m²）
防水层（透水土工布）
无纺布保护层（200g/m²）
300mm砾石透水层
素土夯实，压实度≥95%

雨水湿地结构图

雨水湿地配置平面图　　　　　　　　　　　　**水下森林实景照片**

4.7 污染物削减率达标校核

由于项目雨水径流监测设施尚未运行，本次验证使用澳大利亚水敏感性城市设计软件 MUSIC 模型作为计算工具。

对上述海绵设施的污染物削减率进行整合，按照 TSS、总磷和总氮三类进行总结，如下表所示。可以看出，通过海绵化改造，污染物削减效果显著。

海绵系统对公园径流的污染削减作用

指标名称	入口负荷	出口负荷	削减率（%）
TSS（kg/a）	13400	591	95.6
总磷（kg/a）	35.8	5.46	84.8
总氮（kg/a）	234	93.7	60

综上，本次海绵化改造后，公园年径流污染控制率（以 SS 总量去除率计）指标（约束性指标）≥ 50%。明湖水质指标（约束性指标）达到《地表水环境质量标准》GB 3838 Ⅳ类水体，明湖水体透明度 ≥ 0.8m。

5 建成效果评价

5.1 工程造价

该工程总投资中海绵城市改造工程费用为 2654 万元，其中实际改造面积约 20.11hm²，单位面积投资约 132 万元 /hm²。

海绵设施单价表

设施名称	单价（元 /m²）
雨水花园	350
旱溪	300
雨水湿地	480
生物滞留设施	320
透水铺装	250

5.2 建成效果评估

通过改造公园水体——明湖，提升了公园雨水调蓄能力，并为合理接纳周边客水预留调蓄空间。改造完成后，园内水质得到明显改善，实现区域年径流总量控制率 85% 以上，年径流污染物控制率 60% 以上，公园总调蓄容量达到 3.2 万 m³，园内雨水资源利用率达 73.5%，每年可向下游补水 54 万 m³，基本实现预期目标。

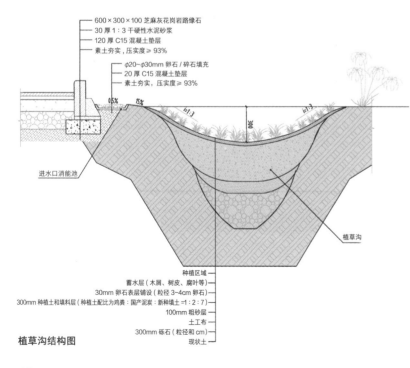

植草沟结构图

6 海绵城市绿地维护管理

6.1 海绵城市绿地维护管养机制

6.1.1 管理机构

公园主管部门为南宁市海绵城市与水城建设工作领导小组办公室（以下简称"海绵办"），其维护管理按照南宁市颁布的《南宁市低影响开发雨水设施运行维护技术指南（试行）》，针对性的对低影响开发雨水设施进行维护管理。

6.1.2 管养费用

维护费用主要有公园日常维护管理费用和由海绵办下发的专项海绵维修资金。通过制定海绵城市后期维护专项资金明细办法，确保资金专项专用以及海绵系统的持续运转。

6.2 海绵城市绿地维护要点

6.2.1 植物养护

参照一级绿地养护标准，对绿地内的树木、花卉、草坪、水生植物等进行日常养护。对绿地内的乔灌木、多年生草本等植物进行及时修剪，保证植物的良好长势。及时清理水面以上植物的枯黄部分，控制水生植物的生长范围，清理超出范围的植株及叶片。根据植物需要、长势及时对植物施肥，尽量使用生态有机肥料和生态环保农药，保证植物长势的同时，保证公园水质不受影响。

6.2.2 典型雨水设施维护

（1）雨水花园

保持雨水花园整体环境的干净、整洁，及时清理区域内的垃圾、杂物、枯枝落叶。定时进行管道的巡视、排查，防止堵漏，保证排空管道通畅、无污染。及时更新、修复雨水花园，保证雨水净化能力。

（2）旱溪

保持旱溪整体环境的干净、整洁，及时清理区域内的垃圾、杂物、枯枝落叶。定时巡视、排查，防止堤岸堵漏，保证旱溪输送雨水的畅通。

（3）雨水湿地

保持雨水湿地整体环境的干净、整洁，及时清理区域内的垃圾、杂物、枯枝落叶。定时进行管道的巡视、排查，防止堵漏，保证管道的通畅、无污染。雨水湿地的水面保持清洁、水循环设施保持完好、运行正常。

设计单位：南宁市古今园林规划设计院有限公司、中国城市规划设计研究院

管理单位：南宁市市政和园林管理局、南宁市石门森林公园

建设单位：南宁市石门森林公园

编写人员：韦 护 黄 琳 冯延锋 莫长斌
　　　　　李宇宁 林昌焕 赖聪捷 钟 森
　　　　　赵 斐 刘洋彰

(a) 改造前　　　　　　　　　(b) 改造后

南门雨水花园对比图

(a) 改造前　　　　　　　　　(b) 改造后

雨水湿地改造对比图

(a) 净化前　　　　　　　　　(b) 净化后

雨水净化前后对比图（照片摄于 2016 年 8 月 10 日）

贵安新区星月湖二期海绵城市绿地建设

项目位置：贵州市贵安新区
项目规模：63hm²
竣工时间：2018年

1 现状基本情况

1.1 项目概况

贵安新区海绵城市建设示范区位于中心区范围内。"两湖一河"项目为示范区内公园类项目，由月亮湖、星月湖、车田河组成，总面积为667hm²，其中星月湖公园总面积200hm²。项目二期北起天河潭大道，南至京安大道，西起清渠路，东至金马大道，总面积约63hm²。

1.2 自然条件

贵安新区属北亚热带季风湿润气候，兼有高原性和季风性气候特点，四季温和。降水的季节变化与季风的活动有着密切关系，降水呈年内分配不均、年际变化大等特点。年平均降雨为1241mm，降雨多集中在5~10月，占全年降雨量的83%，最大年降水量为1914.5mm（2014年），最小年降水量为823.1mm（2011年），丰枯比为2.27。

场地内土壤以回填土、耕植土或淤泥土、红黏土为主，人工填土厚度0~6.3m，残坡积黏土夹碎石厚0~5.0m，覆盖层厚度0.3~9.6m，表层土土壤渗透系数约为 $4×10^{-6}$m/s，土壤渗透性较差。

1.3 下垫面情况

建设前用地类型以水域和农林用地为主，沿河流分布有少量城镇用地。规划用地类型为公园绿地，其中绿地面积约33.6hm²，水域面积约19.2hm²，建筑面积0.3hm²，铺装面积7.7hm²，道路面积2.2hm²。

1.4 竖向条件与管网情况

场地地形平缓，缓坡、斜坡地形自然坡度约5°~26°，地面高程1217~1237m。南北高、中间低，整体呈现河道两岸坡向中间水系的态势。

根据《贵安新区中心区城市设计暨控制性详细规划》，中心区排水体制采用雨、污分流制。规划沿场地内河流两侧布置污水主干管，收集周边地块污水至湖潮污水处理厂，管径为 $D600$~$D1000$。场地内规划16处市政雨水管道排口，外部市政雨水通过市政管道排入水系，管径为 $D600$~$D1200$。

1.5 客水汇入情况

场地内有寅贡河汇入，寅贡河起源于寅贡湖，流域面积共2.63km²，河底高程1221.9~1226.5m，河道采用梯形断面，边坡系数为1：3~1：5，河道宽度50~110m,平均宽度

星月湖二期项目区位图

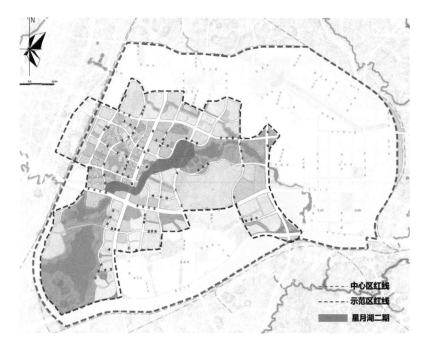

中心区红线
示范区红线
星月湖二期

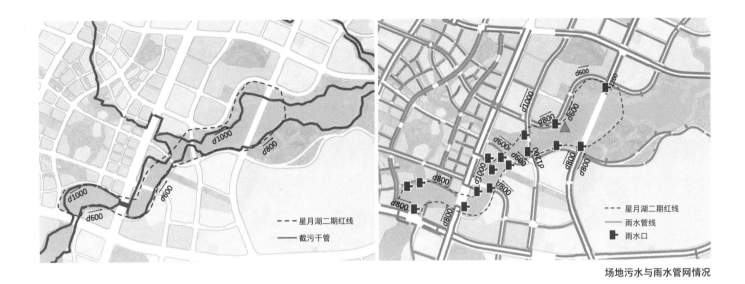

场地污水与雨水管网情况

约 70m，常水位为 1230.00m，汇入洪峰流量约 20.3m³/s。寅贡河上游汇水面积内用地类型主要为公共管理与公共服务用地、商业服务业设施用地，受限于新区开发建设时序影响，仅部分地块起动了开发建设，且均进行海绵城市建设，控制源头径流污染。寅贡河汇入水质较好，为Ⅲ类水质，COD 12mg/L、氨氮 0.067mg/L、总磷 0.02mg/L。

2 问题与需求分析

2.1 存在问题

（1）外部客水地表径流与内部 16 个市政雨水口承接的外来雨水排放加剧了场地内水体自净负荷，局部面源污染风险高；

（2）水体自身污染物含量高，营养物富集，藻类及其他浮游生物迅速繁殖造成水质恶化。

2.2 需求分析

2.2.1 水环境改善需求

中心区截污干管穿越星月湖二期场地，沿车田河水系布置。车田河水系位于贵阳市饮用水源花溪水库上游，临近水源保护区，水环境敏感程度较高。急需推进和完善沿河截污干管的建设，避免城市污水直接排入水系造成水质污染。

场地内车田河水系位于中心区雨水排水系统的末端，作为水体污染控制的最后一道屏障，需构建安全可靠的雨水污染控制措施，确保进入水系的雨水不对水体水质造成冲击破坏。

2.2.2 水生态修复需求

项目所在区域按照上位规划要求需打造核心区生态滨水廊道，营造娱乐休闲、储蓄雨水双重功能的城市空间；通过海绵城市建设，构建生态

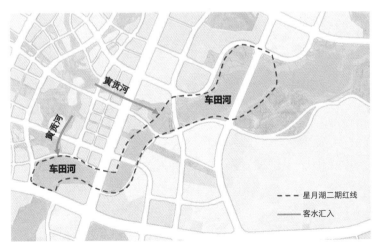

场地客水汇入情况　　　　　　　　场地周边现状

驳岸，通过植物的过滤、吸收、滞留和转化等作用削减污染物，降低污染物负荷，同时营造一个良好的亲水空间。

2.2.3 水安全保障需求

车田河流经贵安新区核心区，按照城市总体规划和中心区控规要求，确定车田河段100年一遇防洪标准和50年一遇防涝标准。

2.2.4 水资源保护需求

贵安新区地处长江流域与珠江流域分水岭地带，年降水量总体丰沛，但年内分配不均，工程性缺水严重。海绵城市建设的总体目标保护区域范围及周边河流、湖泊、湿地等水生态敏感区，保留涵养水源的林地、草地、湿地，尽量维持城市开发前的自然水文特征。此外，通过雨水收集、净化、下渗、调蓄设施等提高雨水利用率。

3 海绵城市绿地建设目标与指标

依据上位规划，贵安新区规划建设管理局给出两湖一河的年径流总量控制率指标，确定星月湖二期指标如下：

水生态目标：年径流总量控制率为89%，对应的设计降雨量40mm；

水安全目标：车田河段100年一遇防洪标准和50年一遇防涝标准；

水环境目标：水体达到《地表水环境质量标准》GB 3838—2002中Ⅲ类水的要求；

水资源目标：雨水资源化利用率达到28%。

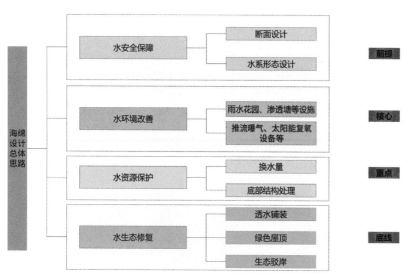

总体设计思路

4 海绵城市绿地建设工程设计

星月湖二期海绵城市建设以在设计范围内达到规划设计条件年径流总量控制率为目标，充分考虑绿地海绵体的实际承载能力，从水安全保障、水环境改善、水资源保护、水生态修复四个方面实现海绵建设目标。

4.1 总体方案设计

星月湖二期公园海绵设计中采用源头减排、过程控制、系统治理多种手段，通过渗、滞、蓄、净、排等多种技术，实现良性水文循环，提高对径流雨水的渗透、调蓄、净化、利用和排放能力。

4.1.1 水安全保障

（1）水系断面设计满足上位排水防涝规划要求：100年一遇防洪标准和50年一遇防涝标准。京安大道至百马大道段星月湖正常蓄水位为1230.00m，100年一遇洪水位为1231.07m；玉衡路至金马大道段星月湖正常蓄水位为1217.50m，100年一遇洪水位为1219.09m；

（2）设置两处生态挡流堰以满足雨季防洪排涝要求，同时满足旱季时节水景观效果；

（3）市政雨水排放口标高设计高于河道常水位，防止顶托现象发生，保障排水通畅；

（4）优化场地竖向，形成整体坡向水系、有利于排水的地形，利用道路、绿地等营造雨洪行泄通道，超标降雨通过行泄通道导入水系。

4.1.2 水环境改善

（1）星月湖二期有两条支流汇入，针对支流可能带来的面源污染，在支流汇入口设置生态湿地、人工浮岛、植物拦截带等设施，利用植物和微生物的吸附、沉淀、过滤和分解等作用去除水中污染物，净化水质。

（2）星月湖二期承接16个市政雨水排口，针对外部雨水径流污染，在雨水口末端设置水力旋流器和雨水湿地进行净化处理：雨水先经过水力旋流器去除漂浮物、砂砾、部分有机物和油脂等污染物，降低污染物负荷；随后雨水排入雨水湿地，利用植物吸附以及微生物分解作用，实现城市面源污染有效控制。

（3）针对场地内部地表初期径流污染，根据场地竖向设计，将星月湖二期划分14个汇水分区，在每个汇水分区内构建植草沟、砾石渠、渗透塘、雨水花园等源头减排设施；

（4）针对水体内部可能存在内源污染，防止水体富营养化现象发生，在相关区域配置推流曝气器和太阳能复氧设备，强化水体自净能力。

4.1.3 水资源保护

（1）根据景观规划对水量需求及水体水质保障要求，制定星月湖换水周期要求；

（2）应用黏土、亚黏土等，控制河道底部土壤渗透性，使土壤渗透性控制在 5×10^{-7}m/s，保持水面和景观效果。

4.1.4 水生态修复

（1）道路、广场采用透水铺装，结合周边雨水花园等设施，增强雨水的渗透和净化能力；

（2）停车场采用生态停车场，设置下沉式生物滞留带和砾石渠，将初期雨水加以净化后下渗排放；

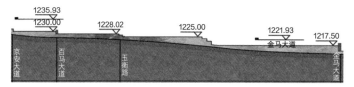

星月湖水系断面示意图

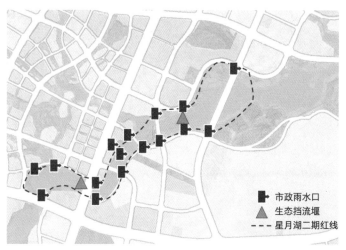

水安全保障措施平面图

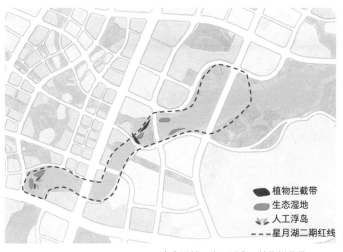

生态湿地、人工浮岛、植物拦截带平面图

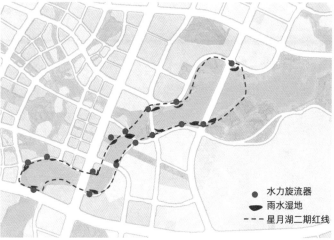

水力旋流器、雨水湿地平面图

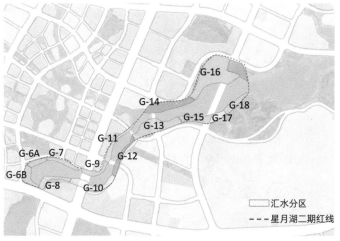

场地内部汇水分区划分图

推流曝气器和太阳能复氧设备平面图

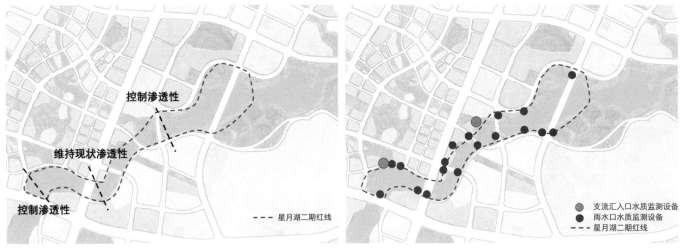

河道底部土壤渗透性控制图

水质监测设备布点及设备图

（3）体量较大且屋顶坡度较小的建筑采用绿色屋顶，小型建（构）筑物（如公厕）屋面雨水进行集蓄回用，雨水储存设施可选用雨水罐等设施；

（4）景观设计与海绵设计相结合，构建自然驳岸、抛石驳岸、生态驳岸等，使岸线集防洪、生态、景观和自净功能于一体。

4.1.5 监测布局

为保障入湖水质达标，保证水源安全，在支流的汇入口设置 2 套在线超声波流量计、在线 SS 检测仪、高锰酸钾指数在线分析仪、氨氮和总磷在线分析仪，对汇入支流水质的流量、SS、COD、氨氮、TP 进行监测；在雨水口末端设置 18 套流量和 SS 在线监测仪，对雨水口末端净化设施的进水、出水的流量和 SS 进行监测，通过比对设施进出口监测数据，得到末端净化设施的净化效果。通过实时监测、数据分析、长效评估运营等，多管齐下保证水质达标。

4.2 竖向设计与汇水分区—以汇水分区 G-13 为例

4.2.1 竖向设计与汇水分区

星月湖二期场地南北高、中间低，整体呈现河道两岸坡向中间水系的态势，结合场地景观竖向设计整体划分为 14 个汇水分区。其中 G-13 汇水分区地形南高北低，高程在 1217~1234m 之间。

4.2.2 径流控制量计算

该汇水分区面积 4.37hm²，下垫面综合径流系数 φ 参考住房和城乡建设部《海绵城市建设技术指南——低影响开发雨水系统构建》计算得 0.16，设计降雨量 H 取 40mm，依据容积法 $V=10H\varphi F$ 计算得该汇水分区目标径流控制量为 278.7m³。

4.2.3 达标评估

汇水分区内划定四个子汇水分区，并依据分区特点构建低影响开发设施。参考《海绵城市建

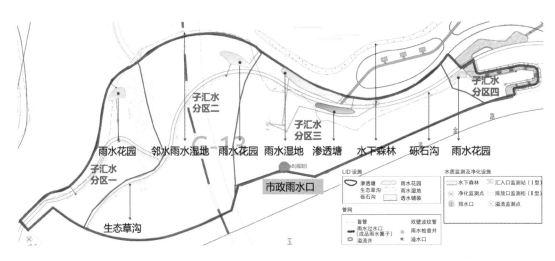

G-13 汇水分区详细设计图

低影响开发设施规模计算表

类别	面积 (m²)	综合径流系数	目标径流控制量 V1 (m³)	生态草沟 (m²)	雨水花园 (m²)	渗透塘 (m²)	设施径流控制量 V2 (m³)
子汇水分区一	7949	0.16	50.9	120	235	—	71.0
子汇水分区二	16764	0.15	100.6	207	200	—	81.4
子汇水分区三	16593	0.17	112.8	179	—	190	149.8
子汇水分区四	2394	0.15	14.4	—	63	—	12.6
总计	43700	0.16	278.7	506	498	190	314.8

注：调蓄容积 = 设施面积 × 设施有效蓄水深度

设技术指南——低影响开发雨水系统构建》确定各低影响开发设施有效蓄水深度（其中雨水花园深度为 0.2m，生态草沟深度为 0.2m，渗透塘深度为 0.6m），依据面积 $S=V_1/h$ 确定各子汇水分区内设施规模，并根据场地空间实际情况调整设施规模。最终 G-13 分区所有设施总调蓄容积为 314.8m³，满足设计径流控制量 278.7m³ 要求。

4.2.4 设施布局与径流组织

针对该汇水分区构建低影响开发系统，主要分为三部分内容：

（1）针对分区内部雨水径流。场地坡度利于排水，同时土壤渗透性较差，方案提出以"渗、净、排"为主，"滞、蓄"结合，兼顾"用"等功能需求的海绵设施方案，在分区内合理布局透水铺装（1678m²）、生态草沟（506m²）、砾石沟（108m 长）、雨水花园（498m²）、渗透塘（190m²）等措施。道路上的雨水径流通过透水铺装下渗，设置在道路及绿地旁的生态草沟、砾石沟收集和转输周边道路及绿地雨水，将雨水转输至雨水花园、渗透塘中进行滞蓄、净化处理，同时在雨水花园、渗透塘等设施中设置溢流口，将超标雨水通过溢流口排入雨水管线，最终排入水体。

（2）该分区承接了一个外部市政雨水口的雨水，在雨水口末端设置水力旋流器（1 台）和雨水湿地（641m²），即雨水先通过水力旋流器去除无机砂砾、漂浮物等污染后，随后排入雨水湿地，利用植物吸附及微生物分解作用，削减污染物。

（3）针对水体内部可能存在污染物，防止富营养化现象，在水体内部设置水下森林（984m²）和邻水湿地（650m²），对水体水质进行净化。

按照此方法详细计算，G-13 分区设施径流控制量 420m³，超过目标径流控制量 405.52m³。经核算，星月湖二期海绵城市建设后实际径流控制总量达到 3889m³，满足雨水目标径流控制量 3565m³ 的要求，即满足规划控制指标（89%）的要求。

4.2.5 达标校核

G-13 分区总占地面积为 4.37hm²，包含绿地、植草沟、透水铺装、雨水花园及雨水湿地等设施。对 30 年（1986 年 1 月 1 日至 2016 年 1 月 1 日）连续监测降雨进行模拟分析，确定达标与否。将研究区域概化为 50 个地块，16 个节点，13 条管道，模拟时间步长为 1s。

经过模拟，30 年内总降雨量为 1549298.504m³，控制出流量为 1487000m³，总径流控制率（控制量 / 降雨量）为 96%，满足项目径流总量控制率 89% 的要求。

4.3 源头减排海绵改

4.3.1 土壤改良

海绵设施内部的种植土渗透率需大于 13mm/h，雨水需在 24h 内渗完。适合建造雨水花园的土壤为砂土和壤土，建议采用 50% 的砂土、20% 的表土、30% 的复合土壤，客土移植时最好移除 0.3~0.6m 的土壤。

生态排水系统上层介质土壤由椰糠（20%）、当地黏土（20%）和建筑用细砂及中粗砂（60%）组成，其渗透率应大于 25.4mm/min，有机质含量应控制在 8%~10% 的范围内。铺设底部碎石排水系统内的盲管之前，应平整底部，然后铺筑 3~5cm 的碎石，并确保盲管的纵坡在设计值之内。海绵设施所采用碎石均应冲洗干净后回填，含泥量应少于 1%。

4.3.2 低影响开发设施做法及植物选择

（1）渗透塘

渗透塘是具有强渗透能力土壤的低洼绿地，

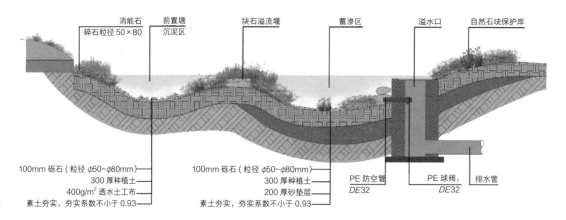

渗透塘断面图

标注（图上）：
消能石 碎石粒径 50×80
前置塘 沉泥区
块石溢流堰
蓄渗区
溢水口
自然石块保护岸

100mm 砾石（粒径 φ50~φ80mm）
300 厚种植土
400g/m² 透水土工布
素土夯实，夯实系数不小于 0.93

100mm 砾石（粒径 φ50~φ80mm）
300 厚种植土
200 厚砂垫层
素土夯实，夯实系数不小于 0.93

PE 防空管 DE32
PE 球阀，DE32
排水管

可临时蓄存雨水并很快渗透排空，主要功能是蓄存、入渗雨水，一般用于外排水量的控制，并具有一定的净化雨水和削减峰值流量的作用。渗透塘前应设置沉砂池、前置池等预处理设施，去除大颗粒的污染物并减缓流速；渗透塘边坡为1∶4，塘底至溢流水位一般不小于 0.6m；渗透塘底部构造为 100mm 砾石、300mm 的种植土、透水土工布及 200mm 砂垫层，底部素土夯实，夯实系数不小于 0.93；渗透塘排空时间不应大于24h；渗透塘设溢流设施，并与雨水管渠系统和超标雨水径流排放系统衔接；渗透塘外围需要设置安全防护措施和警示牌。

渗透塘所用植物应耐湿抗污染，根系发达，茎叶茂盛，能滞留大颗粒物，吸收部分污染物，有效净化初期雨水。植物配置如下：

灌木丛：山茶、木槿；

地被层：水葱、金丝桃、再力花、狼尾草、千屈菜、香蒲、旱伞草。

（2）雨水花园

雨水花园布设在地势较低的区域，通过植物、土壤和微生物系统蓄渗、净化径流雨水的设施。雨水花园内设置溢流井，井口溢流高程低于汇水面 50mm；雨水花园底部构造为 100mm 散置树皮、300mm 种植土、透水土工布、50mm（粒径8~10）的碎石层、200mm（粒径 30~50）的碎石层，底层素土夯实，夯实系数不应小于 0.93。

雨水花园雨水间歇性出现，宜选择选择耐淹又耐旱且根系发达的植物，主要用于维系土壤渗透性，处理和吸收雨水中的氮、磷等污染物；同时雨水花园建设后离不开定期维护，宜选择低维护成本植物，以乡土植物优先，适当搭配外来物种。雨水花园内植物配置应疏密有致，与景石搭配，无裸露土壤。雨水花园植物配置如下：

灌木丛：海桐球、红叶石楠。

地被层：旱伞草、紫叶美人蕉、天人菊、德国鸢尾、水葱、金丝桃、再力花、狼尾草。

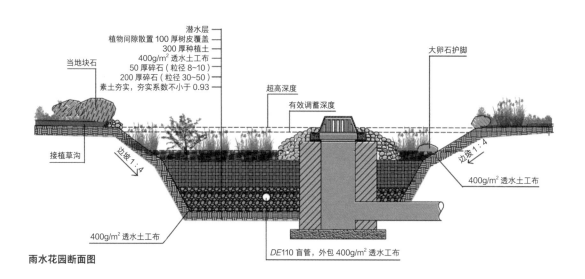

雨水花园断面图

标注（图上）：
潜水层
植物间隙散置 100 厚树皮覆盖
300 厚种植土
400g/m² 透水土工布
50 厚碎石（粒径 8~10）
200 厚碎石（粒径 30~50）
素土夯实，夯实系数不小于 0.93
大卵石护脚
当地块石
接植草沟
边坡 1∶4
超高深度
有效调蓄深度
边坡 1∶4
400g/m² 透水土工布
400g/m² 透水土工布
DE110 盲管，外包 400g/m² 透水工布

5 建成效果评价

5.1 工程造价

星月湖二期工程费用为 26807 万元，海绵工程专项投资为 7555 万，折合单位面积海绵设施工程投资约 120 元 /m²，主要的海绵设施单价为：生态草沟 250 元 /m²，砾石沟 250 元 /m²，透水铺装 360 元 /m²，雨水湿地 400 元 /m²，雨水花园 500 元 /m²，渗透塘 400 元 /m²。

5.2 建成效果

工程建设完成后，公园与周边社区的互动联系更加紧密了，区域生态环境明显提升。星月湖二期项目将城市水系、城市公园、海绵城市有机结合，统筹打造海绵体，成为山水田园之城的海绵城市样板，同时也成为游客、居民休闲娱乐的一个好去处。

6 海绵城市绿地维护管理

6.1 海绵城市绿地维护管养机制

6.1.1 管理机构

海绵城市绿地的养护责任主体为 SPV 公司（项目公司），根据 PPP 协议确定项目运营维护期，运维期内项目公司自行承担费用、责任和风险，负责项目设施的管理、运营、养护、维修和保洁，政府绿地建设主管部门按照《运营维护考核指标》《海绵城市考核指标》等相关要求进行考核，按效付费。

6.1.2 管养费用

运营期内，政府方主要通过季度考核和临时考核的方式对项目公司的绿地海绵设施运营维护服务质量进行考核，并将考核结果与服务费用的支付挂钩。季度考核每季度进行一次，各季度考核得分的算术平均值作为公园运营维护年度考核成绩。同时，政府方可以随时考核项目公司的养护服务质量，如发现缺陷，则需在 24h 内以书面形式通知项目公司，项目公司在接到通知后应及时修复缺陷。

6.2 信息化管理与监测

6.2.1 绿地海绵功能的信息化管理

建立海绵城市设施数据库和信息技术库，通过数字化信息技术手段，进行科学规划、设计，并为海绵城市设施运行与维护提供科学支撑。

加强信息化管理设施的管护，注重基础数据和相关资料的积累，合理科学利用监测监控数据信息，指导水务工程的维护与管理工作。

定期检查系统的运行情况，添加药剂和清洗设备，保证系统运行的正常运行，维持设备的监测精度。定期将监测数据传输至管理部门，及时统计分析，掌握水体水质、排口水量水质等动态变化情况，若排口水质浓度大幅增加或河道水质有较大变化，应及时排摸问题，并尽快处理和解决。对项目现场进行监控，记录、纠正和跟踪船舶排污、违规捕鱼、乱倾倒垃圾等不文明行为。

6.2.2 绿地海绵功能监测

对绿地海绵功能布设监测点，主要在进出水口以及溢流井出水管，当发现污染物去除率下降较快时，应对绿地海绵设施进行维护。

6.3 海绵城市绿地维护要点

6.3.1 植物养护

贵州地处云贵高原，平均海拔 1100m 左右，气候温暖湿润，雨量充沛、雨热同期，同时受大气环流及地形等影响，贵州气候呈多样性，"一山分四季，十里不同天"。贵州气候有时不稳定，暴雨、冰雹、干旱、凌冻等灾害性天气种类较多，对植物生长危害较严重。针对贵州地区的园林绿

渗透塘实景图

雨水花园实景图

现场效果图

化植物养护要点如下：

（1）根据《园林绿地养护技术规程》进行养护，必须严控植物高度、疏密度，保持适宜的根冠比和水分平衡；

（2）定期对生长过快的植物进行适当修剪，根据降水情况灌溉植物；

（3）及时收割湿地内的植物，定期清理水面漂浮物和落叶；

（4）严禁使用除草剂、杀虫剂等农药；

（5）定期观测植物群落生长情况，挺水植物需防止植株的蔓延扩散，平时注意枝叶修剪，花絮、果实的维护管理，生长季末一次性收割；浮叶植物需控制叶面覆盖范围，对生长过于旺盛的区域采取定期收割措施，防止影响沉水植物生长及景观效果；沉水植物在整个生长周期内需进行适时维护，采取定期收割措施，控制沉水植物生长高度在水面 20~30cm 以下；

（6）遵循无害化、减量化和资源化原则，及时收割水生植物并移出水体，避免对水体造成二次污染；

（7）控制草食性鱼类数量或采取围护措施防止水生植物被过度啃食；及时清理水生杂草、丝状藻类（青苔）和外来入侵物种，保持水生植物群落生态优势；

（8）有条件的项目宜依据不同植物的耐水湿特性调控水文条件或采取保水、防护措施，防止植物干旱、过度淹水或水流冲刷；

（9）加强植物病害防治，有针对性地采取平衡施肥，控制氮肥过量施用等措施；加强栽培管理，保持通风透光，增强植株长势，提高抗病力；减少植株的机械损伤；及时采用特定药剂防治病虫害；清除病叶、病残体并采取集中烧毁等方法；

（10）暴雨、冰雹等灾害性天气对植物有损伤，要及时清理被暴雨、冰雹冲刷倒伏的植物，确保植物后期长势良好。遭遇多年罕见干旱天气时应多浇水，补充植物生长所需水分；凌冻天气后被冻死的植物要及时清理、补种；

（11）低影响开发设施的植物维护应满足景观设计要求。

6.3.2 土壤养护

贵州属中国西部高原山地，境内地势西高东低，土壤类型复杂多样，其中黄壤土面积最大，其次是石灰土，其他还有红壤、黄棕壤、山地灌木草甸土、砖红壤性红壤和水稻土。

针对黄壤土的板结透水性差等特点，除了在施工期间进行客土掺砂，改良土壤质地外，在后期的土壤养护过程中要常施肥，由于黄壤的土瘦和保肥性能低，必须施用大量有机肥，保证其上植物各生长发育期不致脱肥，同时逐渐改变土壤的理化性质和团粒结构。

贵州红壤土分布区域也不少，针对红壤土的改良措施包括平整土地、客土掺砂、增加红壤有机质含量、科学施肥、施用石灰、采用合理的种植制度等。在工程建设完成后的养护阶段主要措施是保护植被，防治红壤土的侵蚀。红壤的酸性强，土质黏重，后期可通过多施有机肥，适量施用石灰和补充磷肥，防止红壤冲刷等措施提高红壤肥力。

若土壤被有害材料污染，应迅速移除受污染的土壤并尽快更换合适的土壤及材料；若积水超过 48h，应检查暗渠堵塞情况，可应用中心曝气或者深翻耕改善土壤渗透性。若种植土层被雨水径流冲蚀，应及时更换；土壤渗滤能力不足时，应及时更换配水层。并根据土壤渗透速率衰减情况，确定土壤的养护频次，一般为 1 年 / 次。

设计单位：中国城市规划设计研究院、中规院
　　　　　（北京）规划设计公司、北京正和恒
　　　　　基滨水生态环境治理股份有限公司
管理单位：贵安新区规划建设管理局
建设单位：贵州贵安市政园林景观有限公司
编写人员：李雪梅　周　峰　由　阳　张　洋
　　　　　陈远霞　齐祖尧　朱　玲　房　亮
　　　　　崔　萍　吴泽春

武汉市青山区倒口湖公园海绵化改造

项目位置：武汉市青山区建设五路

项目规模：14.08hm²

竣工时间：2018年6月30日

1 现状基本情况

1.1 项目概况

倒口湖公园位于武汉市青山区和平公园北侧，公园前身为和平公园的一部分，规划面积为14.08hm²，其中陆域面积为11.13hm²，水域面积为2.95hm²。工程包括海绵化改造工程、水生态系统修复工程，以及基础设施修复完善工程，涵盖给水排水、园建、绿化、建构筑物、土方、电气、弱电等工程。

1.2 自然条件

1.2.1 气候

武汉属亚热带季风湿润区，年平均气温15.8~17.5℃，极端最高气温41.3℃，极端最低气温−18.1℃。年平均相对湿度为75.7%。

1.2.2 降雨

（1）降雨规律分析

据武汉市气象台1951—2012年资料统计，近50年来，武汉市年降雨量在700~2100mm之间波动。多年平均降水量在1257mm左右，最大降水量2056.9mm（1954年），最小降水量726.7mm（1966年）。其中4~8月降雨量约占全年的65.8%，且降雨连续，1960—2010年，武汉市日降雨量超过200mm的有11次，降雨特点是降雨丰沛，梅雨期长，汛期暴雨频发且雨量大。

（2）降雨设计参数

根据统计分析，武汉市一年一遇24h降雨达到了95mm，50年一遇24h降雨为303mm，暴雨强度相对较高。

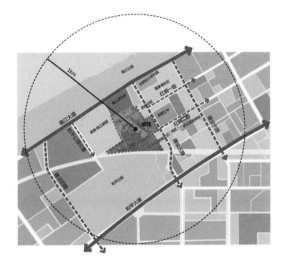

项目区位图

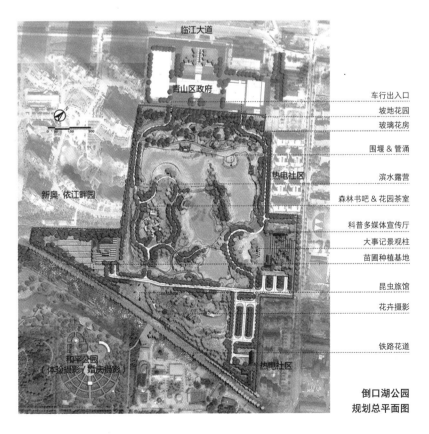

车行出入口
坡地花园
玻璃花房
围堰＆管涌
滨水露营
森林书吧＆花园茶室
科普多媒体宣传厅
大事记景观柱
苗圃种植基地
昆虫旅馆
花卉摄影
铁路花道

**倒口湖公园
规划总平面图**

武汉市不同降雨历时暴雨强度表

频率	日降雨量（mm）	小时降雨量（mm）
100 年一遇	344	104.3
50 年一遇	303	91.6
30 年一遇	273	84.1
20 年一遇	249	78.3
10 年一遇	205	68.5
1 年一遇	95	34

倒口湖公园规划总平面下垫面统计表

下垫面类型	面积（hm²）	比例（%）	径流系数
硬质屋面	0.06	0.43	0.90
混凝土或沥青路面	1.51	10.72	0.90
硬质铺装	0.19	1.37	0.60
绿地	9.37	66.55	0.15
水面	2.95	20.93	1.00
合计	14.08	100.00	0.42

1.2.3 土壤条件

土壤自上而下分别为填土层及淤泥层、黏土层及淤泥土层、冲击砂土层。土壤下渗性较好，不会出现因为土壤下渗较慢导致的溢水现象。

1.3 下垫面情况

公园改造前以渔场、菜地和苗圃为主。下垫面类型（屋面、路面、硬质铺装、绿地、水面），参照《海绵城市建设——低影响开发雨水系统构建指南（试行）》中相关雨量径流系数参考值，结合项目特征，采用加权平均法计算倒口湖公园综合雨量径流系数为 0.42。下垫面状况见下表。

1.4 竖向条件与管网情况

公园整体北高南低，西、北两侧地块均高于公园高程，东部与公园基本持平。公园现状为雨污合流管网。场地内无雨水收集设施，雨水径流通过地表竖向汇入现状湖体；场地内无污水收集系统，生活污水直排水塘/湖体，多余水量溢流至 D300~D500 管网中，经主路下方 D1500 雨污合流管，最终汇入 D1800 市政雨水管网；场地现状给水系统存在管网老化、管径偏小等现象，北侧灌溉泵站及灌溉渠道现已废弃。

1.5 客水汇入情况

公园西侧依江畔园小区和北侧区政府地面高程比倒口湖公园地面高 2~3m，具备将雨水管道引入公园的竖向条件，有助于充分发挥公园的调蓄功能，提高依江畔园小区和区政府地块的径流控制率。

2 问题与需求分析

2.1 问题

（1）公园现状存在面源污染、雨污混排入江的情况；

（2）公园所在区域历史上多次遭受洪水泛滥灾害，并于 2016 年再次出现持续性翻水情况；

（3）公园现状给水系统存在管网老化、管径偏小等现象，北侧灌溉泵站及灌溉渠道现已废弃；

（4）公园现状水体呈斑块状分布，水系不连通，生态环境较差。

2.2 需求

（1）消减污染需求：公园作为汇水片区较大的海绵体，在加强污水管网建设的同时，需提升海绵体自身渗蓄净排能力，截留点源污染，削减径流污染；

（2）防洪排涝需求：公园需收纳周边区政府、新奥依江小区的部分客水，增强公园调蓄雨水能

现状给水管网分布图

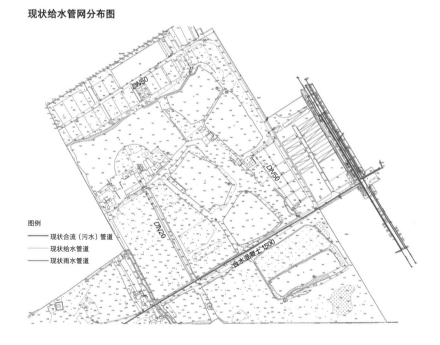

图例
—— 现状合流（污水）管道
—— 现状给水管道
—— 现状雨水管道

力，完善行泄通道，满足应对区域 50 年一遇暴雨灾害的需求，增强区域的防洪排涝能力；

（3）雨水回用需求：雨水处理后主要用于绿化灌溉及路面冲洗，提高雨水资源利用率，对践行海绵城市建设和节约水资源起到积极作用；

（4）改善区域生态环境：通过倒口湖公园水体生态保护与修复措施建设，构建江河湖连通水系以及生态水网湿地群，提升长江沿岸水环境自净能力和水生态修复能力。

3 海绵城市绿地建设目标与指标

根据《武汉市海绵城市建设青山示范区年径流总量控制规划》，倒口湖公园年径流总量控制目标为 85%，对应设计降雨量为 43.3mm 按照容积法计算，倒口湖公园设计总径流控制量需不小于 2558.77m³。

4 海绵城市绿地建设工程设计

4.1 总体布局

结合公园现状地形、管网高程关系，对场地竖向进行梳理，在雨水汇集区域合理设置雨水传输、滞蓄等海绵设施，串联公园现有水塘，使其形成完整水系，提高公园蓄水容量，帮助消纳周边区域雨水，起到减缓城市内涝的作用。通过场地局部提升和重点特色景观地打造，形成以防洪科普为主题，海绵理念为核心的生态型雨洪公园。

4.2 竖向设计与汇水分区

4.2.1 竖向设计与汇水分区

适当调整地形，使公园道路场地竖向高程高于水面，雨水径流通过重力势能自然汇入水体。雨季暴雨期间超标雨水经南侧地区开闸进入港西二期箱涵，保障排水安全；干旱季节采用自来水补水。景观设计结合场地现状竖向，在水体中段设置跌水坝，并在跌水坝下游水体岸边布置循环泵，实现完整的水体循环系统。

依据设计高程及管网布局，整个公园划分 5 个汇水分区，总计 14.03hm²。1、2、3 分区雨水经地面海绵设施处理后入湖，4、5 分区雨水经地面海绵设施处理后排入箱涵。

倒口湖公园现状"海绵性"评估表

类别	水生态	水环境	水安全	
指标	年径流总量控制率（%）	污染物削减（以 TSS 计，%）	雨水管网重现期（年）	峰值径流系数
现状	76.2	56	P=1~2	0.65

倒口湖公园海绵建设总体指标

类别	水生态	水环境	水安全		
指标	年径流总量控制率（%）	污染物削减（以 TSS 计，%）	雨水管网重现期（a）	内涝防治标准	峰值径流系数
目标	85	70	P=3	50 年一遇	0.25

公园海绵设施布局图

汇水分区划分示意图

1号汇水分区径流控制量计算

下垫面类型	改造后面积（m²）	场均雨量径流系数	设计径流控制量（m³）
硬质屋面	200	0.9	
不透水混凝土或沥青路面	2887	0.9	
透水混凝土或沥青路面	890	0.6	
硬质铺装	657	0.6	940.69
透水砖铺装	2727	0.25	
绿地	27179	0.15	
水面	13260	1.00	
合计	47800	0.10	

注：雨量径流系数取值参考《海绵城市建设——低影响开发雨水系统技术指南（试行）》。

客水汇入量统计表

地块名称	汇水面积（hm²）	改造后场均综合雨量径流系数	设计控制量（m³）（按70%径流控制量计）
依江伴园	3.5	0.35	300
区政府	0.5	0.6	74
合计	4.0		374

1号汇水分区海绵雨水设施径流控制量计算

编号	设施类型	面积 A（hm²）	设计参数	设施径流控制量 V_x 算法	V_x（m³）
(1)	雨水花园	0.43	蓄水高度0.2m	$V_x = A \times$ 地表平均蓄水深度	86
(2)	水塘	13.26	平均蓄水高度0.1m	$V_x = A \times$ 平均蓄水深度	1326
合计					1412

倒口湖公园各汇水分区达标水文计算

序号	汇水分区	面积 A（hm²）	设计径流控制量（m³）	设施径流控制量 V_s（m³）
(1)	1号汇水分区	4.78	1314.69	1412
(2)	2号汇水分区	6.15	1336.82	1882
(3)	3号汇水分区	1.27	169.85	350
(4)	4号汇水分区	1.45	68.33	71
(5)	5号汇水分区	0.42	43.09	46
合计		14.07	2932.77	3761

海绵建设后指标统计表

评估项目	现状	目标	改造后	达标率（%）
年径流总量控制率（%）	76.2	85	93.6	100
污染物削减（以TSS计，%）	56	70	85	100
峰值径流系数	0.65	≤0.25	0.22	100
排水防涝标准	—	50年一遇	50年一遇	100
雨水管网暴雨重现期（年）	$P < 2$	$P = 3 \sim 5$	$P = 3$	100

4.2.2 径流控制量计算

（1）分区径流控制量计算—以1号汇水分区为例

根据倒口湖公园1号汇水分区下垫面情况，按容积法计算1号汇水分区所需径流控制量为940.69m³。加上客水汇入量374m³，一共所需径流控制量为1314.69m³。

倒口湖公园1号汇水分区内采用的透水铺装、雨水花园、水塘等设施组合的总径流控制量经计算可达1412m³，大于其所需径流控制量1314.69m³要求。

（2）总径流控制量计算

按照以上方法，详细计算5个汇水分区设计径流控制量和设施径流控制量，各汇水分区设施总径流控制量均能满足本分区径流控制量需求。经核算，倒口湖公园改造后实际总径流控制量3761m³，满足雨水径流控制量2932.77m³要求。

4.2.3 设施选择与径流组织路径

考虑对下游水体及入江流域的保护，本工程主要采用控污排涝设施，因地制宜采用绿色、灰色相结合的措施达到设计目标。以陆地坡向水体汇流、水体循环自净、旱补及超标外排构成整体水体景观系统，结合给水排水管网对湖泊全面截污选用主要措施有：台地、雨水花园、透水铺装、透水园路等。

4.2.4 客水处理

将周边部分区域（依江畔园汇水面积约3.5hm²，区政府汇水面积约0.5hm²）雨水引至倒口湖公园进行消纳调蓄，在引水管道的接口处通过雨水花园消能净化，沸石、植物二次净化过滤后，雨水汇入水体。

4.3 水系设计

4.3.1 水系布局

倒口湖公园原水体呈斑驳块式分布，面积约2.95hm²。设计连通原水面，并将原有西侧的灌溉水渠一并纳入到水系中，形成既有开阔水面也有蜿蜒溪流的多样的水体形态。设计后北面水塘常水位为21.80m，池底标高为21.00m，水深0.8m；南面水塘常水位为21.50m，池底标高为21.00m，水深0.5m，利用现有地势及水面高差设置叠水坝，加强水体自然的水平流与垂直流，有助于水体的自净化。

4.3.2 水位设计

由于倒口湖公园所处的位置为片区的核心，定位为雨洪公园。根据公园设计水位情况以及公园水承载力，设置最高水位为 21.80m，可调蓄水量容积约 3000m³，超标雨水通过溢水口排入港西二期箱涵，保障排水安全。场地内主要道路和广场的设计标高均在 21.80m 以上，满足雨洪时期的市民基本活动需求。

4.3.3 水系循环设计

在公园南部水体旁设有抽水泵站和湖水循环回用系统，满足南北水体循环、绿化浇灌等用途。并通过雨水管将场地周边北部青山区政府以及西侧依江畔园的雨水收集到公园，经雨水花园等海绵设施净化过后排入湖，参与整体水系的循环及利用。

4.4 管网体系设计

4.4.1 雨污分流改造

（1）污水系统工程

对原污水排湖管道进行截污改造，并结合公园建设情况布设污水管道，收集园区内生活污水，经港西二期泵站配套建设的污水管道、五路污水管，最终排入落步嘴污水处理厂。

（2）雨水系统改造工程

场地内雨水根据公园地面的建设布局，合理设置植草沟、雨水花园、透水铺装、渗透管等 LID 设施传输、收集雨水，超标雨水通过雨水管道排入倒口湖；场地外雨水通过公园边界处的接收井，接纳周边区政府、新奥依江地块的客水，并将雨水引入倒口湖，实现区域整体径流控制；倒口湖超标雨水经溢流通道、雨水箱涵进入港西二期泵站，最终排入长江。

4.4.2 给水管网

给水系统改造工程：由于公园内现状给水管管径偏小，老化严重，结合公园的建设布局，重新合理布设给水管网，设置消火栓、闸阀、闸门井等，满足公园的消防及用水需求。

雨水回用工程：通过布设雨水回用系统、回用管网、快速取水阀门等，将倒口湖的湖水用于公园的绿化浇灌、道路冲洗，实现雨水资源化利用。

4.5 土壤改良与植物选择

4.5.1 土壤改良

结合本项目的基质条件，在地形塑造后，绿

水系设计竖向图

雨污管网改造布局图

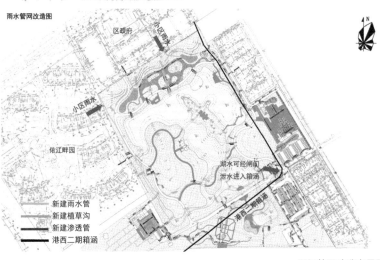

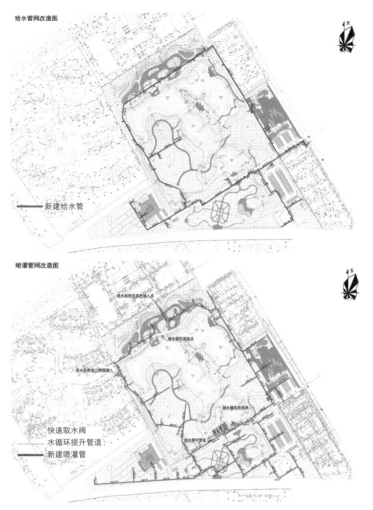

给水管网改造图

——— 新建给水管

喷灌管网改造图

—— 快速取水阀
——— 水循环提升管道
——— 新建喷灌管

现状与新建给水管网图

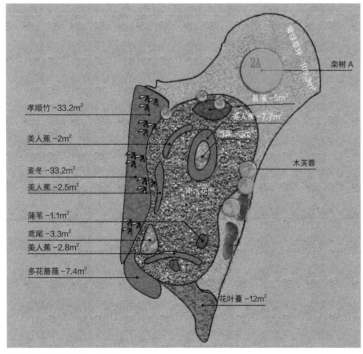

孝顺竹 -33.2m²
美人蕉 -2m²
麦冬 -33.2m²
美人蕉 -2.5m²
蒲苇 -1.1m²
鸢尾 -3.3m²
美人蕉 -2.8m²
多花蔷薇 -7.4m²

菖蒲 -5m²
美人蕉 -7.7m²
鸢尾 -3m²
栾树A
木芙蓉
花叶蔓 -12m²

雨水花园植物配置示意图

化栽植土壤有效土层厚度不得少于1000mm。保留树丛区栽植土层厚度不得少于200mm。依据最终检测土壤pH值进行土壤改良，其土壤改良比初步被定为砂：肥（泥炭土）：土=1：1：4。

4.5.2 植物配置

（1）雨水花园

雨水花园周围优选本土植物、根系发达、茎叶繁茂、净化能力强的植物，如花叶芦竹、香蒲、美人蕉等。雨水花园中选择一些耐涝的植物，例如鸢尾、千屈菜等。为了创造更好的景观效果，适量植入香花植物，如黄菖蒲等。

（2）生态驳岸

本项目驳岸全线采用生态驳岸形式，夯实基础后增加100mm砂质土，其上铺设防渗毯，再铺不少于250mm黏质土，上层用黑色卵石散铺。

驳岸植物选择具有生态护岸、净化水体、水土保持功能的植物。常水位以下部分的岸坡采用水生植物护坡，缓冲波浪冲击力，如再力花、千屈菜、蒲苇等；常水位与最高水位之间，考虑抵御坡面雨水的冲刷和丰水季节水土保持的需要，采用灌草结合的种植方式，点缀耐水湿乔木如：中山杉、垂柳、无患子等。洪水位以上的岸坡，则可选用当地乡土植物。

5 建设效果评价

5.1 工程造价

本改造工程包含绿化工程、园建工程、电气工程、地下管网工程、土方工程、建构筑物工程、水生态系统工程以及弱电工程。总造价约9038.57万元。

5.2 效果评估

5.2.1 建设效果评估

倒口湖公园的建设统筹公园环境改善、市政基础设施完善、人居生态环境提升以及景观效果优化等各项需求，在保障防洪安全以及功能健全的基础上塑造环境，聚集大量人气，成为倒口湖片区核心绿地，青山区的市民花园。

公园将居民需求与海绵城市理念相结合，形成舒适宜人的休闲活动空间。

（1）将公园原先分散的水面整合连网，结合

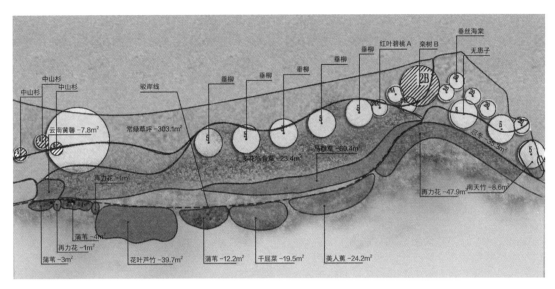

生态驳岸植物配置示意图

倒口湖公园建成实景

排水管网改造与海绵设施布局,让地上雨水系统的自然收集、渗透、净化与地下水系统循环相互交融,提升生态空间活力;

(2)结合海绵设施,对苗圃基地长势不佳植物进行分区改造,提升区域绿地环境品质;

(3)对硬质铺装进行透水改造的同时,优化原有公园道路,局部增加的游步道结合景观节点打造,增加游赏空间,满足居民的休闲需求。

5.2.2 模型模拟评估

主要模拟年径流总量控制率、污染削减率、内涝防治效果。

(1)年径流总量控制目标评估

采用SWMM模型法,对现状和方案进行年径流总量控制率评估。评估采用降雨总量为1188.5mm的年降雨数据。

根据模型法计算,倒口湖公园现状的76.2%年径流总量控制率不能达到年径流总量控制85%的目标要求,经过海绵改造能使公园年径流总量

控制率达到93.6%,满足控制目标。由于公园中央水体调蓄容积足够,依江畔园及区政府地块的雨水汇流进入倒口湖的区域年径流总量控制率均能达到70%以上。

评估计算统计表

年径流总量控制率目标(%)	模拟年径流总量控制率(%)	
85	现状	76.2
	海绵改造	93.6

(2)污染控制目标评估

污染控制主要针对面源污染,倒口湖公园面源污染削减率目标为70%,利用模型对SS、COD、TP、NH_3-N等污染物外排进行模拟。

根据模拟计算,污染物COD、SS、NH_3-N和TP在进行海绵建设后,削减率分别为85.7%、86.6%、84.0%和86.2%,均达到面源污染削减率70%的目标。

（3）峰值径流控制目标评估

倒口湖公园峰值径流系数控制标准为 0.25。峰值流量径流系数按照下垫面类别进行加权平均计算，各下垫面参照《武汉市海绵城市规划设计导则（试行）》取值，计算出倒口湖公园峰值径流系数为 0.22，满足峰值径流系数 0.25 的目标。

（4）内涝防治目标评估

倒口湖公园雨水管网设计重现期为 P=3 年，内涝防治设计重现期为 50 年。结合海绵建设内容，通过 InfoWorks ICM 软件对倒口湖公园雨水管网系统及内涝防治标准进行评估。

根据模拟结果，在 3 年一遇 180min 降雨情况下，倒口湖公园末端雨水管网并未出现漫溢现象；在 50 年一遇 180min 降雨情况下，倒口湖公园几乎不会出现渍水情况（按照调蓄湖泊常水位 20.6m，溢流水位 21.0m 计算）。综上，倒口湖公园综合防涝水平均达到设计重现期要求。

（5）雨水资源化利用评估

倒口湖公园的雨水资源化利用量目标为其绿化浇洒和道路冲洗等用水量的 30%。按绿化灌溉用水定额和道路广场浇洒用水定额计算，倒口湖公园绿化浇洒用水总量约为 52m³/d，路面冲洗用水总量约为 13m³/d，共约 65m³/d。倒口湖公园湖泊面积约 26000m²，调蓄深度若按 0.4m 计，调蓄容积可达到为 10400m³，调蓄容积最大能满足约 160d 的浇洒、冲洗用水量。通过对灌溉水量、冲洗水量、调蓄深度和调蓄水量进行综合分析，推断倒口湖公园的雨水资源化利用量能达到 30%。

5.3 效益分析

海绵理念的引入总体实现了天然水源的保护和涵养，一定程度上减少管网及钢筋混凝土水池等系统化工程的建设量，污水治理费用有所降低，通过对周边区域客水的引流，区域径流总量得到控制，内涝突发状况降低，雨水回用对局部种植灌溉起到积极作用。老百姓对项目海绵建设高度认可，真正实现"小雨不积水，大雨不内涝，水体不黑臭"。

整个改造系统科学、指标合理，达到海绵总规指标控制要求，在区域水生态、水环境、水安全、水资源四个方面的改善都达到了很好的示范效应。

（1）水环境

倒口湖公园海绵城市改造后，初期雨水得到控制，公园排入长江的年污染物总量（以 SS 计）削减了 70% 以上。

（2）水生态

海绵城市改造在原有景观现状上"锦上添花"，为人与水的互动提供空间，增加植物多样性，让市民听得见蛙鸣、看得见景色。

（3）水安全

倒口湖公园综合防涝水平均达到设计重现期要求，在 3 年一遇 180min 降雨情况下，倒口湖公园末端雨水管网并未出现漫溢现象；在 50 年一遇 180min 降雨情况下，倒口湖公园几乎不会出现渍水情况（按照调蓄湖泊常水位 20.6m，溢流水位 21.0m 计算）。

（4）水资源

按绿化灌溉用水定额和道路广场浇洒用水定

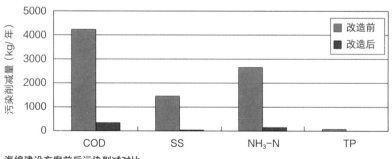

海绵建设方案前后污染削减对比

绿地维护管养费用及金额

绿地类型	绿地面积（m²）	单价[元/（m²·a）]	总价（元）	总面积（m²）	结算价[元/（m²·a）]	总价（元）
雨水花园	2843	21	59703	80848	15	1212720
植草沟	651	15	9765			
下凹绿地	—	15	—			
植草砖	2028	12	24336			
普通绿地	75326	15	1129890			

额计算，倒口湖公园绿化浇洒及路面冲洗用水总量约为 65m³/d。每年雨水回用量约为 10400m³，按武汉市 2.5 元 /m³ 的水价估算，每年可节约水费 2.6 万元。

6　海绵城市绿地维护管理

6.1　海绵城市绿地维护管养机制

6.1.1　管理机构

　　青山倒口湖公园由武汉海绵城市建设有限公司全面负责管理统筹，经过一年期管理维护之后移交至和平公园管理处运营维护管理，包含园区绿化保洁、水电系统、建筑工程设施设备、监控智能、安保门务、宣传等园内运营及日常维护管理。

6.1.2　管养费用

　　园区绿化养护由和平公园管理处统一调拨管理和具体负责日常管理。本工程绿地维护管理费用依据《武汉市城市园林绿化养护管理标准定额（试行）》（武园法 [2013]53 号）的规定，结合投标报价得出。本项目绿化补栽量每年 2 次（每年 2~3 月和 10~11 月），补栽率为 2%，绿化补栽工程造价为 300 元 /m²，总计 1506 m²，共计 90.39 万元 / 年。

6.2　海绵城市绿地维护要点

6.2.1　植物养护

　　本工程养护等级为二级，养护周期 1 年（3 个月保活期，12 个月保存期）。如在天气炎热的情况下施工，需对新栽植物采取遮荫、洒水等降温和补水措施，以保证移栽成活率。水生植物需控制好生长范围，防止蔓延影响整个水体造景效果。此外，还应控制植物种植密度，种植时间和水体的常水位。

6.2.2　土壤养护

　　每一个季度巡视一次，对长势不良的植株部分土壤进行施肥，确保土壤无旱情，确保植物根系周围土壤疏松、无渍水、定期松土、除草；每年一次更换表层种植土壤，厚度不小于 300mm。

设计单位：武汉市园林建筑规划设计研究院有限
　　　　　公司
管理单位：武汉市青山区海绵办
建设单位：武汉海绵城市建设有限公司
技术支持：武汉市水务科学研究院
编写人员：让余敏　季冬兰　秦　婷　马婷婷
　　　　　张晓辉　武立华　谢先礼　刘凯敏
　　　　　肖　伟　吴小兰

武汉市青山公园海绵改造

项目位置：武汉市青山区和平大道以南
项目规模：33.18hm²
竣工时间：2018年5月

1 现状基本情况

1.1 项目概况

青山公园始建于1959年，总面积约33.18hm²，是武汉市老城区典型的综合性公园绿地。绿地类海绵城市改造项目。青山公园有着四面环水内含水体的特殊布局，进入公园核心区域必须通过周边的四座跨港桥梁。园内以贯穿南北的丽湖、杉湖为界，西侧为前区，东侧为后区。主要活动及办公场地均分布在前区。后区以丽秋山为界又分为西侧的自然林地与东侧的苗圃地景观，不成体系较为杂乱。工程包括海绵改造及基础设施修复完善，涵盖绿化、园建、电气、地下管网、土方等。

青山公园现状总平面图

1.2 自然条件

1.2.1 气候

武汉市属亚热带季风湿润区，年平均气温15.8~17.5℃，夏季极端最高气温41.3℃，冬季极端最低气温-18.1℃，年平均相对湿度为75.7%。

1.2.2 水文、工程地质资料、公园现状基本情况

公园内主体水系面积约4.23hm²，常水位19.5m，最大水深3.5m，此水系通过溢流口与青山港及连通渠连通。公园地下水位0.5~3.0m，黏土为主。公园内高程在18.32~31.78m之间，山体面积约5.75hm²，至高点31.78m（立秋山北峰）。公园主园区既有景观为传统中式风格，植物长势茂盛，生态环境良好。

1.2.3 降雨

据武汉市气象台1951—2012年资料统计，近50年来，武汉市年降雨量在700~2100mm之间波动。多年平均降水量1257mm，最大降水量2056.9mm（1954年），最小降水量726.7mm（1966年），其中4~8月降雨量约占全年的65.8%，且降雨连续，1960~2010年，武汉市日降雨量超过200mm的有11次。降雨特点是降雨丰沛，梅雨期长，汛期暴雨频发且雨量大。

1.2.4 土壤地质条件

青山公园地下水位较高，大多数区域地下约1.5m范围可见地下水。因公园建成已久，逐年对不同区域进行改造，导致不同区域土壤成分不同，一般以黏土为主，渗透率低。

1.3 下垫面情况

公园现状绿化充沛，水体面积较大，硬质铺装较多，且局部破损。因地形复杂，成年乔木较多而密，导致海绵改造空间局限。

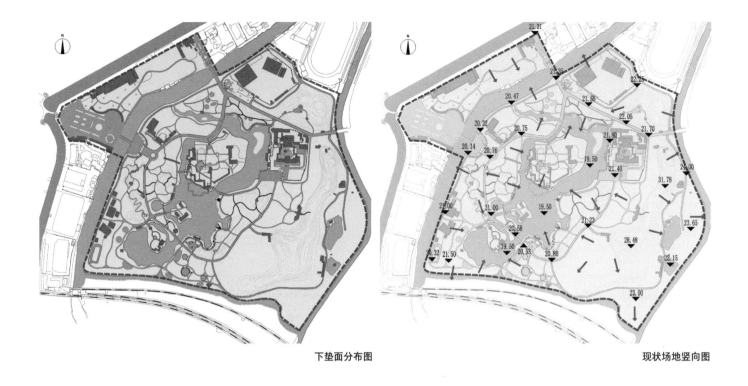

下垫面分布图　　　　　　　现状场地竖向图

现状下垫面统计表

下垫面类型		面积 (hm²)	比例 (%)	综合雨量径流系数
屋面	硬屋面、未铺石子的平屋面	2.36	7.12	0.90
道路	混凝土或沥青路面及广场	3.93	11.85	0.90
绿地	无地下建筑绿地	22.66	68.29	0.15
	水面	4.23	12.75	1.00
	合计	33.18	100.00	0.23

1.4 竖向条件与管网情况

1.4.1 竖向条件

公园内湖面积约 4.2hm²，常水位 19.50m，最大水深 3.5m，水系通过溢流口与青山港及连通渠连通。丽秋山体量最大，占地约 3.8hm²，最高点 31.78m。木兰山占地约 1.1hm²，最高点 25.06m。其余场地高程约 21.00m。

1.4.2 管网情况

公园四周被港渠环绕，污水管网无法与市政污水管网正常连接。雨水系统不完善，且雨水干管建设标准偏低、破损，导致道路渍水。并有雨污水管混错接现象，导致污水未经处理直接排入湖、排入港。

1.5 客水汇入情况

区域性防洪排涝时，由于港渠水位上涨，公园内低地出现正常淹没现象，此时公园作为延缓区域雨洪排放峰值的大型调蓄绿地。

2 问题与需求分析

2.1 问题

(1) 全园绿地高程大多高于道路，同时与较

现状雨、污管网图

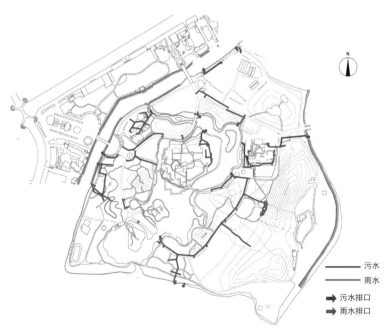

→ 污水排口
→ 雨水排口
—— 污水
—— 雨水

陡地形连成较大汇水面,当下渗速度不够或排水不畅时,雨水会快速汇集至园路,形成积水。

(2)全园90%以上内湖驳岸为硬质驳岸,使得"水"与"绿地"完全隔离,蓝绿空间无法融合,水陆相接的生态通道贫瘠。

2.2 需求

(1)功能需求:公园交通系统不完善,铺装老旧破损。尤其是后区苗圃地块,公园基本游览、使用功能亟待完善;

(2)景观需求:部分区域植物郁闭杂乱,景观环境需美化提升;

(3)排水防涝:完善地下排水系统,满足排水需求,并做到100%雨污分流。消除公园内涝风险点和渍水点;

(4)海绵应用:将海绵城市理念运用到公园中,并将海绵系统融入既有公园景观中。

3 海绵城市绿地建设目标与指标

根据《武汉市海绵城市建设青山示范区年径流总量控制规划》,青山公园年径流总量控制目标为85%,按照容积法计算,公园设计总径流控制量须不小于5399m³。

青山公园现状"海绵性"评估表

类别	水生态	水环境	水安全	
指标	年径流总量控制率(%)	污染物削减(以TSS计,%)	雨水管网重现期(年)	峰值径流系数
现状	77.5	67.5	$P=1\sim2$	0.2

海绵建设指标统计表

类别	水生态	水环境	水安全		
指标	年径流总量控制率(%)	污染物削减(以TSS计,%)	雨水管网重现期(年)	内涝防治标准	峰值径流系数
目标	85	70	$P=3$	50年一遇	0.25

年径流总量控制率与设计降雨量对应一览表

年径流总量控制率(%)	55	60	65	70	75	80	85
设计降雨量(mm)	14.9	17.6	20.8	24.5	29.2	35.2	43.3

设计流程图

(1)设计降雨参数

根据统计分析,武汉市一年一遇24h降雨达到95mm,50年一遇24h降雨为303mm,暴雨强度相对较高。

(2)设计降雨与年径流总量控制关系

分析武汉市近30年降雨资料,得到武汉市日降雨量与年均累计降雨次数的关系曲线,并按住房和城乡建设部发布的技术指南所提供的统计分析方法,分析得到武汉市不同年径流控制率对应的设计日降雨量关系。当设计日降雨量达到43.3mm时,年径流总量控制率可以达到85%。

4 海绵城市绿地建设工程设计

4.1 设计流程

4.1.1 水系关系调查

由于青山公园四周均为城市排涝港渠,因此需要评估公园作为城市蓄洪空间的可行性。了解周边水文资料及历年公园内积水情况,内部景观湖泊的实际调蓄能力等。

4.1.2 现场情况勘察

在业主明确实施范围及投资后对公园进行现状踏勘并划定改造范围,进行详细的地形勘测、底泥勘测。除常规景观设计现场调查外,在雨天统计公园积水点、径流路径。

4.1.3 海绵系统构建

经多个专业反复沟通,综合考虑地面绿色基础设施与地下灰色基础设施的关系,并结合既有与新建设施打造海绵系统。将山、坡、路、岸、塘、渠生态结合,打造雨水缓释、蓄存、净化系统。

4.2 总体布局

4.2.1 总体构思

公园海绵化改造在保留现状公园格局的基础上,进行海绵系统建设。因地制宜地解决景观环境差、功能弱、积水等问题。将改造增加的海绵设施与既有设施相结合,提升既有雨洪管理设施的效应。在解决现状问题的同时,完善场地不足,使用多样化的海绵城市设计手法打造集功能、景观、海绵为一体的景点,从而达到示范作用。海绵设施选取包含常用的雨水花园、生态草沟、生态旱溪、生物滞留带、透水铺装、生态湿地、生态驳岸、生态停车场和污水一体化净化设施。

4.2.2 设计特色及措施

青山公园海绵化改造的特色在于将"海绵"植入有地形起伏的传统公园内，并将海绵设施与既有复杂的地形相结合。海绵设施布局重点在针对既有多样化地形，寻找溃水点和地形之间的连接点，包括山体、缓坡、平地、驳岸、湖塘、港渠等，将雨水进入公园后形成的径流合理地组织起来。

首先需要寻找山体径流的汇集地，将此类可视的径流所在地改造为传输型的线性海绵设施，并以卵石、景石为主体起到消能的作用，防止大量径流冲刷对海绵设施造成的破坏。

其次是防止这类径流影响公园园路，需要在园路临山体一侧设置较大面积的植被缓冲带及沿道路方向的线性海绵设施，如植草沟、生态旱溪等，可以有效阻止附带泥沙的山体径流汇集至园路，影响通行。

另外，尽可能地将较高处的雨水逐级引导至较低出，以此来延长雨水在场地内滞留的时间，如多坡绿地将雨水逐级滞留，线性海绵设施末端使用片状式海绵设施，湖塘连接港渠使用叠级湿塘而非溢流管直接连接。

苗圃地块海绵化改造为一个整体。水体通过溢流的形式进入叠级湿塘，最后汇入东侧的楠姆河。为了防止由丽秋山冲刷而下的径流影响主园路上游人的通行，在临山一侧增设有截流功能的植草沟，并抬高临山一侧的路沿石，防止园路溃水。

4.3 竖向设计与汇水分区

4.3.1 竖向设计与汇水分区

充分尊重既有场地竖向及排水走势。由于公园内管网无法外接入市政管道，因此公园内部管网末端均设置在港渠内。按照地形、高程和现状雨水管道的走向将地块分成 5 个主要汇水分区，共计 33.18hm²。

4.3.2 径流控制量计算

（1）分区径流控制量计算—以 1 号汇水分区为例

青山公园海绵化改造，将所涉及的区域整合成了 5 个汇水分区。其中 1 号汇水分区为典型海绵改造范围，总面积约 5.4hm²。海绵化改造设计策略包括拆除硬质驳岸，以环境友好型缓坡入水，并修建一条透水结构的碎石杉木园路引导游人。水体通过溢流的形式进入叠级湿塘，最后汇入东

1 生态旱溪　**2** 生态驳岸　**3** 植草沟　**4** 雨水花园　**5** 透水铺装　**6** 叠级湿塘　**7** 生态停车场

设施布局示意图

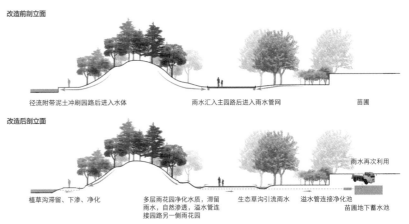

改造前剖立面

径流附带泥土冲刷园路后进入水体　　雨水汇入主园路后进入雨水管网　　苗圃

改造后剖立面

雨水再次利用

植草沟滞留、下渗、净化　　多层雨花园净化水质，滞留雨水，自然渗透，溢水管连接园路另一侧雨花园　　生态草沟引流雨水　溢水管连接净化池　苗圃地下蓄水池

沿道路布置线性海绵设施改造前后剖面图

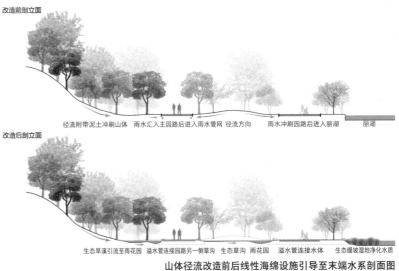

改造前剖立面

径流附带泥土冲刷山体　　雨水汇入主园路后进入雨水管网 径流方向　雨水冲刷园路后进入丽湖　丽湖

改造后剖立面

生态旱溪引流至雨花园　溢水管连接园路另一侧草沟　生态草沟　雨花园　溢水管连接水体　生态缓坡湿地净化水质

山体径流改造前后线性海绵设施引导至末端水系剖面图

1 号汇水分区径流控制量计算

下垫面类型	改造后面积（m²）	年均雨量径流系数	设计径流控制量（m³）
硬质屋面	601	0.80	
不透水混凝土或沥青路面	1749	0.80	
透水砖铺装	864	0.20	539.7
绿地	47971	0.12	
水面	2938	1.00	
合计	54123	0.20	

注：雨量径流系数取值参考《海绵城市建设——低影响开发雨水系统技术指南（试行）》。

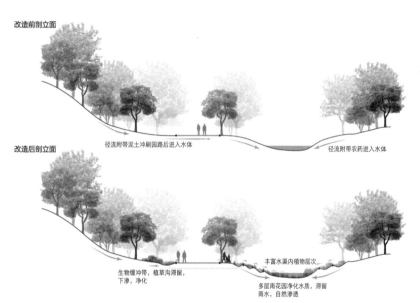

改造前剖立面

改造后剖立面

海绵设施阻止山体径流改造前后剖面图

侧的 2 号明渠。整个公园的海绵化改造提升设计注重人工和自然结合，生态措施和工程措施结合，地上和地下设施结合，绿色蓄排与净化利用。

根据青山公园 1 号汇水分区下垫面情况，按容积法计算 1 号汇水分区所需径流控制量为 539.7m³。

青山公园 1 号汇水分区内采用的透水铺装、雨水花园、植草沟、湿塘等设施组合的总径流控制量经计算可达 665m³，大于所需径流控制量 539.7m³ 的要求。

（2）总径流控制量计算

按照以上方法，详细计算 5 个汇水分区设计径流控制量和设施径流控制量，各汇水分区设施总径流控制量均能满足本分区径流控制量需求。经核算，青山公园改造后实际总径流控制量 5639m³，满足雨水径流控制量 5399m³ 要求。

4.3.3 设施选择与径流组织路径

公园绿地基本高于道路，且部分区域地形起伏较多，树木较多，不利于下沉式绿地的建设。分析各场地的竖向标高，特别是对于坡地的雨水走势。利用谷底、低地，合理地布置海绵设施，引导山体径流、防止园路渍水。并避开现有树木郁闭度高和长势好的区域，通过补植植被、增加海绵设施等手法，做到景观与海绵设施的统筹。海绵设施主要包括：雨水花园、生态草沟、生态旱溪、叠级湿塘、生态驳岸、透水铺装、一体化净化设施。

竖向高程及汇水方向图

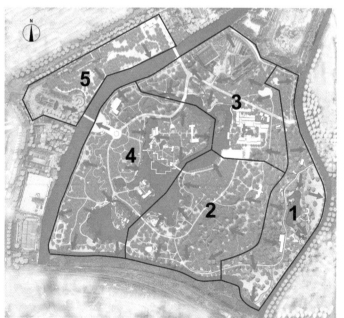

汇水分区划分示意图

公园四周被港渠围绕，当港渠水位较低时，周边地表径流客水无法流入公园内部，当港渠水位上升时，会漫溢至公园内。大雨时楠姆河与青山港水位抬高，高于青山公园主园路（平均一年一次），部分区域渍水 150mm，届时公园将做封园管理，公园整体可作为区域性临时调蓄绿地使用，缓释周边港渠的峰值流量，临时调蓄容积约 50000m³。

4.4 管网体系设计

主要包括常规雨污水管网改造以及与海绵设施结合的管网设计。

常规雨污管网改造：改造公园内部雨污混接管道，完善青山公园污水系统，并新建污水处理设施；局部地区标注偏低的雨水管网进行改造，形成独立的雨污管网系统，做到雨水就近入湖入港、污水处理达标后排放。

结合海绵建设改造：因青山区地下水位较高，土壤渗透性一般，根据现场情况，针对下凹式绿地、透水铺装、植草沟等宜设置盲渗管，提升海绵设施的透水及排水效果，并在末端将盲渗管接入雨水管网或就近排入水体。LID 设施入口处，设置缓冲沉淀雨水口，另外在公园内设置净水回用装置和污水处理装置。

4.5 土壤改良与植物选择

4.5.1 土壤

海绵城市绿地建设应基于绿地海绵功能设计目标和项目场地条件，对土壤进行评估、保护与改良，以实现雨水控制利用与城市绿地生态、游憩与景观综合目标。对土壤理化性质进行化验分析，对绿地内原有适宜栽植的土壤，应加以保护并有效利用；对不适宜栽植的土壤，应进行有效的改良，其土壤改良成分比初步为砂：肥（泥炭土）：土=1：1：4。在保证土壤肥力的基础上，绿地土壤改良应增加土壤的入渗率，保证雨水入渗速度和入渗量。栽植喜酸性植物的土壤，pH 值必须控制在 5.0~6.5，无石灰反应。

4.5.2 典型设施结构与植物配置

（1）生态旱溪

生态旱溪：自上而下为 100mm 灰色卵石层散铺（粒径 30~80mm）、种植土层≥300mm、透水土工布、300mm 碎石层、自然土壤。

植物选择：由于地处林下，且植物种植在旱

1 号汇水分区海绵雨水设施径流控制量计算

编号	设施类型	面积 A (m²)	设计参数	设施径流控制量 V_x 算法	(m³)
1	雨水花园	1030	平均蓄水深度 0.3m	$V_x=A×$ 地表平均蓄水深度	309
2	植草沟	310	平均蓄水深度 0.2m	$V_x=A×$ 地表平均蓄水深度	62
3	湿塘	2938	平均蓄水深度 0.1m	$V_x=A×$ 平均蓄水深度	294
合计					665

青山公园各汇水分区达标水文计算

序号	汇水分区	面积 A (hm²)	设计径流控制量（m³）	设施径流控制量 V_s（m³）	汇水分区径流控制率（%）	公园年径流总量控制率（%）
1	1 号汇水分区	5.41	539.7	665	88.8	
2	2 号汇水分区	6.39	1090.5	1102	89.9	
3	3 号汇水分区	9.1	1519.4	1572	89.8	88.9
4	4 号汇水分区	7.39	1248.7	1299	89.7	
5	5 号汇水分区	4.89	1000.7	1001	85.0	
合计		33.18	5399	5639		

海绵建设后指标统计表

类别	水生态	水环境	水安全		
指标	年径流总量控制率（%）	污染物削减（以 TSS 计，%）	雨水管网重现期（年）	内涝防治标准	峰值径流系数
建设后	88.9	86.3	P=3	50 年一遇	0.11

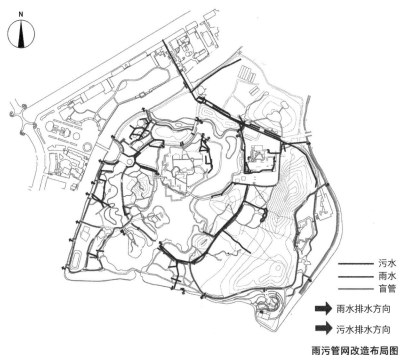

雨污管网改造布局图

溪外侧，因此主要以耐阴植物为主，包括春鹃、八仙花、八角金盘、石蒜等。

（2）雨水花园

雨水花园：自上而下为50mm松树皮、300mm种植土、透水土工布、100mm中粗砂、100mm砾石、$D100$渗管、300mm碎石、自然土壤。

植物选择：植物种植在雨水花园周边，因此主要以旱湿两耐植物为主，包括美丽月见草、春鹃、连翘、黄金菊、翠芦莉、千鸟花、美人蕉等。

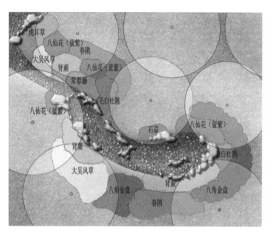

生态旱溪植物配置示意图

郊野问渔建成实景

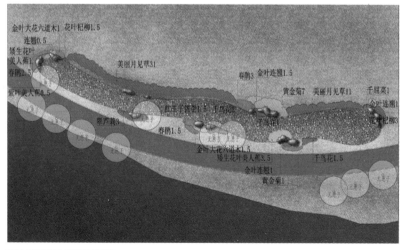

雨水花园植物配置示意图

5 建设效果评价

5.1 工程造价

本改造工程包含绿化工程、园建工程、电气工程、地下管网工程、土方工程。总造价约3807万元。

5.2 效果评估

5.2.1 建设效果评估

改造后，后山片区优美的自然环境吸引了大量居民，成为城市中心区一道靓丽风景线，青山公园景观设施的提升和水质的改善极大地提升了城市居民的幸福感。

5.2.2 模型模拟评估

（1）年径流总量控制目标评估

青山公园年径流总量控制目标为85%，利用SWMM模型法针对现状和海绵改造方案进行年径流总量控制率评估，评估采用降雨总量为1188.5mm的年降雨数据。

评估计算结果

年径流总量控制率目标（%）	模拟年径流总量控制率（%）	
85.0	现状	77.5
	海绵改造	88.9

根据模型法计算，青山公园现状的年径流总量控制率为77.5%，经过海绵改造能使公园年径流总量控制率达到88.9%，满足控制目标年径流总量控制目标85%。

（2）污染控制目标评估

污染控制主要针对面源污染，青山公园面源污染削减率目标为70%，利用模型对SS、COD、TP、NH_3-N等污染物外排进行模拟。根据模拟计算，污染物COD、SS、NH_3-N和TP在进行海绵建设后，削减率分别为86.3%、92.2%、88.7%和90.5%，均达到面源污染削减率70%的目标。

（3）峰值径流控制目标评估

青山公园峰值径流系数控制标准为0.25。峰值流量径流系数按照下垫面类别进行加权平均计算，各下垫面参照《武汉市海绵城市规划设计导则(试行)》标准取值，计算得出青山公园峰值径流系数为0.11，满足峰值径流系数0.25的目标。

改造前破旧的步道　　改造后的生态旱溪　　改造后的多样化透水型铺装　　改造前山体径流冲向主园路

青山公园造前后对比

（4）内涝防治目标评估

青山公园雨水管网设计重现期为 $P=3$ 年，内涝防治设计重现期为 50 年。结合海绵建设内容，通过 InfoWorks ICM 软件对青山公园雨水管网系统及内涝防治标准进行评估。

根据模拟结果，在 3 年一遇 180min 降雨情况下，青山公园末端雨水管网并未出现溢流现象；在 50 年一遇 180min 降雨情况下，青山公园仅临丽湖局部低洼地区最大淹水超过 150mm，影响较小。综上所述，青山公园综合防涝水平均达到设计重现期要求。

5.3 效益分析

通过"源头 + 过程 + 末端"的技术手段，采用"灰绿结合"的建设方式比传统的单纯"灰色"建设方式在建设成本、建设工期等方面具有以下优势：

利用源头设施的雨水削减功能，能够有效减少排入雨水管的雨水量，在设计排水标准条件下，市政雨水管道的断面尺寸可缩减约25%，经测算，节约的管道费用与源头海绵项目建设费用基本相当。

利用源头设施的雨水净化功能，减少汇入青山港和 2 号明渠的污染物，根据模型计算，可削减污染物 COD 约 7.8t/a、SS 约 3t/a、NH_3-N 约 5.8t/a、TP 约 0.1t/a。为青山港和 2 号明渠水环境提升作出重大贡献。

6 海绵城市绿地维护管理

6.1 管理机构

青山公园海绵城市改造由武汉海绵城市建设

有限公司负责统筹建设，其中改造部分经过一年养护期后移交至青山公园管理处全面负责管理，包含园区绿化保洁、水电系统、建筑工程设施设备、监控智能、安保门务、市场活动策划、宣传等园内运营及日常维护管理。

6.2 管养费用

该工程绿地维护管理费用依据《武汉市城市园林绿化养护管理标准定额（试行）》（武园法〔2013〕53 号）的规定，结合投标报价。根据项目特点，该项目绿化补栽量按每年 2 次（每年 2~3 月和 10~11 月），补栽率为 3%，绿化补栽工程造价为 300 元 /m^2，总计 66116m^2，共计 59.5 万元 / 年。

设计单位：武汉市园林建筑规划设计研究院有限公司
管理单位：武汉市青山区海绵办
建设单位：武汉海绵城市建设有限公司
技术支持单位：武汉市水务科学研究院
编写人员：石　硕　李冬兰　马婷婷　李良钰
　　　　　梁胜文　张晓辉　吴兆宇　梅章斌
　　　　　张云天　甄　斌

绿地维护管养费用及金额

绿地类型	绿地面积 (m^2)	单价 (元 /m^2·a)	总价 (元)	总面积 (m^2)	结算价 (元 /m^2·a)	总价 (元)
雨水花园	1572	21	33012	71112	15	1066920
植草沟	360	15	5400			
透水铺装	3064	12	36768			
普通绿地	66116	15	991740			

深圳市香蜜公园

项目位置：深圳市福田中心区
项目规模：总面积为42.4hm²
竣工时间：2017年7月

1 现状基本情况

1.1 项目概况

深圳市为第二批国家海绵城市建设试点城市之一，在新建香蜜公园过程中对如何合理运用海绵技术，营造能够"适应现在、并弹性应对未来"的现代公园进行探索。

香蜜公园位于深圳市福田中心区，总面积为42.4hm²，是深圳市中心最后一个可以大规模建设的公园，是一个城市中心的市民公园。公园周边用地以居住、教育、商业为主，密度较高，公园要满足周边居民和市民休闲交往，体育运动，文化等多样性的市民活动。

1.2 自然条件

深圳为南亚热带海洋性季风气候，受台风和季风影响雨量充沛，年平均降雨量1966mm。4~9月暴雨频繁，夏季暴雨台风多，短时强降雨多发，同时易发生春旱和秋旱，平均降水量达到836.3mm，占全年平均雨量的40%以上，年内水量分配极不均匀。这就要求公园一方面有滞纳雨洪的功能，一方面可以蓄积雨水，满足公园旱季景观用水的需求。

1.3 下垫面情况

公园位于深圳城市中心区，基地原为农业科研基地，地形复杂，西北高东南低，荔枝林、龙眼林以及各种苗木面积占到了整个场地面积的70%左右，公园周边为城市住宅、学校和商业用地。场地中部有两处水塘，还有青藤茶社、水塔等其他带有鲜明场地特色的建筑和构筑。公园的

图例说明：
居住用地 (R1/R2)　　　　绿地
政府团体社区用地　　　市政公共设施用地
商业性公共设施用地　　综合旅游用地
居住配套设施用地 (R6)

香蜜公园区位图　　0 100 200 400m

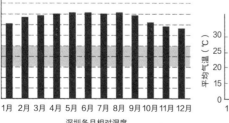

深圳各月相对湿度

深圳各月平均气温和平均最高气温　　——平均最高气温　——平均气温

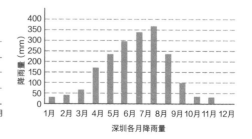

深圳各月降雨量

深圳市自然条件情况

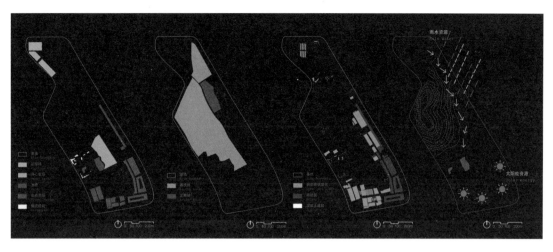

场地现状

设计保留了现状可渗透的自然区域和林地，所有场地和建筑都在原有硬化区域设置。最大限度保证公园作为海绵体的功能。场地中部有两处水塘，南部的主水面最大限度地保留了现状水塘。

1.4 客水汇入情况

公园周边无客水汇入。

2 问题与需求分析

公园作为城市开放空间的一部分，其本身就具备了生态海绵的功能，如何在这个基础上更加充分地利用海绵技术来突出和强化公园的城市绿色基础设施作用，同时又具备公园传统的市民休闲属性和环境艺术性就显得更加重要。

3 海绵城市绿地建设目标与指标

3.1 设计目标

公园以编织城市文化为主线，建设一个集文化、科普、花卉园艺、低碳体验于一体的生态公

园。融入海绵城市功能，实现水量与水质的双重管理及水资源利用。

3.2 海绵设计指标

根据上位规划，公园的年径流总量控制率应达到 75%，并满足 5 年一遇 24h 暴雨条件下公园雨水不外排。

4 海绵城市绿地建设工程设计

4.1 总体布局

首先，对现场荔枝林、龙眼林进行调查摸底，结合景观需求，确定应当保留的优良品种，去除一部分老化品种。根据整体规划的要求，完整保留现场的珍稀植物和具有景观价值的高大乔木，同时对原有林下植物根据景观要求及生物多样性和生物栖息地角度有选择地保留并适当增加新的品种。为保护原有名优品种的荔枝林及龙眼林，同时为游客提供全新的观赏视角，特别修建跨越林冠的钢结构栈道，形成香蜜湖公园一道独具特色的靓丽风景线。在低影响开发策略的指导下，

荔枝林上栈道

花香湖

花蜜湖

漫滩

急流

公园的整体景观效果也得到最大限度地展现。

其次，根据深圳当地的气候条件（年内降水量极不均匀）和现场的具体情况（有鱼塘，地势西北高、东南低），结合景观需求，规划建设了自北向南几乎贯穿整个场地的小溪，在原有鱼塘的基础上扩建形成的花香湖、花蜜湖。同时重新梳理原有荔枝林、龙眼林山地中被雨水冲刷自然形成的排水冲沟，利用山石砌筑形成生态旱溪，既满足了排水要求，又丰富了景观效果。

再次，在设计之初，结合整体设计方案，在遵循低影响开发策略的指导下，通过计算全园的土方平衡，公园整体水系的开挖面积及深度都得到控制。同时利用水系的高差形成叠水，增加了水中的氧气含量，为净化水质提供保障。公园内大面积的草坪做微地形处理，既达到视觉景观效果，又保证雨水的最佳渗透坡度。

最后，公园的硬质广场及道路大部分采用渗透铺装的做法。同时在满足景观和功能要求前提下，大范围地采用生态草沟的做法并结合下沉式雨水花园和水系，进行雨水的回收和利用。根据建筑的使用性质和位置，公园内的建筑被设计成覆土建筑并在覆土之上种植大乔木，形成公园的特色建筑，平顶建筑则做屋顶绿化。

4.2 竖向设计

4.2.1 竖向设计

结合整体设计方案，在低影响开发策略的指导下，通过计算全园的土方平衡，公园整体水系的开挖面积及深度都得到了控制，并通过不同高差的景观处理手法，形成叠水、急流、漫滩、湖面等丰富的水景景观。公园内大面积的草坪做微地形处理，既能达到良好的视觉景观效果，又能保证雨水的径流组织，做到没有一方土外运。

公园水系依地形设计，水系起端有2处，分别是公园中部的旱溪和公园北部的溪流。旱溪最高点为28.0m，溪流最高点为21.6m，通过跌水、溢流堰、旱溪等层层跌落，最终汇入花香湖、花蜜湖，湖面常水位为11.4m，水系整体高差16.6m。

4.2.2 汇水分区划分

公园为一个完整的汇水区域，由于地形变化，约31.6hm^{2}面积的汇水区径流可留在公园内，为保留这部分雨水，公园设计了2.6hm^{2}的湖面，配合溪流、旱溪、草沟、坡面流等汇流方式，将公园的雨水资源全部汇入花香湖和花蜜湖。

4.2.3 设施选择与径流组织路径

香蜜公园以雨水作为景观水系的主要水源，通过竖向设计，公园采用生态旱溪、植草沟、植被缓冲带等设施布局，多样化的雨水管理措施来收集净化雨水。公园不同于市政道路与城市开发区，雨水清洁度较高，且雨水都是通过地表径流的方式进入水体。为保障公园水体水质，公园内需控制农药化肥的使用量。

植草沟设置在公园主园路旁，雨量大时，草沟溢出的雨水通过管网汇集后排入香蜜湖；雨量小时，雨水在植草沟中自然下渗。绿地中的雨水口采用渗透井，渗透井底部设置沉沙室，确保排入香蜜湖的雨水的洁净；雨水管则采用渗透管。通过地表、渗透管、渗透井等多层次立体渗透，促进雨水下渗。

（1）地面排水沟

地面排水沟用于运动场等硬质铺装边缘，根据排水要求和景观效果设计尺寸，通常宽0.4~1.0m，深 0.4~0.6m。

（2）生态滤水带

生态滤水带用于水系上游，达到净化水质的目的，水质净化标准为处理初期雨水（约 15min）内的降雨径流，防洪标准为 10 年一遇的雨水，超过设计标准的雨水将通过溢流井迅速排除。

（3）生态草沟

生态草沟用于主路路侧，园内道路雨水最主要排水通道为利用植被截流和沉降雨水，有效去除雨水污染物以保障基地的防洪和排涝安全。生态草沟的设计重现期为 1 年，防洪设计标准为 10 年。无雨时为低洼草沟。

（4）生态旱溪

生态旱溪位于自然展厅附近山体，为季节性溪流，辅助基地滞洪和排洪。将建筑雨洪通过生态旱溪排入园区水系。宽度为 2~5m，有时也随排水和景观要求而定。无雨时是卵石和草本植物形成的旱溪。

4.3 水系设计

4.3.1 水系布局

花香湖、花蜜湖两个湖实现径流总量减排，峰值流量削减，雨水资源合理回用，水体生态环境改善的作用，也是香蜜公园的核心景区。

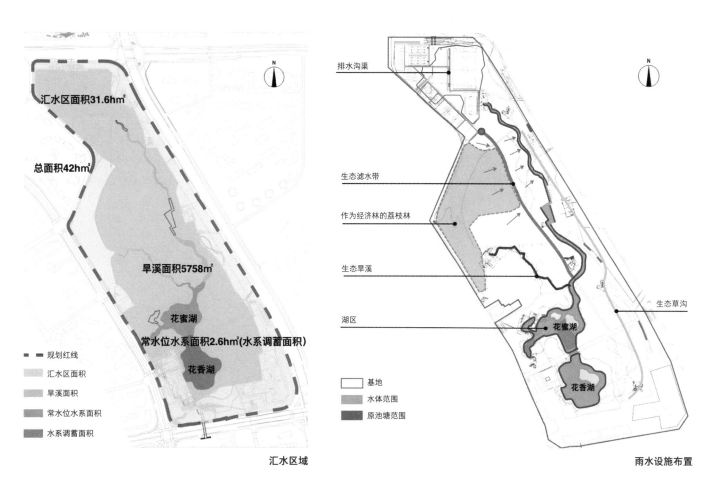

汇水区域

雨水设施布置

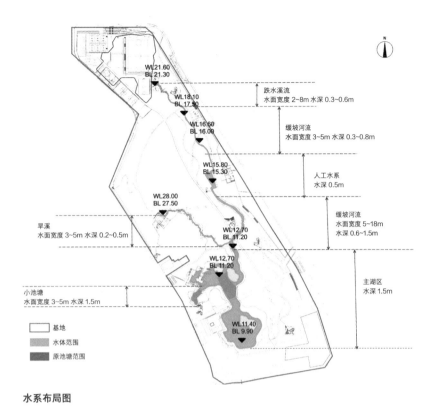

跌水溪流
水面宽度 2~8m 水深 0.3~0.6m

缓坡河流
水面宽度 3~5m 水深 0.3~0.8m

人工水系
水深 0.5m

缓坡河流
水面宽度 5~18m
水深 0.6~1.5m

主湖区
水深 1.5m

旱溪
水面宽度 3~5m 水深 0.2~0.5m

小池塘
水面宽度 3~5m 水深 1.5m

□ 基地
▨ 水体范围
■ 原池塘范围

水系布局图

WL21.60 BL21.30
WL18.10 BL17.90
WL16.60 BL16.00
WL15.80 BL15.30
WL28.00 BL27.50
WL12.70 BL11.20
WL12.70 BL11.20
WL11.40 BL9.90

4.3.2 水系设计

公园水系和水位设计是基于水资源平衡计算，在进行水资源平衡计算时，考虑丰水年、平水年、枯水年 3 种降雨情景。以 75% 保证率下的枯水年降雨量作为景观水体的水资源保障设计。枯水年降雨量 1691mm，蒸发量 2000mm，降雨日数为 103d（多年平均降雨量 1966mm，蒸发量 1524mm），保守估计，引入有效降雨概念，将单次大于 4mm 的降雨视为有效降雨。公园的防渗设计则基于地勘调查成果，虽然公园土质大部分区域下渗率不高，但局部点土壤下渗率仍然偏大。因深圳区域的土质以砂质土和砂质壤土为主，防渗效果一般，因此公园选择生态防渗措施——膨润土防水毯，其设计透水性不大于 5×10^{-11}m/s，相当于 300mm 厚度黏土密实度的 100 倍，具有很强的保水性。按日渗透量 2mm，月渗透量 60mm 计算。收集的雨水还用于绿化灌溉，在设计之初也广泛收集深圳当地公园的灌溉数据与灌

公园水量平衡计算

月份	基本参数（75% 年径流总量控制率）				湖体水量平衡				灌溉用水	
					湖体来水量	湖体耗水量			绿化灌溉	可用绿化
	降雨量（mm）	蒸发量（mm）	降雨天数（d）	有效降雨（mm）	地表径流（m³/月）	水面蒸发（m³/月）	水体下渗（m³/月）	月均水深变化（m）	绿化灌溉需水量（m³/月）	可用绿化灌溉水量（m³/月）
1	17.9	30.3	4	0	500	848	1560	1.29	11808	0
2	36.7	44.8	5	0	1026	1255	1560	1.23	11326	0
3	51.1	68.6	6	0	1431	1921	1560	1.15	10824	0
4	123.3	176.5	8	98.7	14260	4943	1560	1.43	9840	0
5	241.9	242.5	11	205.6	29287	6791	1560	1.50	8364	8364
6	287.1	301.4	16	258.4	36344	8441	1560	1.50	5904	5904
7	247.1	345	14	222.3	31269	9667	1560	1.50	6888	6888
8	298.9	374.3	15	268	37832	10481	1560	1.50	6396	6396
9	228.9	242.3	12	183.1	26462	6785	1560	1.50	7872	7872
10	110.6	101	6	88.5	12785	2829	1560	1.50	10824	8396
11	26.8	38.1	4	0	751	1066	1560	1.43	11808	0
12	20.8	34.8	2	0	584	975	1560	1.36	12792	0
总计	1691	2000	103	1326	192531	55996	18720	1.15~1.50	115128	43820

公园水资源回用统计表

用水类型	湖体补水	绿化浇灌
面积	水面面积 26000m²	绿化面积 246000m²
定额	蒸发：2000mm/年 渗漏：0.06×12=0.72m/年	2L/(m²·d)，全年浇灌日数为 234d 日用水量为：492m³/d
年用水量	蒸发：56000m³/年 渗漏：18720m³/年	115128m³/年
全年用水总计	74720m³/年	115128m³/年

溉经验，最终取灌溉定额 2L/（$m^2 \cdot$ d），降雨日之后 1~2d 不灌溉。地表径流采用容积法计算：

$$V = 10H\phi F$$

式中：V——月平均来水量（m^3/ 月）；

　　　H——月平均降雨量（mm）；

　　　ϕ——综合雨量径流系数，根据公园内土地利用，估算得 0.3；

　　　F——汇水面积（hm^2）。

湖体来水量包含地表径流和湖体的直接降雨两部分。为保证公园水体的相对稳定，当汛期来水量过多时，多余水量溢流入市政管网，确保水系高水位维持在 1.50m 左右。

通过上述图表可以看出以下几点：

（1）在 75% 的降水保证率下，公园景观湖体无需依赖外部补水，可采用雨水资源作为景观水体水源。全年入湖雨水总量为 19.3 万 m^3，全年景观湖体总损耗量为 7.5 万 m^3；11 月、12 月和次年 1~3 月这 5 个月份，耗水量大于来水量，水位逐月下降，下降水量约为 35mm，对于景观湖体而言，属于合理的水位变化范围，不影响湖体的亲水性设计。

（2）公园全年绿化灌溉水量约为 11.5 万 m^3，其中可利用雨水资源灌溉水量为 4.4 万 m^3，占全部绿化灌溉水量的约 40%。平水年和丰水年，占比将更大，大大节约了对传统水源的使用量。在枯水年的水量平衡计算中，5~9 月可全部依赖湖水进行公园绿化灌溉，10 月部分使用湖水灌溉，其余月份则需采用其他水源灌溉。

（3）公园湖体设计平均水深为 1.5m，库容为 3.4 万 m^3，公园在第一年蓄水雨季前期可将湖体蓄满。

4.3.3 水循环设计

公园湖体采用水生态系统构建、水循环系统建设及生态护岸的方式，多重保障公园水系的洁净。

水生态系统构建是景观水系水质保障的基础与核心手段，采用"水下森林"建设，配合滨水湿地植被带和水生动物引入的方式，维持公园水体水生态系统的稳定，实现水体自净。溪流段则通过模拟天然水道水流的方式，形成深潭与浅滩交错、多样化的生境，同时增加水体含氧量。水循环系统则利用公园的竖向高差，通过水体循环造流、叠水与水下曝气并用的方式，防止水质局部恶化，在水体净化的同时形成丰富的水景观。

旱溪

溪流

水系岸线 100% 采用生态护岸，主要采用草坡驳岸和置石草坡相结合的驳岸，既能提升水体的自净能力，又能呈现良好的景观效果。

4.4 土壤改良与植物选择

4.4.1 土壤改良

在施工和日常管理工作中，减少用机械压实土壤，定期中耕松土，保证雨水入渗速度和入渗量。通过土壤改良和表土保护，保持土壤渗透性，公园土壤的渗透系数不低于 3×10^{-6}m/s。公园全部地形改造后的坡度均控制在 10° 左右，以保证土壤入渗率达到最大值。

4.4.2 植物选择

公园在设计中尽量保留原生荔枝林的基础上，保护好公园的生态敏感区，并适当增加本地适生品种，形成稳定的植物群落。

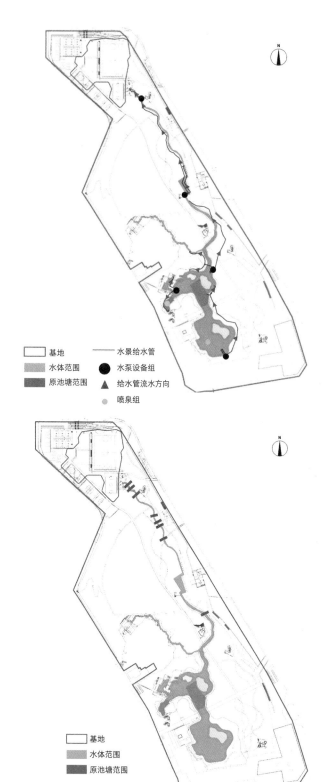

水系循环设计

图例：
基地 ── 水景给水管
水体范围 ● 水泵设备组
原池塘范围 ▲ 给水管流水方向
● 喷泉组

图例：
基地
水体范围
原池塘范围

5 建成效果评价

5.1 工程造价

项目概算 25645 万元，其中建安费 20740.45 万元（园区基础 574.17 万元，园区建筑安装 1649.98 万元，园区建设 18516.3 万元），预备费 1118.49 万元，设备购置费 2154.22 万元。

5.2 效益分析

公园建成开放以来，实现了良好的社会效益和生态效益。一是成为海绵城市科普教育基地，每周服务 20 个亲子家庭开展科普教育，2017 年开园至今服务 5 万余人。二是海绵城市设施的蓄、滞作用，在暴雨骤雨时能有效缓解公园雨水对市政排水管网造成的压力。三是蓄水形成的水景观为市民、游客呈现的优美风景，成为广受深圳百姓喜爱的网红打卡公园。

6 公园维护管理

6.1 维护管理机制

一是重视常态管理：对设备设施坚持每天一巡检，每年一中修、三年一大修；二是重视生态净化系统养护：在每年鱼类繁殖旺季打捞侵入鱼类，劝导游客不投食、不放生，及时补充沉水植物，及时打捞杂物，不因景观需要减少汇水面积。

6.2 维护管理中遇到的突出问题和解决措施

公园后期维护管理中存在两个问题：一是鱼类对沉水植物的破坏，二是游客投食、放生对水环境的影响。在管理维护过程中通过定期捕鱼和补植进行恢复，主要采用加强宣传和劝导的方法。

设计单位：深圳市致道景观设计有限公司
管理单位：深圳市福美园林有限公司
建设单位：深圳市福田区城市管理局
编写人员：李 靖 王 清 牛 萌

西咸新区中心绿廊公园海绵化建设

项目位置：西咸新区沣西新城核心区
项目规模：一期23hm²，二期123hm²（中央绿廊共计1803hm²）
竣工时间：一期2015年7月，二期2018年5月

1 现状基本情况

1.1 项目概况

西咸新区沣西新城中心绿廊（一期、二期）景观工程位于沣西新城核心区，沣渭大道以东、秦皇大道以西、北临开元路、南邻天雄西路。中心绿廊用地类型为公园绿地，作为城市通风带与生态廊道，中心绿廊同时具有生物迁徙栖息、公共休闲、雨洪调蓄和景观等多重功能。公园于2014年3月开工建设。

1.2 自然条件

西咸新区属暖温带大陆性季风型半干旱、半湿润气候区，冷暖干湿四季分明。冬季寒冷、风小、多雾、少雨雪；春季温暖、干燥、多风、气候多变；夏季炎热多雨，伏旱突出，多雷雨大风；秋季凉爽，气温速降，秋淋明显。年平均气温13.6℃~19℃，最冷1月份平均气温–1.2℃~0.0℃，最热7月平均气温26.3℃~26.6℃。根据秦都区国家基本气象站统计分析，西咸新区多年平均降雨量约520mm，由北向南递增，7月、9月为两个明显降水高峰月。

项目所在地西咸新区沣西新城位于西安凹陷北部。中心绿廊范围及周边道路表层土主要以素填土、黄土为主，–6~–2m主要以黄土状土、中细砂为主，–12~–5m主要以中粗砂、粉质黏土、中细砂为主。总体看，沣西新城湿陷性黄土等级偏低、土壤渗透性较好，适宜在场地采用低影响开发雨水设施。

1.3 下垫面情况

中心绿廊一、二期项目主要下垫面类型包含道路铺装、绿地及水域三大类，其中绿地占据绝大多数空间，达到74.1%。

中心绿廊下垫面情况分析

下垫面类型	所占面积（m²）	所占面积比例（%）
道路铺装	43676	12.4
绿地	261610	74.1
水域	47714	13.5
总计	353000	100

1.4 竖向条件与管网情况

沣西新城中心绿廊及绿廊汇水片区属关中平原，主要为渭河河谷阶地。沣西新城地势整体平缓，南高北低、西高东低，介于384.6~386.2m之间。坡度变化较小，绝大多数区域介于0%~1.8%。

绿廊片区内，秦皇大道以西，雨水管汇入渭河1号出口（天雄西路雨水管道系统）、渭河2号出口（文景路雨水管道系统）经泵站提升后排出；秦皇大道以东，雨水管汇入天府路雨水管道系统，由沣河西岸的泵站提升后排出。

1.5 客水汇入情况

中心绿廊全段规划面积180hm²（中心绿廊一、二期占比19.4%），相邻的中央公园占地95hm²，规划整个中央雨水调蓄系统（包括中心绿廊与中央公园）收纳周围674.32hm²的雨水，整个系统接入雨水排口为43个。

中心绿廊一、二期汇集周边18个街区11条市政道路客水，客水通过10个雨水排口汇入绿廊。

2 问题与需求分析

（1）区域排水过度依赖末端提升，能耗过高

现状雨水管网至末端埋深较大，多个排水区域依赖泵站提升排水，能耗大、费用高。应利用绿廊形成绿色雨水基础设施，使雨水通过浅埋管就近入绿廊，实现分散式排水。利用绿廊收集、贮存雨水，城市每年外排的雨水量可减少 50%，总量控制在 200 万 m³ 左右。

（2）区域内涝和防洪压力大

核心建设区过量雨水东西向排入沣河渭河，因建设区地势平坦易加剧内涝问题的产生，城市防洪受渭河、沣河两侧夹击压力，风险较高。应综合考虑中心绿廊整体布局与空间条件，打造核心区多功能雨洪调蓄枢纽，形成沣河第二分洪廊道及沣西新城四级海绵城市建设的雨洪调蓄核心。

3 海绵城市绿地建设目标与指标

《沣西新城中心绿廊景观总体概念规划》明确提出绿廊是以雨洪调蓄为核心功能的城市绿色基础设施。因此，关注竖向设计并利用绿色空间截留城市雨水，降低内涝风险是海绵建设的核心内容。规划提出城市公园群设计理念，力图通过生态基底与慢行系统的构建，使城市功能融入绿廊，形成"一核、两轴、多点、多廊"的景观结构。

绿廊是保护沣西新城核心城区洪涝安全的雨洪调蓄枢纽，也是源头场地径流量和污染削减的末端集中设施和最后关卡。设计统筹协调城区汇

水片区及管网标高，形成与核心区防洪排涝相适应的水体及淹没空间体系，削减城区开发对下游水体带来的洪峰流量及污染负荷冲击，成为沣渭两河流域关键性绿色基础设施。从目标定量的角度，主要包含以下几个方面：

（1）水安全目标

紧密对接雨水工程和海绵城市建设相关规划，结合中心绿廊所在海绵汇水区域的海绵布置格局，协调承接 10 处雨水排口客水的海绵功能与城市绿色地标公园定位的关系，有效衔接中心绿廊水系、城市雨水管网和超标雨水行泄通道的关系，打造沣西新城重要的"大海绵体"，保障城市水安全，综合实现片区 50 年一遇内涝防治标准。

（2）水生态目标

以沣西新城中心绿廊海绵城市系统方案为设计依据，通过地形控制、海绵设施合理布置等方法，综合实现片区 87% 年径流总量控制率，实现公园内部 90% 年径流总量控制率，3 年一遇重现期降雨条件下径流不外排。

（3）水环境目标

充分承接上位水系规划，建立中心绿廊雨水传输、净化、滞蓄、回用系统，促使水系连通，提高水系自净能力，保障绿廊水体水质不劣于地表水Ⅳ类水水质。

4 海绵城市绿地建设工程设计

4.1 设计流程

以城市雨洪管理为出发点，统筹中心绿廊水系统建设包括以下三方面内容：

设计流程图

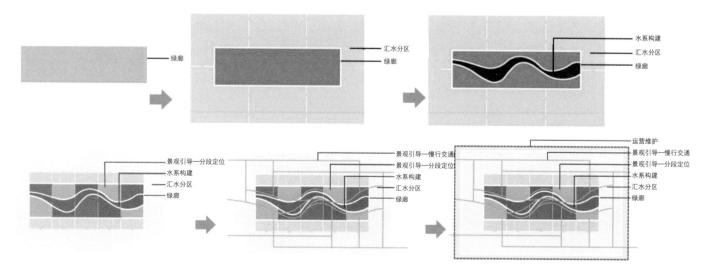

（1）绿廊汇水分区划定

作为沣西新城核心区的雨洪调蓄枢纽，中心绿廊需要尽可能地扩大汇水面，承接片区内地表径流和末端雨水排水，依据上位规划要求，因地制宜确定汇水区雨水排口位置、管径及标高。

（2）绿廊水体系统构建

在汇水分区的基础上，综合考虑新城开发建设时序，秉承低影响开发理念，实现绿廊对常规降雨调蓄、超常规暴雨削峰及源头场地径流减排。雨量控制总量目标确定后，进行水面率校核，补水水源测算，雨水排口标高及功能区分布及特质分析（调蓄空间内的可渗透比例），包括水面面积、常水位水深、调蓄高度及暴雨淹没范围。

（3）绿廊景观系统构建

基于构建的水系统，制定整体水量平衡及水质保障策略。基于绿廊水系统方案提出相应的景观开发引导策略，包括景观功能、植物选配及慢行交通系统等。

4.2 总体布局

以中心绿廊一期、二期项目为例，其与城市道路立体交叉，穿越城市的主要居住、商业、文化片区，连通沣河、渭河两条主要水系。绿廊中布置有湖泊、湿地、坡地、林地等功能板块，实现雨水管理、生物栖息、公共休闲和视觉景观等功能集成。

4.3 竖向设计与汇水分区

4.3.1 竖向设计与汇水分区

以中心绿廊一期为例，承接概念规划地形模式，中心区下挖4~6m，建设8条雨水廊道承接周边城市雨水，对应6处雨水汇入口（另有3处尚未接通）；就地土方平衡，利用丰富微地形营造宜人活动空间。

中心绿廊一期、二期可收纳周边城市道路及建筑地块共计180hm²的城市雨水。绿廊内部雨水通过雨水边沟等设施实现收集、传输，最终汇集于中心湿地，内部雨水不外排，不设溢流系统，不划分汇水分区。

4.3.2 径流控制量计算

利用SWMM模型计算典型降雨条件下绿廊收集水量，利用ArcGIS软件模拟绿廊地形，进行淹没分析。

4.3.3 设施选择与径流组织路径

绿廊是沣西新城中央重要的雨洪调蓄系统，绿廊整体下沉式空间形成区域低点，方便周边雨水汇入。方案选择雨水廊道、人工湿地、下渗湿地、渗排沟、雨水边沟、植草沟等雨水设施，构建雨水收集、净化、利用三大系统，通过雨水收集系统汇集场地内及周边地块雨水径流，通过雨

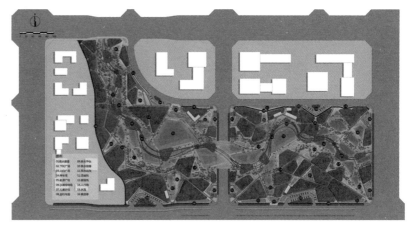

中心绿廊一期总平面图

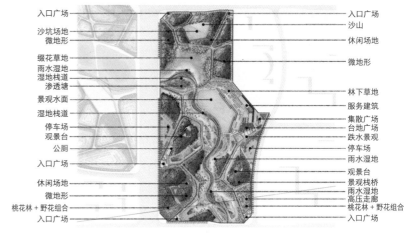

中心绿廊二期总平面图

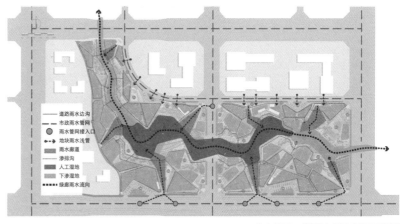

中心绿廊一期雨水径流组织示意图

79

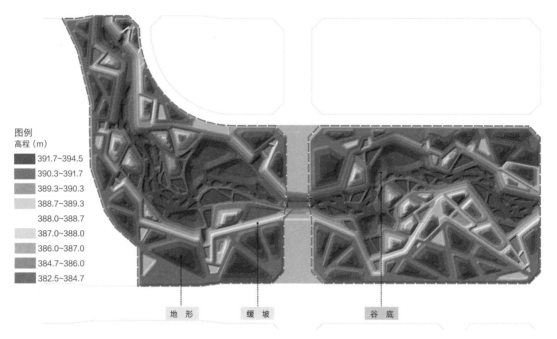

图例
高程（m）
■ 391.7~394.5
■ 390.3~391.7
■ 389.3~390.3
□ 388.7~389.3
　 388.0~388.7
□ 387.0~388.0
□ 386.0~387.0
■ 384.7~386.0
■ 382.5~384.7

地　形　　　缓　坡　　　　谷　底

中心绿廊一期竖向示意图

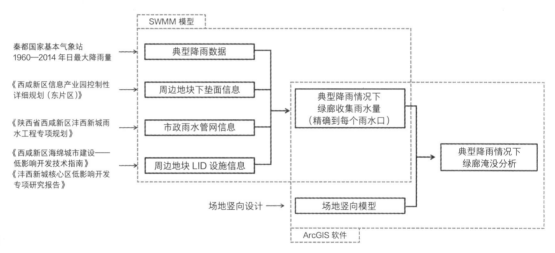

中心绿廊淹没分析流程

水净化系统净化后溢流至雨水利用系统。

雨水收集系统："灰绿"设施相结合，最大限度收集城市雨水。控制绿廊周边地块场地道路排水坡度，雨水经生态植草沟入廊，地表径流无法汇集时，预埋绿廊雨水管，浅管入廊。绿廊较远地块雨水引入城市雨水管网后再次入廊。

雨水净化系统：雨水由雨水廊道进行物理过滤和植物梯级净化，过滤泥沙及污染物，为雨水下一步利用做准备。

雨水利用系统：根据使用性质分级处理净化雨水，用于营造水景、绿化灌溉、回补地下水等。城市核心区结合防渗形成开阔水景，设置雨水收集科普展示区。绿廊底部预留大量可渗透表面，净化后的雨水就地下渗，回补地下水。

4.4 水系设计

4.4.1 水系布局

绿廊水体调蓄高度影响绿廊整体开挖方及边坡比例，考虑土方开挖量与耗损水量的平衡、经济及环境效益的评估之后，确定绿廊水体水面面积的高效区间为：42~57hm²（中心绿廊全段）。

4.4.2 水位设计

绿廊的常水位标高一方面应保证汇水片区末端排口的有效汇入，另一方面应尽可能保证汇水片区排口排出的雨水径流能经过前置塘/渗透塘预处理。目前排口出流有两种处置方式，一种为常水位/洪水位上方出流，一种为淹没出流。常水位/洪水位上方出流会一定程度影响景观效果，但可通过植物种植、卵石消能等景观处理手法有效避免；淹没出流时雨水径流直接排入景观水体，对景观水体的水质保障不利，同时可能由于出流动能过大而扰动水体底部土壤，破坏底部形态，造成水体浑浊。

因此，绿廊水体的常水位标高应保证大多数排口常水位上方出流为宜，少数常水位以下的排口也应保证雨水的有效排出，通过对所有排口的逐一分析，最终确定常水位标高为 384m。因绿廊沿线排口底标高不一致，景观水体底部的形态以保证排口标高以下距离底部 1.5m 为宜，即排口较低的位置，绿廊底部的挖深也相应较深，目前绿廊水体最深处在绿廊一期水体内，最深处挖深 4~6m。

对中心绿廊雨量控制作图解示意和总结，主要分源头地块源头减排设施控制与构建超标行泄通道前、源头地块源头减排设施控制与构建超标行泄通道后两种工况进行分析。源头地块源头减排设施控制和构建超标行泄通道前，除自然蒸发和下渗部分，进入管网的雨水全部排入中心绿廊，管网排放不及时在地面产生淹水的径流一部分可通过自然地形排入中心绿廊。源头地块源头减排设施控制和构建超标行泄通道后，87% 年径流总量控制部分全部在源头场地内消纳，溢流进入管网的雨水全部排入中心绿廊，管网排放不及时在地面产生淹水的径流均通过自然地形排入中心绿廊。

下图为中心绿廊在不同降雨条件下可达到的水位高度。旱季时，中心绿廊人工湿地（非连通水位，参考前述绿廊一、二期介绍）通过中水补水水

源维持 1.5m 常水位高度，雨季时，利用常水位以上调节空间（消落带）进行暴雨调节，超过 100 年一遇水位控制高度时，通过溢流口及末端雨水泵站强排至沣河、渭河。需要说明的是，图中中心绿廊 100 年一遇水位是在 1.5m 常水位及汇水面规划地形的基础上，考虑源头减排、管网排放、中心绿廊内部汇水等条件后的模拟结果。

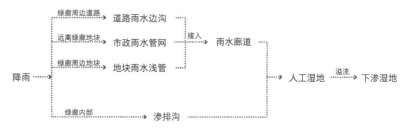

中心绿廊雨水径流组织示意图

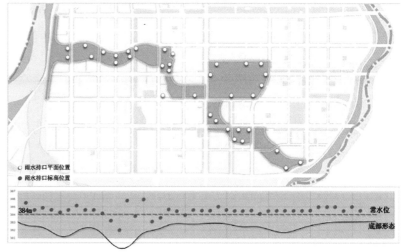

中心绿廊（全段）水体常水位及底部形态分析

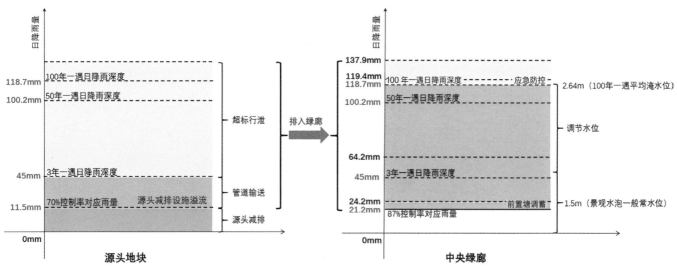

中心绿廊片区雨水排放关系示意图

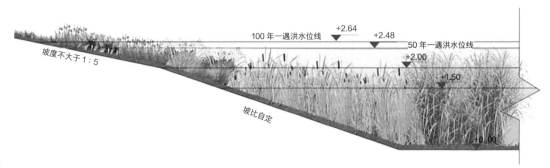

中心绿廊水位控制关系示意图

4.4.3 水循环设计

中心绿廊系统按照三段式循环设计，分别设置在兴园路与横五路西侧绿廊内、绿廊二期东侧、天元路与同文路十字设小型循环泵站，增强绿廊内水体的水动力，同时加速净化湿地的水体流动，使绿廊系统水面既有分散，又有连接。

4.4.4 补水方案

根据《西咸新区水资源中长期供求规划》，西咸新区人均水资源总量为 225m³，沣西新城年可用水资源总量仅为 4761.4 万 m³，属于严重缺水地区。绿廊中规划绿地以郊野型绿地为主，单位面积生态需水量较小，主要的蒸发和下渗损失，集中在绿廊的水体部分。通过综合考虑雨水、中水补水水源的水量、水质，维持水面面积的水耗损失，暴雨时雨水调蓄水量，绿廊滨水景观需求等因素，确定中心绿廊总体水面面积为 50 万 m²（含中央公园）。

现阶段，绿廊片区源头已进行源头减排设施建设的地块可达 30%，此情况下，一部分的降雨实际已在源头被源头减排设施控制。经测算，保持常水位 1.5m 的情况下，考虑雨水水源对绿廊的补充，每年 3 月、4 月、5 月、6 月、10 月，共 5 个月，对绿廊进行额外补水（补水水源主要为沣河及渭河污水厂中水水源），维持景观水体水位。考虑冬季气温和补水安全等因素，11 月～次年 2 月期间不进行水体的回补。总体评估分析，年均雨水回用量 126.43 万 m³，年均中水补水量为 30.44 万 m³。

绿廊及地块开发建设均完成后，年均雨水回用量 53.30 万 m³，年均中水补水量为 103.57 万 m³。

4.5 土壤改良与植物选择

4.5.1 土壤改良

中心绿廊采用土方就地平衡的方式，填挖方在场地内基本实现土方平衡。雨水湿地、下渗湿地、梯田净化等低影响开发设施表层土铺设回填种植土；场地内原砂层下渗性良好，除部分需保留景观水面的雨水湿地池底铺设黏土防渗层，场地内砂层无需改良。

4.5.2 低影响开发雨水设施与植物选择

（1）雨水湿地

雨水湿地设置在绿廊核心湿地净化区，主要承载绿廊及周边地块雨水，汇水量较大。湿地底部经防渗处理后形成稳定水景，形成若干场内相互连通的蓄滞水面。设计方案结合场地特征增加游览设施，打造廊道亲水景观。

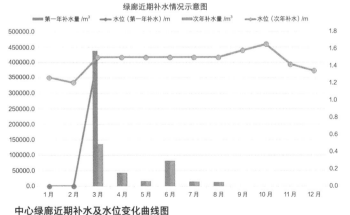

中心绿廊近期补水及水位变化曲线图

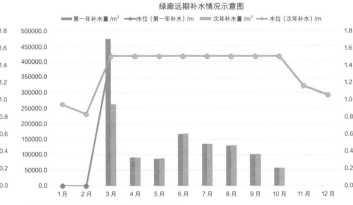

中心绿廊远期补水及水位变化曲线图

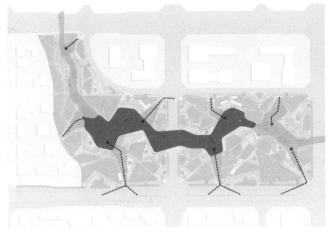

中心绿廊雨水湿地平面布置图与结构图

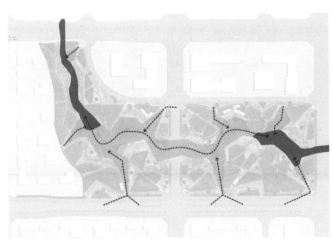

中心绿廊下渗湿地平面布置图与结构图

雨水湿地通过挺水与浮水植物的合理搭配，丰富空间的层次感增强景观效果。绿廊一期雨水湿地植物主要采用睡莲、荷花、香蒲、梭鱼草、千屈菜等。

（2）下渗湿地

下渗湿地围绕核心湿地净化区布置，用于雨水下渗、回补地下水空间。常态下下渗湿地植被覆盖，无水面。暴雨时，超标雨水经人工湿地溢流到此区域就地下渗并回补地下水。

下渗湿地以特色湿地植物为造景基础，采用耐水湿、耐干旱乔木枫杨结合湿生植物搭配耐水湿的观花地被，主要采用针茅、鸢尾、狼尾草、鸢尾、细叶芒、白茅、马蔺等。

（3）雨水廊道

雨水廊道设计为楔形，雨水经道路边沟、市政雨水管网、地块雨水浅管汇入廊道顶部，雨水廊道由一系列梯级水面构成，通过土壤、植物的渗滤、吸附等净化，污染物大大降低并达到较好

水质，汇入绿廊中心的人工湿地。

雨水廊道的主要功能是削减径流污染，一般通过植被拦截及土壤下渗作用减缓地表径流流速、去除径流中的部分污染物，也具有增加入渗、延长汇流时间的作用。雨水廊道植物选形应以根系发达、覆盖度高、抗冲刷能力强、抗旱、抗涝性强的品种。

中心绿廊中雨水廊道乔木选择柳树、水杉、杨树等，下层植被选择紫花苜蓿、紫穗槐、多年生野花组合等，地被类植物采用单一品种大片种植，花季时形成花海景观，效果较佳。

（4）渗排沟

园路两边及底部设置连续的渗排沟系统截留携带泥沙的雨水，雨水经碎石和植物简单净化后，少量就地下渗，剩余雨水沿渗排沟输送至绿廊的核心湿地。

（5）透水路面与生态停车场

全园道路采用可透水材料铺装，如透水混凝

中心绿廊雨水廊道平面示意及实景图

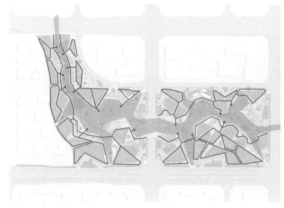

中心绿廊渗排沟

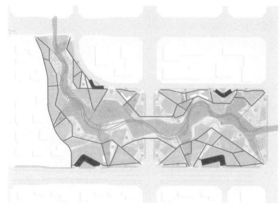
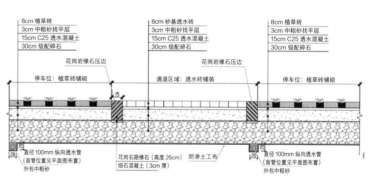

中心绿廊生态停车场

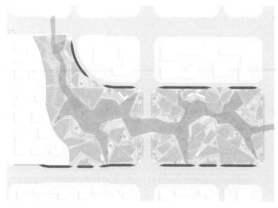

市政道路雨水边沟

土、黄砂土、砾石等。停车场采用生态做法，铺设植草砖，围绕停车场设置小型雨水花园。

(6) 市政道路雨水边沟

在绿廊沿市政道路一侧预留设计道路雨水边沟，收集道路雨水，经初步净化、过滤后汇入绿廊的雨水廊道。

4.6　达标校核

利用 ArcGIS 软件，根据场地竖向设计，构筑绿廊整体竖向模型，综合进行淹没分析。

通过分析，中心绿廊在本地区有数据统计的历史最大降雨条件下，可收集雨水 8.95 万 m³，绿廊内水面面积达到 11.34hm²，淹没高度 385.45m，部分基础设施底部虽处于淹没状态，总体未达到项目与周边道路衔接的地表高程（约 388m），有效保障城市其他区域的排涝安全，发挥城市雨洪调蓄枢纽的作用，达到海绵城市建设目标要求。

5　建成效果评价

5.1　工程造价

西咸新区中心绿廊公园总工程造价为 1.14 亿元，其中一期造价 6900 万元，二期造价 4500 万元。

工程造价统计表

名称	总面积（hm²）	总造价（万）	单位面积造价（元）
中心绿廊一期	23	6900	300
中心绿廊二期	12.3	4500	365
合计	35.3	11400	323

2年一遇降雨
绿廊收集雨水 1.92 万 m³，绿廊内水面面积 3.65hm²。

10年一遇降雨
绿廊收集雨水 2.63 万 m³，绿廊内水面面积 4.43hm²。

100年一遇降雨
绿廊收集雨水 8.49 万 m³，绿廊内水面面积 10.12hm²，淹没高度 384.42m。

历史最大降雨
绿廊收集雨水 8.95 万 m³，绿廊内水面面积 11.34hm²，淹没高度 385.45m。

不同降雨情况下中心绿廊淹没分析

5.2 监测效果评估

中心绿廊一期运营良好，整体水质高于地表水Ⅲ类，感官良好，无异味、蚊蝇滋生；藻类双季节分布，春季绿藻，秋季硅藻。

2015年8月2日傍晚至3日清晨，陕西省境内突降大雨。西安、咸阳等地纷纷发布橙色甚至红色预警。据咸阳市气象台统计，咸阳市区2h平均降雨量高达31.4mm，局地超过50mm，属于短时强降雨事件。经初步估算，在此次强降雨过程中，中心绿廊一期工程共消纳雨水约2.7万 m^3，其中绿廊内部雨水0.8万 m^3，绿廊外部转输汇入雨水1.9万 m^3，汇水区域内无内涝现象发生；无外排现象产生，充分发挥了雨洪调蓄枢纽作用，减轻城市内涝，在此次短时强降雨事件中发挥核心作用。

5.3 效益分析

中心绿廊建设通过雨水自然积存、自然渗透、自然净化，以构建跨尺度水生态基础设施为核心，对区域城市防洪体系的构建、生物多样性的保护和栖息地的恢复、文化遗产的保护、绿色出行网络起到推动作用，为综合解决西北地区干旱缺水、生态单一、污染难自净、洪涝灾害频发等问题起到示范作用，提升了区域综合价值。

6 海绵城市绿地维护管理

6.1 海绵城市绿地维护管养机制

6.1.1 管理机构

中心绿廊项目属政府投资类公共项目。陕西省西咸新区沣西新城开发建设（集团）有限公司负责建设阶段的维护、管理。建设期结束后，各类设施移交由西咸新区沣西新城市政公用局负责日常维护管理。

6.1.2 管养费用

管养费用由主体责任单位自筹。

6.2 海绵城市绿地维护要点

6.2.1 植物养护

定期检查观赏植物，补种坏死的植物，清除杂草、施肥，保证植物生长；驱虫，旱季浇水。

6.2.2 水体养护

应定期巡查水体护岸，关注护岸的稳定及安全情况，并加强对护岸范围内植物的维护和管理。针对水体中生态浮岛等原位水质净化设施应进行定期检查，包括床体、固定桩的牢固性等，若出现问题应及时更换或加固。定期取样、检测水体水质，当水质恶化时，及时采用物理、化学、生化和置换等综合手段治理，保证水体的水质满足景观要求。

6.3 典型雨水设施维护

6.3.1 雨水廊道

运行初期，大降雨事件后，应检查雨水廊道的运行状况、畅通情况。稳定运行后，定期检查大降雨后的雨水廊道转输状况，若发生堵塞，应立即修复。

6.3.2 下渗湿地

运行前期，在大降雨事件后应检查下渗湿地运行状况、积水情况。稳定运行后，每年检查一次大降雨后的雨水塘渗透状况，若积水超过48h，应尽快修复（沉积物侵蚀、土壤过度压实等），可深翻排水系统中心曝气或者土壤表层（25~30cm），改善土壤渗透性。

6.3.3 雨水湿地

运行初期，大降雨事件后，应检查雨水湿地运行状况。稳定运行后，每年检测一次大降雨后的湿地运行状况。

不使用或尽可能少地使用杀虫剂和除草剂来控制植被区的病虫害和杂草。

雨水湿地底泥累积到8cm时，需移除积累在暗沟附近和通道内部的底泥；如存在区域被侵蚀现象，应填补和压实使其能够与湿地底部基本达到同一水平面。

管理单位：陕西省西咸新区沣西新城管理委员会
建设单位：陕西省西咸新区沣西新城开发建设（集团）有限公司
设计单位：北京土人城市规划设计有限公司
技术支持：北京雨人润科生态技术有限责任公司
编写人员：邓朝显 梁行行 马越 张哲 袁萌 马笑 谢碧霞 闫咪 李源

西宁市湟水河湿地公园海绵化改造及景观提升

项目位置：西宁市中心城区西部海湖新区湟水河南北两岸
项目规模：占地148.6hm²，其中绿地约9.4hm²
竣工时间：2018年

1 现状基本情况

1.1 项目概况

西宁市湟水河湿地公园位于西宁市中心城区西部海湖新区，东西长约5.0km，南北宽约650m，总用地面积为148.6hm²，其中湟水河南岸部分面积95.1hm²，湟水河北岸部分面积为53.52hm²。西宁市是西北地区典型的川道河谷型城市，城市空间结构呈现"两山夹一川"的特征，城市在南北两山之间呈狭长型分布，湟水河为城市的最低点，也是城市排水系统的末端。湟水河湿地公园即是湟水河位于城市河道上游的一部分。该项目为改造项目，主要对湟水河滨水湿地区域进行海绵化改建和景观提升，综合实现"水清、岸绿、流畅、景美"的生态环境目标。

1.2 场地自然条件

西宁市地处黄土高原向青藏高原的过渡地带，气候属高原大陆性半干旱气候，全年主导风向及冬季盛行风向均为东南风，具有海拔高、气压低、太阳辐射强、昼夜温差大等特点。西宁市年均降雨量为410mm，年均蒸发量为1212mm，年均气温6.0℃，年均风速1.65m/s，植物生长期在190~220d，年日照时数在2431~2667h。西宁市年内降雨分配不均匀，全年以中小雨为主，降雨集中在5~9月，占全年降水量的80%；蒸发量集中在4~9月，占全年蒸发量的76.7%。

土壤类型主要以灰麻土、厚黑潮淤土为主，其中湟水河南岸以灰麻土为主，台地分布有厚黄淤土，东侧靠近火烧沟区域有厚黄潮淤土分布，北岸以厚黑潮淤土为主。区域内无明显湿陷性黄土分布，土壤成分为粉土，属稍湿的弱透水层，土壤渗透系数均大于5×10^{-6}m/s，土壤pH值为

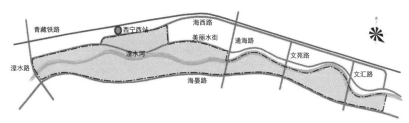

湟水河湿地公园项目区位图

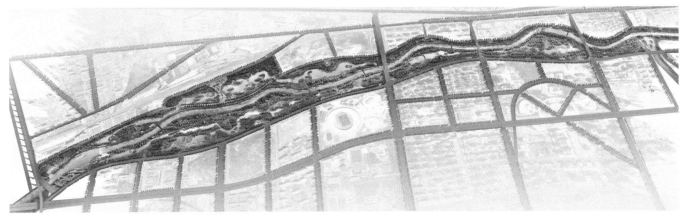

湟水河湿地公园项目平面图

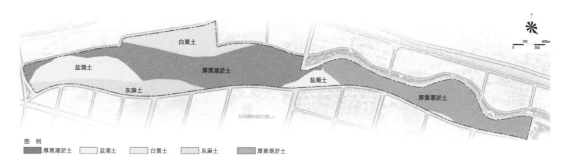

湟水河湿地公园项目土壤类型分布图

湟水河湿地公园项目下垫面类型图

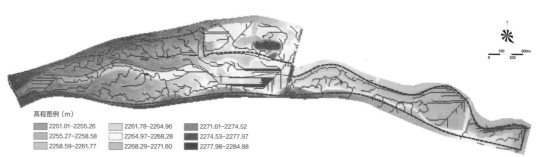

湟水河湿地公园项目现状高程分析图

6.5~7.5。区域地下水为松散岩类孔隙水，主要层条带分布在河谷Ⅱ级阶地的砂砾石层中，河谷潜水与河水有着密切的水力联系。地下水埋深较浅，主要为$SO_4 \cdot Cl-Na$型水，矿化度大于1g/L。

1.3 下垫面情况

该项目总用地面积为1486200m²，场地下垫面类型内包含建筑屋面、绿地、道路、广场铺装和水域。经测算，未进行海绵城市改造之前，场地的径流系数为0.30。

湟水河湿地公园下垫面类型统计表

下垫面类型	面积（m²）	比例（%）	径流系数
建筑屋面	5200	0.32	0.90
绿地	935100	63.05	0.15
道路	158000	1.41	0.85
广场铺装	61600	0.68	0.85
水域	326300	34.54	1.00
合计	1486200	100.00	0.30

1.4 竖向与径流条件

项目范围内整体地形呈南高北低、西高东低趋势，南北高差5~15m，东西高差27m，南侧靠近道路为台地式陡坎，剩余区域地势相对平缓，最高点位于公园西北角，高程为2280.1m，最低点位于公园最东端水系出口，高程为2247.3m。

湿地公园被湟水河分为南岸和北岸两个区域。南岸场地雨水地表径流通过竖向汇至现状湿地水系，并由火烧沟沟口统一排至湟水河；北岸场地雨水地表径流通过竖向汇至北侧湿地水系后由东侧出口排至湟水河。湟水河为最终受纳水体，其范围内的绿地可作为末端调蓄净化的重要载体。河道长6.66km，自然驳岸率为62.34%，全年平均水位在2220~2230m，平均流量在23~28m³/s，现状建设防洪标准为100年一遇，河道改造前水质为劣Ⅴ类，主要为氨氮和总氮超标。

1.5 客水汇入情况

公园内现有10处客水排口，南岸有9处，北岸1处，分别为南岸现状湿地科普馆东西侧各1处、运动公园南侧3处、通海桥下东侧1处、文苑路桥下西侧1处、文汇桥下东侧1处、最东端湟水河与湿地水域交汇处1处、北岸美丽水街西段直排湟水河1处。所有排口均为城市雨水管网总排出口。旱季时南岸右侧3处排口存在底商汩水私排，雨季时各排水口初期雨水水质较差，水质基本为地表水劣Ⅴ类标准。

项目场地汇流情况包括两部分，一部分为场地承接海湖新区内各排水分区的外排客水，另一部分为场地自身雨水径流。根据场地汇流条件和外排水排口分布情况，将公园分为8个汇水区。

1.6 现状植被情况

公园内现状植物长势较好，地被层种类较为单调，冬季有较大面积的黄土裸露，缺少宿根植物，景观上缺少色彩变化。湿生植物以芦苇为主，长势较好，由于水体富营养化影响，夏季水面藻类泛滥。公园天然植被较少，以灌木和草本为主。区内种子植物有33科82属，103种。其中分布最多的科为菊科和禾本科，均含11属，13种，其次是毛茛科，含8属，11种。

1.7 基础设施情况

公园现状灌溉系统、灌溉设施和环境卫生设施有一定基础，给水排水设施及电力设施有待完善。其中，园区现状绿地大部分覆盖灌溉管网，水源主要引自湟水河河水及市政用水，采用喷灌及快接阀人工灌溉结合方式；主要道路及人流密集处设有垃圾桶，但缺少公共厕所；现状景观游赏设施不足，绿化景观单一，防火瞭望塔等设施缺少。

2 问题与需求分析

（1）水生态问题——湿地生态脆弱

公园内局部植被配置布局不合理，生态效益发挥不足。经现场踏勘，园区内存在植被衰退、局部土壤裸露现象；同时在湿地内高程分布出现倒坡、逆坡，水流不畅，存在淤水死角区域，造成水体黑臭；

（2）水环境问题——湿地补水水质较差，公园自身产流水质部分指标

分区编号
1　3　5　7　●排水口
2　4　6　8

湟水河湿地公园项目客水排口及汇水分区图

湟水河湿地公园各汇水分区承接外排水情况统计表

分区编号	汇水分区面积（m²）	客水服务面积（m²）	备注
1	309423	643400	2处排口
2	193224	829400	3处排口
3	146641	1263500	1处排口
4	197539	968200	1处排口
5	95173	1949400	2处排口
6	142300	—	—
7	232600	176400	1处排口
8	169300	—	—
合计	1486200	5830300	10处排口

湿地公园补水水源包括湟水河河水、外排入的客水和自身产流，其中湟水河改造前氨氮、总磷、总氮指标超标，为劣Ⅴ类，需采取一定处理措施对湟水河进行修复提质；湿地内的总排口客水初期雨水水质较差，为劣Ⅴ类，需通过对上游排水分区进行源头海绵措施的净化控制；园区自身产流总氮、氨氮等数据超标，水质为Ⅴ类，需系统布置海绵设施进行净化处理；

（3）水安全问题——湿地水系作为末端调蓄空间，存在内涝风险

公园地势较为平缓，加上园区内存在10处客水汇入的排口，服务面积较大，暴雨时易发生积涝，在一定程度上对游客、行人及部分建筑设施安全造成潜在威胁；

（4）水资源问题——公园景观用水需求量大，非常规水源利用小

由于本地蒸发量远大于降雨量，公园除自身雨水资源进行利用外，还需加强对处理后的湟水河河水、汇入客水和中水资源的充分利用。

3 海绵城市建设目标与指标

为指导推进西宁市海绵城市建设，修复城市水生态、涵养水资源，增强城市防涝能力，提高宜居城市生活质量，根据《西宁市海绵城市建设

设计导则》，落实上位规划《西宁市海绵城市建设试点区系统化方案》目标指标要求，综合考虑气候、水文、地质、地形等环境条件，确定本项目的主要设计目标如下：

（1）水生态目标：年径流总量控制率为99.8%，对应设计降雨量为47.8mm。南岸湿地外排水调蓄容积不低于25275m³，北岸湿地外排水调蓄容积不低于6400m³；

（2）水环境目标：SS综合削减率不低于64.0%，湟水河湿地水系出水口检测断面水质不低于地表水Ⅳ类水；

（3）水安全目标：雨水管渠设计重现期满足2年一遇标准，内涝防治设计重现期满足50年一遇标准；

（4）水资源目标：南岸湿地雨水资源利用率不低于85.8%，北岸湿地雨水资源利用率不低于31%；

（5）水景观提升目标：在保护原有湿地生态格局基础上，打造生态稳定、环境良好的湿地生态系统，美化城市风景线，为市民提供宜人的城

市近郊游憩环境。

4 海绵城市绿地建设工程设计

4.1 总体思路

综合分析区域内场地条件、环境状况，针对存在的问题，因地制宜综合施策，按照"理水、润城"的总体技术路线，统筹多项技术策略，通过植被生态营建、湿地水系缓冲带、海绵化改造、超标雨水系统构建等工程措施，在满足技术目标前提下，复核水生态、水环境、水安全和水资源目标，对多项措施精简、优化，确保工程项目满足多目标可达，系统构建湟水河湿地体系的建设模式，实现湿地公园生态环境与海绵设施的有机结合，为西北地区海绵城市湿地公园的建设提供技术借鉴。

4.2 总体布局

根据项目所在场地汇水特征、控源条件和系统治理路径，在打造水体景观的同时，充分利用海绵措施对"河水、雨水、中水"等多水共治、多水利用，形成一条"串珠式河湖清"水系治理系统设计。在原有生态格局的基础上，湿地设计将原有沟、渠连通，增加水域面积，并增加上游多种形式的生态补水、调水措施，提高水体自净和生态恢复能力；以水为景，充分利用水系、湿地多样景观资源，进行生态驳岸改造、湿地缓冲带建设以及景观设施提升设计；通过对不同来水水源的分类处理，利用竖向高差进行下沉绿地、雨水花园、植草沟、沉砂池、雨水湿地和净化设备等工程设计，打造水清岸绿、鱼翔浅底的优美生态环境，提升湿地水系的水环境质量；采取多

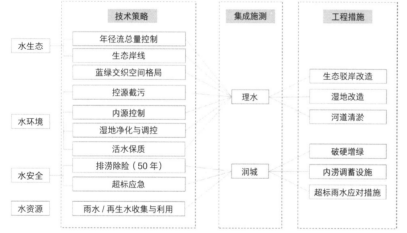

湟水河湿地公园项目海绵城市建设实施路线图

湟水河湿地公园项目海绵设施布局平面图

种引水措施进行湿地生态补水设计、叠水曝气设计等，增强水系景观效果。最后将各个雨水设施用汇流组织和工程设计的方法串联起来，构建一套完善的水系综合治理系统。

4.3 海绵系统设计

4.3.1 水生态修复

（1）分散型调蓄空间布置

在湿地公园内按照划分的8个汇水分区，合理设置传输型植草沟、雨水花园、下沉绿地、雨水湿地等海绵设施，对雨水径流进行导流传输、调蓄净化。通过汇流计算和系统设计，北岸公园共布置下沉绿地1060m²、雨水花园2941m²、植草沟2754m²、沉砂池7598m²、旱溪2064m²、雨水湿地120091m²；南岸公园共布置下沉绿地6829m²、雨水花园4653m²、生物滞留带4165m²、植草沟6902m²、沉砂池3341m²、雨水湿地133567m²。根据项目的径流总量控制率和外排水调蓄计算评估，项目场地实际年径流总量控制率为99.9%，对应设计降雨量为57.8mm，满足目标要求。

（2）植被修复与植物景观提升

在园区原有植被的基础上，优化本土植物，

湟水河湿地公园各汇水分区雨水调蓄情况统计表

分区编号	汇水分区面积（m²）	设计调蓄容积（m³）	自身产流量（m³）	客水汇入量（m³）	备注
1	309423	15965	3428	4074	2处排口
2	193224	9918	1360	12585	3处排口
3	146641	13500	785	6276	1处排口
4	197539	12835	1299	9699	1处排口
5	95173	7850	583	5907	2处排口
6	142300	5125	1250	230	—
7	232600	12250	2530	6684	1处排口
8	169300	8675	1220	270	—
合计	1486200	86118	12455	46174	10处排口

选用根系发达、枝叶繁茂、净化能力强、具有一定耐涝及抗旱能力的植物，提高植物多样性与景观观赏性。强化植物景观主题，将湿地公园分为水环境提升种植区、湿地生态提升种植区、湿地科普种植区、生态游憩种植区、湿地保育种植区、主题广场种植区等，丰富植物造景效果。

（3）湿地生态修复工程

首先恢复湟水河滨水湿地、与湟水河有机连通的"网状"水系格局；其次为保证进入湿地水

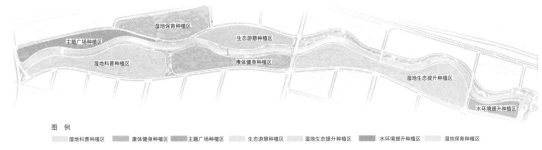

图例
湿地科普种植区　康体健身种植区　主题广场种植区　生态游憩种植区　湿地生态提升种植区　水环境提升种植区　湿地保育种植区

湟水河湿地公园项目植物景观提升分区图

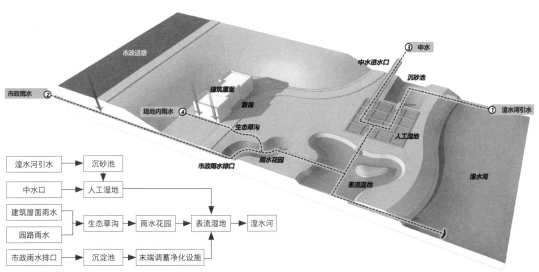

湟水河湿地公园项目水环境治理技术流程图

源得到充分调蓄净化,防止水系底泥污染水源,对南北岸原河底部淤泥进行清淤,南岸清淤量为124234.8m³,北岸清淤量为38453.7m³;同时对湿地水系实施边坡生态修复,对缓坡处增种深根系、抗滑坡、具有蓄水涵养功能的植物,达到护土固坡目的,局部陡坎处可采用自然石材挡土墙护坡;恢复湿地动植物多样性,重构滨水湿地生态系统,提高水体自净能力和生态恢复能力。

4.3.2 水环境治理

针对湟水河湿地来水水源条件制定水环境系统治理措施。湟水河水和第四污水处理厂中水水质较差,通过前置塘(沉砂池)预处理和人工潜流湿地强化处理后引入表流湿地;雨水口排水存在底商沥水与初期雨水等水质较差的问题,通过源头雨污分流改造和排口截流调蓄净化(水质达到Ⅴ类以上)后引入表流湿地;园区内地表径流通过生态草沟导流传输至雨水花园,滞留净化后溢流至表流湿地;表流湿地保持一定水力停留和跌水曝气,经物理、化学和生物作用控制水中泥沙、去除污染物,最终回补湟水河。

根据2018—2019年持续监测效果分析,湟水河湿地公园湿地由来水水源的Ⅴ类水质经净化处理后逐步提升到Ⅳ类,净化效果较好,出水水质能够保持在地表水Ⅳ类水标准。

4.3.3 水安全保障

根据湿地水系水量平衡计算,确定湿地水系设计水位。湿地水系的枯水位为0.6m,常水位为1.2m,丰水水位为1.55m,溢流水位为1.70m。为保障湿地公园行人、主干道与建筑物的安全,通过GIS分析软件,提取出20年、50年和100年一遇重现期下湟水河湿地公园湿地水系和湟水河河道水系雨洪水位淹没线,得出不同设计降雨的雨洪淹没范围。通过调整竖向设计,控制主干道、建筑场地、园区避难场所的高程,保障安全;同时在满足南北岸湿地最大调蓄空间13.06万m³的基础上,结合公园主干道的行洪通道设置,设置7处超标雨水溢流排放口,保障行洪安全。

4.3.4 水资源利用

通过复核湿地景观用水需求的计算,得出南岸湿地需水方案:南岸中水补水量为1.5万m³/d,雨水收集补给量355812m³/年;北岸湿地需水方案:北岸中水补水量为0.35万m³/d,雨水收集补给量

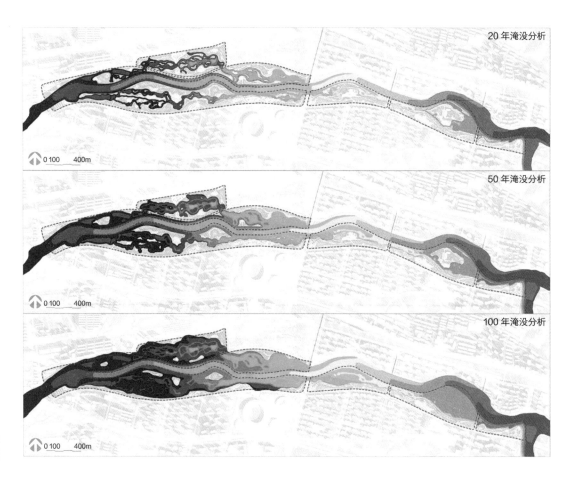

湟水河湿地公园项目湿地水系雨洪水位淹没范围分布图

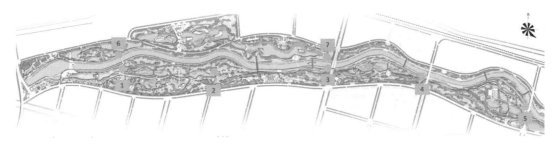

湟水河湿地公园项目湿地水系超标雨水溢流排放口分布图

（a）透水铺装路面　　　（b）透水铺装广场　　　（c）透水铺装游步道

湟水河湿地公园项目透水铺装建设效果图

（a）植草沟实景图　　　（b）植草沟效果图　　　（c）植草沟效果图

湟水河湿地公园项目植草沟建设效果图

68978m³/年。根据湿地公园道路浇洒用水量、绿地灌溉用水量和水系生态补水需求量，得出全年南岸公园的可利用的雨水收集利用量为 35.5 万 m³/年，北岸为 6.9 万 m³/年，则南岸的雨水资源利用率为92.9%，北岸的雨水资源利用率为31.2%。

4.4 典型海绵设施设计

（1）透水铺装

根据市民游览需求，合理采用透水铺装，修复并适当增加园路和停车场，减少径流。

（2）植草沟

根据设计需求，在园路与边侧绿带处采用传输型植草沟，传输净化汇流雨水。

（3）雨水花园、下沉绿地

根据设计需求，适当调整竖向，在园区产汇流区域设置雨水花园、下沉绿地等海绵设施。

（4）潜流湿地

根据公园湿地净化需求，布置两处潜流湿地设施，采用工艺为下行垂直人工湿地和上行垂直流人工湿地组合的复合垂直工艺。湿地

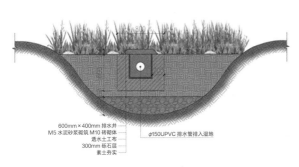

湟水河湿地公园项目雨水花园结构图

湟水河湿地公园项目雨水花园建设效果图

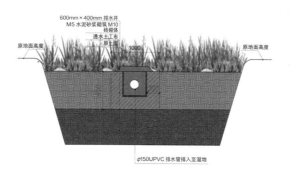

湟水河湿地公园项目下沉绿地结构图

湟水河湿地公园项目下沉绿地建设效果图

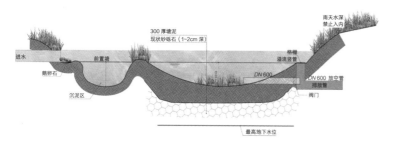

前置塘典型剖面图

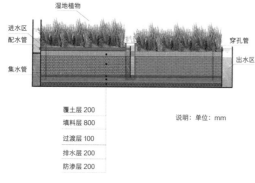

潜流湿地剖面图

潜流湿地实景图

湟水河湿地公园项目潜流湿地结构图和建设效果图

进水水量为 800m³/d，进水水质 COD 浓度为 4~179mg/L，SS 浓度为 2~58mg/L，NH₄-N 浓度为 0.04~7.18mg/L，TN 浓度为 0.83~10.6mg/L，TP 浓度为 0.04~1.91mg/L。湿地指标去除效果：COD75%、SS80%、NH₄-N70%、TP70%。

5 建成效果评价

西宁湟水河湿地公园的综合改造一方面满足了海绵城市对公园水生态、水环境、水安全、水资源的目标要求，同时又营造了湿地观景平台、人工瀑布、林荫步道、五行沙地等丰富多彩的游赏空间，使位于城市中心的湿地公园焕发了生机和活力。本项目工程造价总计 46566.9 万元。

项目的建设成效。在生态效益方面，充分发挥湿地公园的"海绵"效应，实现水生态修复、水资源涵养和水安全保障与景观提升的综合目标；在社会效益方面，充分发挥城市公园休闲娱乐、观光游览、科普交流功能，对城市生态文明建设、市民生活环境改善具有促进意义；在经济效益方面，利用湟水河湿地公园的生态和景观资源，当地短距离观光功能，形成海湖新区的城市名片带动了周边区域经济发展，提升园区产生的经济效益。

6 海绵设施维护管理

6.1 海绵城市绿地维护管养机制

该项目为公园绿地项目，由政府管理单位负责湿地公园系统养护。海绵城市设施建设安装完成后，经试运行及调试验收，合格后，建设方将资料档案移交至政府管理单位，并针对海绵城市设施的位置、作用、运行维护要点进行重点培训。

6.2 海绵城市绿地维护要点

海绵城市设施的运行维护包含日常巡查、暴雨前重点巡查、常规定期维护及应急处置等。

6.3 典型雨水设施维护

6.3.1 透水铺装

透水铺装日常除应按常规道路维护要求进行清扫、保洁外，还应进行以下维护：

（1）及时清理垃圾杂物，保持透水铺装面层洁净；

（2）对于采用缝隙式透水砖铺装的区域应及时清理缝隙内的沉积物、垃圾及杂物等；

（3）每年雨季前应使用高压水清除堵塞物一次；

（4）大雨和暴雨后应及时观察透水铺装路面是否存在水洼、积水坑等，若出现水洼、积水坑等情况，应采取以下措施：

1）当路面出现积水时，应检查透水铺装出水口是否堵塞，如有堵塞应立即疏通；

2）由于孔隙堵塞造成透水能力下降时，使用高压水清除堵塞物。采用高压水冲洗时，水压不得过高，避免破坏透水铺装面层；

3）透水铺装堵塞严重，通过常规冲洗、出口清掏等手段仍然无法确保排空时间小于24h时，需更换面层或透水基层。

6.3.2 生态洼地

（1）定期检查安全警示标志是否完好，未被遮挡；

（2）定期检查洼地断面是否完好，坡度符合设计要求。大雨或者暴雨后24h内进行断面形状检查，如果出现边坡损坏或者坍塌等情况时，及时进行加固和修补；

（3）按照园林绿化要求定期进行保洁，及时清除洼地内的垃圾与杂物；

（4）进水口、溢流口因冲刷造成水土流失时，设置碎石缓冲或采取其他防冲刷措施；

（5）保证每场暴雨之前有充足的调蓄空间。

6.3.3 人工湿地

（1）在冬季进行适当水位的调整，阻止湿地冰冻。在深秋冬季，可将水面提升50cm，直到形成一层冰面，当水面完全冰冻后，通过调低水位保持湿地系统具有较高水温；

（2）定期维护湿地基质填料。对于调节装置设计合理的湿地系统，可将水位降低10cm，增大湿地系统的坡度，使水的流速加快，必要时将系统前端1/3部分的植物挖走，并挖出填料，更换上新的填料并重新种植植物；

（3）检查护堤，防止水面以下护堤的外部斜坡面出现渗水现象，过多的或颜色异常暗绿颜色的植被生长都是出现渗漏的症状；

（4）定期对湿地植物进行维护。通过春季淹水或人工去除的方法来控制杂草的生长及蔓延。植物的收割要根据湿地系统的设计而定；

（5）进水口、溢流口因冲刷造成水土流失时，设置碎石缓冲或采取其他防冲刷措施。

设计单位：北京市中外建建筑设计有限公司
管理单位：西宁市林业和草原局
建设单位：北京市园林古建设计研究院有限公司
编写人员：何俊超

嘉兴市府南花园三期海绵改造

项目位置：嘉兴市国际商务区长水街道
项目规模：总面积90341m²
竣工时间：2017年

1 现状基本情况

1.1 项目概况

小区位于嘉兴市海绵城市改造示范区内，北侧为珠庵路，南侧为庄前路，东临新气象路，西接玉泉路，总面积90341m²，其中水面3706m²。项目以"老旧小区综合整治"为契机，增加"海绵城市"的相关内容以提升小区雨水系统排水能力，解决路面破损和景观效果较差等问题。2016年2月开始改造，2017年3月竣工。

1.2 自然条件

1.2.1 气候条件

嘉兴市年平均温度15.7℃，绝对最高温度

39.4℃，绝对最低温度 −9.3℃，嘉兴市每年高于35℃的高温天气累计日数平均12日。受季风气候的影响，全年有两个方向相反的盛行风向，夏季以东南风为主，冬季以西北风居多，全年静风频率仅8%，年平均风速3.4m/s，各月相差不大。

1.2.2 降雨条件

根据嘉兴市气象站近五年（2011—2015年）的观测资料显示，嘉兴市作为平原河网城市，降水量在地域分布上差异不大，但降水的年际变化较大，年内分配不均。同时，降水的季节性差异也较明显，嘉兴全年有两个降水高峰，即5~7月的梅雨季节和7~9月的台风雨，日最大降水量为289.9mm。通过嘉兴市多年平均月降水量统计数据可知，嘉兴市降雨量年内分布不均匀，不同季节降雨量差异较大。

1.2.3 土壤条件

小区土层由上至下分为三层，依次是填土层、粉质黏土层、淤泥质黏土层。地下水位偏高，渗透性较差。

1.3 下垫面情况

小区下垫面数据统计如下，其中不透水铺装主要为沥青路面及水泥混凝土路面。

下垫面情况分布图

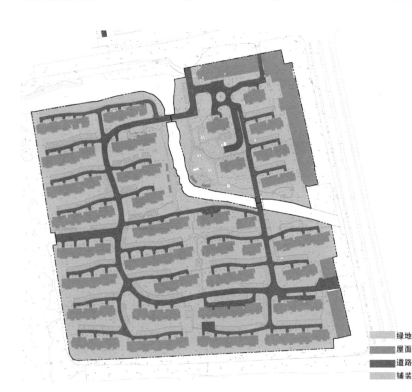

绿地
屋面
道路
铺装

府南花园三期现状下垫面情况

下垫面类型	面积（m²）	占比（%）	综合雨量径流系数
屋面	24505	27.13	
道路	15275	16.91	
绿地	34140	37.79	0.64
铺装	12715（其中停车位7727）	14.07	
水域	3706	4.10	
总面积	90341	100.00	

1.4 竖向条件与管网情况

1.4.1 竖向条件

现状场地较为平整，高程在 2.40~2.78m 之间。小区内部整体高程在 2.75m 左右，东面出口为最低点 2.40m。

1.4.2 管网情况

小区现状管网收集地面和屋面雨水后均就近排入小区河道。三条雨水主管管径分别为 DN800、DN400、DN800，排水能力满足 2 年一遇排放标准。

1.5 客水汇入情况

无客水汇入。

2 问题与需求分析

（1）雨污合流情况普遍，局部污水管网存在错接现象。居民阳台洗衣机废水排入雨水立管加剧了污水混排入河的几率，水质环境急需改善；

（2）部分路面存在积水现象；

（3）硬质驳岸阻碍了水体自我修复能力，加剧水体富营养化；

（4）绿地标高略高于道路，绿化及路面破损严重，部分道路车辆转弯半径设置不合理，停车难且缺少休息设施，环境品质亟待提升。

3 海绵城市绿地建设目标与指标

3.1 水安全目标

通过海绵城市建设，提升府南花园三区排水系统排放能力。

3.2 水生态目标

按照《浙江省嘉兴市海绵城市建设试点城市建设规划》，府南花园三期年径流总量控制率达到 80%，对应设计降雨量为 24mm，综合径流系数不超过 0.5。

3.3 水环境目标

通过海绵城市建设，实现雨水径流面源污染控制，通过部分雨污水建筑立管分流改造，杜绝

府南三期现状竖向图

府南三期雨水管网图

雨污合流及路面积水问题

现状绿地破损严重

污水入河现象，改善居民生活环境及河道水环境。雨水综合处置率需达 100%。

4 海绵城市绿地建设工程设计

4.1 总体布局

该工程主要采用下沉式绿地、雨水花园、透水路面等源头减排技术措施控制径流总量。

（1）小区内绿地部分设置为下沉式绿地，将建筑屋面及硬化铺装雨水广义下沉式绿地内进行下渗、净化处理，若绿化面积/汇水面积的比值较小，下沉式绿地应采用增加填料层的雨水花园、生物滞留设施等。

（2）采用雨落管断接方式，将建筑屋面雨水引入周边绿地中设置的分散式雨水控制利用设施（如下沉式绿地、渗管/渗渠等）内下渗、净化。

（3）建筑物周围无绿化空间设置下沉式绿地、渗管/渗渠等雨水控制利用设施时，通过高位花坛等措施实现雨水断接排放。

（4）根据需要将局部小区内停车场、广场等改造为渗透铺装，增大雨水调蓄空间，提高雨水调蓄空间的联动性。

（5）将现状雨水口移至绿地设施内，并增设截污挂篮，或采用环保雨水口，在雨水管道排出口末端增设格栅除污井。

4.2 竖向设计与汇水分区

4.2.1 竖向设计与汇水分区

总体上分散控制源头雨水径流。调整道路与绿地的高差关系，顺接场地地形与坡度，将道路坡度坡向设施，设施进行微地形处理，形成高低起伏、自然平缓的地形。

依据地下雨水管线流向，结合地表径流流向及屋顶雨水排放组织，将总体控制目标分解至西、东北和东南 3 个汇水分区内。

4.2.2 径流控制量计算

低影响开发源头控制设施用于径流总量控制、水质控制或雨水利用时，源头控制设施的设计规模采用容积法计算，计算公式如下：

$$V = 10H\Psi A$$

式中：V——控制容积（m^3）；

府南三期 LID 设施总平面图

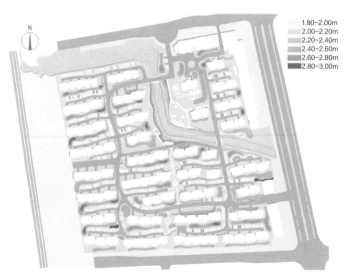

府南三期竖向设计图

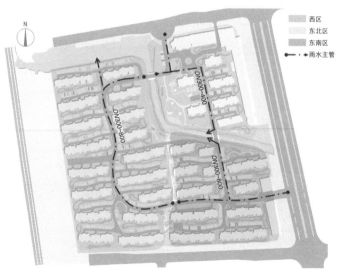

府南三期汇水分区图

H—设计降雨量（mm）；

Ψ—汇水面积内的综合径流系数；

A—汇水面积（hm²）。

按照建设目标，府南花园三期面积 86635m²，径流总量控制率达到 80%，对应设计降雨量为 24mm。该工程通过设计透水停车位、透水路面，将综合径流系数由改造前的 0.64 减小为改造后的 0.5。因此，府南花园三期目标控制径流总容积为 1039.6m³。目标调蓄容积通过设置下沉式绿地、雨水花园满足要求，总调蓄容积总计 1613.6m³。

4.2.3 设施选择与径流组织路径

（1）部分绿地采用下凹式绿地。绿化面积／汇水面积比值较小区域，下凹式绿地采用可渗透形式如雨水花园、生物滞留设施等。建筑物周围无绿化空间时，通过高位花坛等措施实现雨水断接排放；

（2）采用雨落管断接方式，将建筑屋面雨水引入周边绿地中设置的分散式雨水控制利用设施（如下凹式绿地、渗管／渗渠等）内下渗、净化；

（3）部分停车场、广场采用透水铺装；

（4）将现状雨水口移至绿地设施内，增设截污挂篮，或采用环保雨水口，在雨水管道排出口末端增设格栅除污井。

4.3 管网改造策略

4.3.1 雨污分流改造设计

根据实测管线资料，小区内雨污混接情况及工程对策如下：

（1）雨水立管错接，接入污水系统

改造方式：对雨水立管实行断接改造，将雨水引入绿地内或通过高位花坛排放。

（2）建筑雨废合流阳台立管接入雨水立管

改造方式：通过保留原有立管作为废水管用，重新增加一条雨水立管实现雨废分流。

4.3.2 雨水收集系统重构

针对硬化路面、停车位及屋面径流雨水，通过散排方式（如草沟、浅沟、排水沟、地表漫流等）将雨水径流引入下凹式绿地、透水停车位、雨水花园等源头减排措施内实现消纳控制。

（1）主道路雨水：

现状主道路为沥青路面，宽约为 6m，两边坡，雨水两侧收集进入雨水口排放。

改造方式：保持现状坡度，封堵路面雨水口，通过侧石开孔或取消侧石方式将路面雨水引入两侧绿地内消纳，下凹式绿地及雨水花园中设置环保溢流雨水口排放超标雨水。

（2）屋后道路及停车位雨水

屋后道路为混凝土路面，宽 3.5~4m，路面为单边坡向外侧，雨水口设置于道路外侧，收集雨水后快速排放；现状停车位为植草砖停车位，雨水就近进入附近雨水口排放。

改造方式：保持现状道路坡度，封堵路面雨水口，停车位、路面雨水引流采用排水沟或者引

容积法计算表

汇水分区	面积（m²）	径流系数	目标调蓄容积（m³）	LID 措施				合计调蓄容积（m³）
				设施	规模（m²）	调蓄深度（m）	单项设施贮水容积（m³）	
西区	41504	0.5	498.0	下沉式绿地	12147	0.06	728.8	773.1
				雨水花园	295	0.15	44.3	
东北区	20711	0.5	248.5	下沉式绿地	6061	0.06	363.7	385.7
				雨水花园	147	0.15	22.1	
东南区	24420	0.5	293.0	下沉式绿地	7147	0.06	428.8	454.8
				雨水花园	173	0.15	26.0	
合计	86635	—	1039.5	—	—	—	1613.7	1613.6

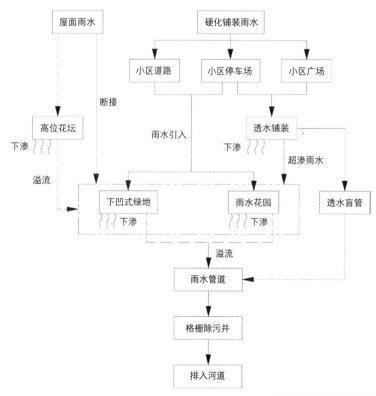

府南花园三期径流组织路径

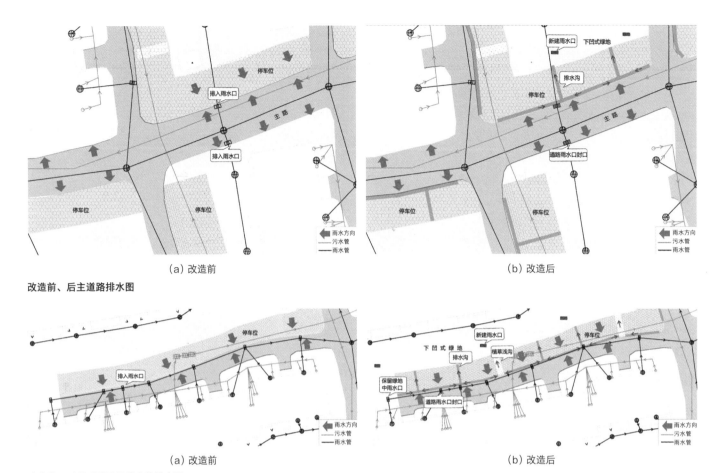

(a) 改造前 (b) 改造后

改造前、后主道路排水图

(a) 改造前 (b) 改造后

改造前、后屋后道路及停车位排水图

水沟导入周边下凹式绿地实现控制消纳，下凹式绿地及雨水花园中设置环保溢流雨水口排放超标雨水。

排水沟设计：排水沟设置于停车位与道路路面交界处，起路面收水作用。断面 0.25×0.1 (m)，坡度 0.3%，采用树脂混凝土材质，设计最大过水流量 10L/s。本工程采用侧石排水沟一体化设计，排水沟隐藏于侧石内部，每 10~15m 设置 1 个检查口。为便于施工，平石至植草砖车位 1m 宽度范围内翻修改造，侧平石排水沟一体式放置后开挖处植草砖重新铺设。

引水沟设计：将路面收集的雨水引入绿化内消纳，一种引水沟埋设于停车位下，断面尺寸 0.2×0.1 (m)，坡度 0.3%，采用树脂混凝土材质；一种设置在停车位之间，采用下凹草沟形式。

(3) 建筑屋面雨水

现状情况：建筑雨水落水管均通过落水井就近排入雨水系统，雨水落水管附近均有绿化带。

改造方式：采用雨水立管断接，并采用就近引入下部下凹绿化的方式实现消纳控制。少数建筑屋侧面因绿地较窄，落水管采用高位花坛断接的形式将雨水引至建筑前绿地进行处理。

排水沟示意图

引水沟设计示意图

4.4 土壤改良与构造作法

4.4.1 土壤改良

小区中仅雨水花园进行土壤改良。雨水花园中种植土改良采用 35cm 厚种植土（掺 50% 中粗砂）。

4.4.2 构造作法

（1）下凹式绿地设计

下凹式绿地是本小区最主要的源头减排设施，该措施主要布置于建筑前后的现状绿化带内，设计表层储水量通过下渗、蒸发、绿地植物蒸腾作用实现对雨水径流的消纳，排空时间按 24h 设计。植物配置尽量采取低成本、低维护的选择原则，考虑到植物成活率，选择矮麦冬种植于下沉式绿地中，周边搭配海滨木槿、桂花等植物。

（2）雨水花园设计

雨水花园自下而上设计依次为原状土 +20cm 贮水层 + 透水土工布 +30cm 种植土及填料层 +15cm 蓄水层。雨水花园中选择草坪、菖蒲、鸢尾等植物，周边搭配桂花、香樟等，形成围合空间。

（3）透水停车位设计

采用透水植草砖停车位，改造 46 个，新增 67 个，面积约 1487m²。自上而下结构层依次为：15cm C25 混凝土植草地坪 + 3cm 粗砂找平层 + 20cm 级配碎石垫层 + 5cm 粗砂。

（4）透水路面

戚家北港两岸新建广场、园路以及 112 幢、113 幢之间新建休憩广场均采用透水铺装。结构层自上而下 6cm 透水砖 + 粗砂找平层 + 15cm 10~20mm 粒径 C25 强度透水混凝土素色层 + 15cm 碎石垫层。

5 建成效果评价

5.1 工程造价

工程总投资 2047.53 万元，其中建安费 1725.09 万元。

5.2 监测效果评估

统计府南三期共 7 场不同降雨的外排水量、SS 总量、COD 总量，对比本底监测数据，得到 7 场降雨平均径流总量控制率为 65.1%、平均 SS 削减率为 71%、平均 COD 削减率为 67.98%。

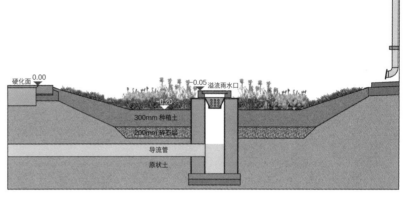

雨水落水管断接剖面图

下沉式绿地实景照片

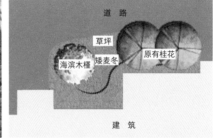

下沉式绿地植物配置平面图

雨水花园实景图

雨水花园植物配置图

河道边坡绿地改造前后对比图

宅间绿地改造前后对比图

(a) 改造前

(b) 改造后

河道驳岸改造前后对比图

5.3 效益分析

(1) 水安全：通过雨水管渠系统和源头减排雨水系统的构建，小区雨水管道排水能力由2年一遇标准提升至3年一遇；

(2) 水生态：通过SWMM模型模拟，年径流总量控制率由改造前的约36%提升至84.6%；

(3) 水环境：通过排水系统的改造，整治雨污混接现象，每年可以减少污水1825m³污水入河现象。

6 海绵城市绿地维护管理

6.1 海绵城市绿地维护管养机制

6.1.1 管理机构

施工质保期后，由小区物业统一管理。

6.1.2 管养费用

设施管养费用来自小区物业运营管养费用。

6.2 海绵城市绿地维护要点

6.2.1 植物养护

植被的养护管理除应符合现行国家标准《城市绿地设计规范》GB 50420外，还应符合以下规定：

府南三期径流总量控制率、SS削减率、COD削减率数据分析表

项目	日期	降雨量 (mm)	降雨历时 (h)	径流总量控制率 (%)	COD削减率 (%)	SS削减率 (%)
府南三期一区	2017/4/26	21.6	3.5	41.47	60.98	44.63
	2017/5/8	25.8	6	66.17	26.59	41.99
	2017/6/9	54.4	14	52.43	86.44	56.15
	2017/9/11	30.4	4	52.17	65.44	87.47
	2017/9/20	33.2	17	70.82	84.04	85.02
	2017/10/15	37.8	21	82.71	74.22	93.39
	2018/3/4	25.8	2	47.63	70.37	50.52
府南三期二区	2017/4/26	21.6	3.5	42.17	49.19	61.52
	2017/5/8	25.8	6	85.54	73.37	73.57
	2017/6/9	54.4	14	63.94	84.45	75.70
	2017/9/11	30.4	4	71.32	34.06	92.82
	2017/9/20	33.2	17	88.08	91.07	7.32
	2017/10/15	37.8	21	99.42	99.85	98.95
	2018/3/4	25.8	2	47.48	51.63	34.97
平均值		32.71	9.64	65.10	67.98	71.00

(1) 栽植后最初几周应每隔1d浇1次水，并且要经常去除杂草，直到植物能够正常生长并且形成稳定的群落；

(2) 应根据设施内植物需水情况，适时灌溉。灌溉间隔控制在4~7d，在旱季和种植土较薄等条件下应适当增加灌溉次数，雨季一般不需要浇水，应注意排水；

(3) 检查植被生长情况，补种或更换设施植物，并及时去除设施内杂草；

(4) 根据设计要求以及植物的生长习性，适时修剪；修剪后应及时清理修剪下来的树枝落叶，防止堵塞管道；

(5) 植物病虫害防治应采用物理或生物防治措施，也可采用环保型农药防治；

(6) 肥料以腐熟的有机肥为主，不得施复合肥及无机肥，以免污染水体；

(7) 草坪修剪不得使用轧（滚）草机，以免压实渗透地坪，每次修剪时，剪掉的部分应不超过叶片自然高度的1/3。

6.2.2 土壤养护

(1) 种植土厚度应每年检查一次，根据需要补充种植土到设计厚度；

(2) 每周对土壤表层的落叶和垃圾杂物清理一次，在落叶季节还应适当增加维护次数；

(3) 在进行植株移栽或替换时应快速完成种植土的翻耕，减少土壤裸露时间；

(4) 在土壤裸露期间应在土壤表面覆盖塑薄膜或其他保护层，以防止土壤被降雨和风侵蚀；

(5) 定期松土，以防板结影响渗透性能，翻耕土壤、种植植物及其他相关操作禁用尖锐工具，以防损坏过滤层及防水层；

(6) 若土壤出现板结或其他影响渗透性能的情况，可以适当掺腐殖酸改良土壤结构。

设计单位：嘉兴市规划设计研究院有限公司
管理单位：嘉兴市海绵城市指挥部
建设单位：嘉兴市南湖区长水街道办事处
编写人员：冯林林　孙　烨　郑晓欣　于搏海
　　　　　楼　诚　施勇涛　蒋国超　解明利
　　　　　黄　屹

嘉兴市实验初中范蠡湖区块海绵城市建设工程

项目位置：嘉兴市南湖区城中片区，环城南路北侧
项目规模：占地5.12hm²，服务汇水面积5.57hm²
竣工时间：2015年

1 现状基本情况

该项目的海绵城市建设改造工程以范蠡湖水质改善与景观提升为核心，全面落实海绵城市建设规划要求，从范蠡湖水质提升、雨污水管分流和区块外合流管负荷减压等方面入手，通过构建实验初中和文保所内的雨污水系统，结合源头减排与末端治理，实现对范蠡的湖水质净化及雨水综合利用与排放，满足区域雨水年径流总量控制要求。同时结合景观建设为学生开辟第二课堂，充分展示和宣传海绵技术，形成具有教育意义的海绵城市教育基地。

1.1 项目概况

嘉兴市实验初中范蠡湖区块位于嘉兴市南湖区城中合流制汇水区域，该项目以实验初中、范蠡湖、文保所为核心，周边涉及环城路、梅湾街、沈钧儒纪念馆、范蠡湖公园、嘉兴市文物保护所等区块。2015年以"海绵城市"建设为契机，提升该区块排水能力，解决雨污分流、点源污染、范蠡湖水质较差、路面破损和景观效果较差等问题。

1.2 自然条件

1.2.1 气候

嘉兴市属亚热带季风区，气候温和湿润、日照充足、流量充沛、四季分明。年平均气温15.9℃，极端最高气温40.5℃，极端最低气温-12.4℃；年平均日照2109h；相对湿度82%；静风频率8%，平均风速2.6~3.4m/s，各月相差不大，全年以东向和西北风向频率为主。

1.2.2 降雨

嘉兴地处平原地区，降水量在地域分布上差异不大，但降水的年际变化较大，年内分配不均。据嘉兴站观测资料统计，多年平均降水量1199.2mm，年最大降水量为1999年的1768.1mm，年最小降水量为1978年的723.1mm，最大与最小两者之比为2.45倍。同时，降水的季节差异也较明显，嘉兴全年有两个降水高峰，即5~7月的梅雨季节和7~9月的台风雨，日最大降水量曾达289.9mm。嘉兴站多年月平均降水量中，汛期占多年平均降水量的73.3%，6~9月占多年平均降水量的48.6%。

1.2.3 土壤条件

根据地质勘探报告，本项目土层第1层为杂填土层，第2层为淤泥质黏土，淤泥质黏土层渗透系数在0.005~0.09m/d，渗透系数不利于雨水渗透。

1.2.4 地下水条件

潜水水位埋深为1.10~2.00m，标高在1.10~1.73m，潜水主要赋存于浅层土中，潜水位

区块位置示意图

随季节变化有所升降，一般年变幅 0.5~1.5m。

1.3 下垫面情况

区块内现状绿地率仅 19%，硬质铺装和屋面比例较高，范蠡湖为天然水体。

1.4 竖向条件与管网情况

1.4.1 竖向条件

现状场地较为平整，除沿范蠡湖区域高程为 1.83~2.33m 外，其余高程在 3.15m 左右。

1.4.2 管网

雨水管网：一条向北排入杨柳湾路合流管，另一条向南排入范蠡湖。文保所内现状雨水管网有两条，一条向西排入环城西路合流管，另一条向南排入范蠡湖。

污水管网：现状未完全雨污分流，六角楼、图书馆和科技馆处的污水随雨水系统进入范蠡湖，而学生宿舍楼、西大楼和东教学楼的污水随雨水系统进入杨柳湾路合流管。文保所厕所污的水随雨水管网向南排入范蠡湖外，其余污水均向西排入环城西路合流管。

2 问题与需求分析

（1）合流制溢流污染问题：区块位于城中合流制区域，雨水通过雨水主干管排入杨柳湾路市政合流管，再经禾兴南路的合流管进入环城南路截流干管，合流制溢流污染严重，导致环城河水质差；

（2）点源污染问题突出：区块内尚未实现彻底的雨污分流，部分合流污水未接入截流管直入范蠡湖，影响范蠡湖水质；

（3）排水能力低、易内涝问题：区块内合流管管径不能满足雨水排放需求，内涝风险相对较高；现状硬化铺装面积较大且局部存在破损和沉降严重的现象，并存在局部积水的问题；

（4）景观系统功能性缺失：区块内现状绿地高于硬化路面，水土流失问题突出，地被层无植物覆盖，土层裸露，整体景观效果差。

3 海绵城市绿地建设目标与指标

范蠡湖实验初中区块位于嘉兴市旧城改造示范区内，根据《嘉兴市海绵城市示范区建设规划》中的要求，确定范蠡湖实验初中区块的年径流总

实验初中现状下垫面统计表

下垫面类型	面积（m²）	面积比例（%）	雨量径流系数取值	综合雨量径流系数
屋面	10748	20.99	0.9	0.74
植被	9709	18.96	0.15	
水体	4762	9.30	1	
铺装道路	25981	50.74	0.85	
总计	51200	100	—	—

区块现状问题

区块海绵城市建设目标

类别	水生态	水环境		水安全	
指标	年径流总量控制率	雨水综合处置率	污水收集率	综合径流系数	雨水管渠重现期
目标	80%	100%	100%	改造后≤改造前	2 年一遇

量控制率为80%，设计降雨量为24.3mm。同时结合水生态、水环境、水资源、水安全等要素。

4 海绵城市绿地建设工程设计

4.1 设计流程

工程设计按照方案设计、初步设计、施工图设计三步实施，关键在于方案设计阶段对现状整体情况的分析与评估，对雨水系统重新构建提出合理的方案。

4.2 总体布局

4.2.1 平面布局

实验初中区块总需要调蓄容积为800.8m³，设计调蓄容积为1515.4m³，满足雨水控制容积要求。

屋面雨水：在六角楼、图书馆和科技馆楼屋顶设置了绿色屋顶，共设置绿色屋顶1123m²。其他屋面通过断接雨落水管实现对径流雨水的收集和净化，共设置高位花坛55处。

屋面雨水的径流组织：屋面雨水→绿色屋顶→雨落水管→断接→生物滞留设施/透水铺装。

路面雨水：更换区块内破损和积水较为严重的路面铺装，设计透水混凝土路面或其他透水铺装共计4429m²。对操场东、西两侧的主干道进行铣刨加铺，将其改造为贮水式沥青路面，共计2390m²。

路面雨水的径流组织：路面雨水→生物滞留带设施/贮水式沥青道路→排水盲管→雨水管道→范蠡湖。

4.2.2 管网系统构建

（1）雨水管网重新构建

在区块操场东、西两侧各新建一条雨水主管，收集区块内雨水后自北向南排入范蠡湖，使区块内所有雨水进入范蠡湖。

（2）污水管网重新构建

根据排查成果及摸底情况，新建污水管道收集各教学楼、宿舍楼和食堂污水，同时改造混接、错接的雨污水管道，实现污水源头控制和提高污水系统的排水能力。

4.2.3 雨水收集利用

收集地块内雨水用于绿化浇洒、道路冲洗以及冲厕（六角楼），经计算每日平均需水量约29.16m³/d，设计雨水收集池容积约88m³，雨水

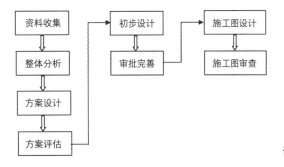

设计流程图

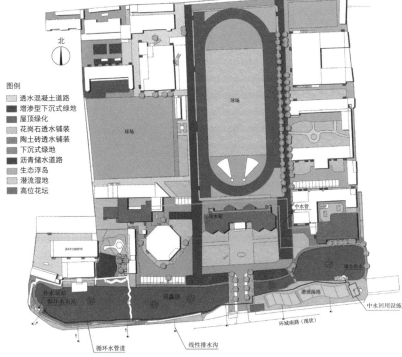

图例

▢ 透水混凝土道路
■ 增渗型下沉式绿地
■ 屋顶绿化
▢ 花岗石透水铺装
■ 陶土砖透水铺装
■ 下沉式绿地
■ 沥青储水道路
▢ 生态浮岛
■ 潜流湿地
■ 高位花坛

源头减排设施布置总平面图

绿色屋顶

雨水断接排入路面透水结构

溢流雨水排入生物滞留带

断接入高位花坛

绿色屋顶屋面雨水径流示意图

储水式沥青道路径流示意图　　　　　　　　　　生物滞留设施径流示意图

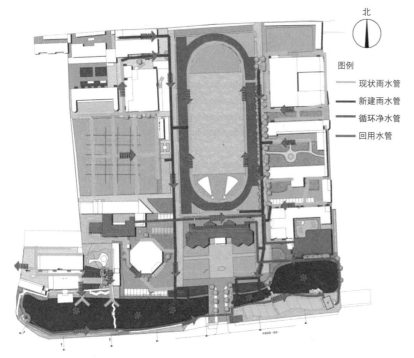

改建后的雨水系统

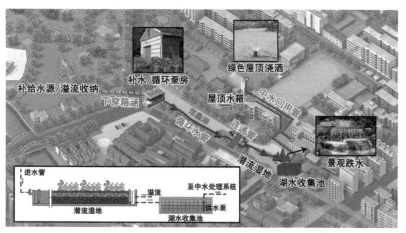

范蠡湖水体循环示意图

回用系统在 3d 内将收集的雨水用完。

4.2.4 范蠡湖水体循环系统

范蠡湖水体循环系统主要包括活水、净水和水景观三大功能。在范蠡湖水位为常水位时，活水主要通过循环或补水泵房抽取范蠡湖西侧水体进入范蠡湖东南角的潜流湿地净化处理，并输送至范蠡湖东侧形成跌水景观，同时经潜流湿地净化处理后的湖水最终进入雨水储存和净化设施。在学校内范蠡湖水位低于常水位时，泵站抽取范蠡湖公园内水体作为补给水源，将实验初中内的范蠡湖水补充至常水位。回用雨水主要用于学校内的道路浇洒和绿化灌溉（用于六角楼、图书馆和科技馆）。

潜流湿地一方面使范蠡湖水体得到净化，另一方面通过对周围区域山、水、亭、桥等景观附属设施的配置，提升区域整体环境品质。在范蠡湖边潜流湿地处设置展示与监测系统。并将监测数据传输到控制中心展示，可用于学生自然地理学实验课程，提高学生环保意识。

4.3 竖向设计与汇水分区

海绵城市设计应划定排水分区，根据现状下垫面、竖向高程和汇水分区的实际情况，综合确定低影响开发设施的类型与布局，使灰绿设施衔接适宜。利用现有设施和场地并注重公共开放空间的多功能使用，将雨水控制与景观相结合。

4.3.1 竖向设计与汇水分区

根据地形和现状雨水管线的走向，将区块划分为 13 个汇水分区。通过微地形塑造调整场地标高使绿地低于路面。

4.3.2 径流控制量计算

根据《海绵城市建设技术指南——低影响开发雨水系统构建》，设计调蓄容积应按下式计算：

$$V = 10\psi FH$$

式中：V——设计调蓄容积（m^3）；

ψ——综合雨量径流系数；

F——汇水面积（hm^2）；

H——设计目标年径流总量控制率对应的设计降雨量(mm)，此处为24.3mm。

各区块需控制雨水量计算如下表所示，总需控制雨水容积800.8m^3。

4.3.3 设施选择与径流组织路径

结合绿化布置情况，本工程主要采用下凹绿地、植草沟、增渗型下凹绿地、透水路面、潜流湿地、雨水收集回用设施等LID技术措施控制径流总量。

5 建成效果评价

5.1 工程造价

嘉兴市实验初中范蠡湖区块海绵城市建设工程总投资892.98万元，其中建安费734万元。

5.2 监测效果评估

5.2.1 监测效果

2017年3月19日~3月20日（48h内），

根据实验初中内的雨量计监测数据，累计降雨33.4mm，范蠡湖的溢流水量和其中一处排出口的水质变化情况分别如下图所示。

实测降雨数据分析：实验初中对该场降雨的径流控制率达到100%；与对照监测点相比，实验初中内的初期雨水径流中悬浮物、生化需氧量和氨氮等污染物的浓度削减均达到40%以上；实验初中内无明显积水现象，方便师生雨天活动、出行。

径流控制量计算表

汇水分区编号 不同下垫面	屋面（m^2）	绿地（m^2）	不透水铺装（m^2）	综合径流系数	径流控制量（m^3）
1	2391	579	2439	0.8	105.15
2	341	414	4836	0.8	108.69
3	1749	1276	1018	0.65	63.86
4	1310	1703	1284	0.59	61.61
5	0	199	3489	0.81	72.59
6	0	0	3821	0.85	78.92
7	363	979	1961	0.65	52.17
8	354	988	1780	0.63	47.79
9	2758	71	1590	0.87	93.42
10	976	2088	812	0.49	46.15
11	1131	441	931	0.75	45.62
12	394	609	591	0.6	23.24
13	0	366	10	0.17	1.55

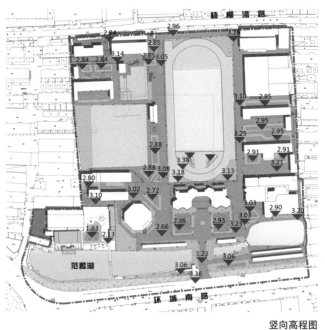

竖向高程图　　　　　　　　　　　　　　　汇水分区图

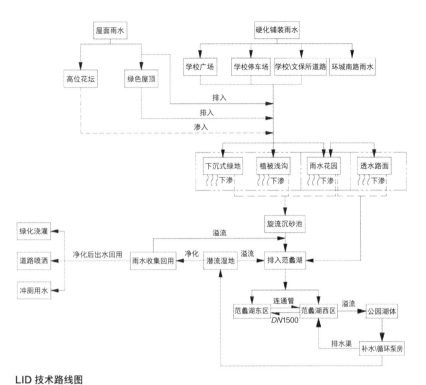

LID 技术路线图

各类设施综合单价表

序号	名称	综合单价（元/m²）	规模（m²）	投资额（万元）
1	绿色屋顶	500	354	17.70
2	透水铺装	400	807	32.28
3	雨水花园	250	896	22.40
4	下凹绿地	150	1985	29.78
5	潜流湿地	800	999	79.92
6	储水式道路	400	2390	95.60
7	高位花坛	450	484	21.80

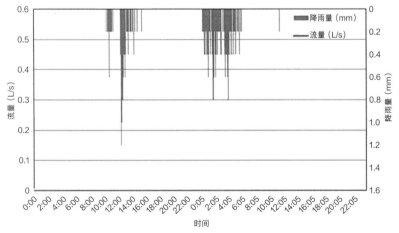

降雨过程线和范蠡湖溢流量变化曲线

5.2.2 模型模拟校核

根据 SWMM 模型模拟，范蠡湖实验初中区块经海绵城市改造后，在 2 年一遇 2h(63mm) 短历时降雨条件下，区块内雨水管道排水能力满足要求，在 2011—2015 年长历时（1min 步长）下，年径流总量控制率为 83.78%。

5.3 效益分析

通过改造，范蠡湖实验初中区块在水安全、水生态、水环境、水资源等方面均有较大提升。

（1）水安全：通过雨水系统和源头低影响开发雨水系统的构建，区块综合径流系数减小，雨水管道排水能力达到两年一遇以上，内涝防治重现期提升至 30 年一遇，同时雨水全部进入范蠡湖，减少进入合流管的峰值流量约为 49m³/min（2 年一遇 2h 降雨条件下），从而提高区块的排水能力和改善城中片内涝问题；

（2）水生态：各项海绵措施的设置，从源头上减少雨水径流量，同时通过对湖水的循环/补水和潜流湿地的净化处理，实现了区块年径流总量控制率达到 80% 以上，雨水径流污染的削减以及范蠡湖水质的提升，改善了水环境质量；

（3）水环境：通过污水系统的重新构建，解决了区块内雨污水混接问题，实现雨污分流，杜绝污水进入范蠡湖，每年约减少入湖污水 6220t（COD 含量 350mg/L）；所有雨水径流都经过设施处理，实现雨水综合处置率 100%，每年预处理初期雨水径流量 30.47t（按每年 100 场降雨，其中初期雨水径流为前 8mm 计算，COD 含量为 200mg/L），改造后每年可削减入河 COD 共 8807kg。同时，通过将区块雨水分流全部进入范蠡湖，减少进入环城路合流管的水量，进而降低环城路截流式合流制溢流的频率；

（4）水资源：通过潜流湿地和设施净化处理后的水，回用于绿色屋顶浇灌和道路浇洒，预期每年可节约自来水约 5400t；

此外，通过海绵城市改造，区块内的局部破损路面、沉降道路和绿化景观较差、裸露黄土的区域都得到改善，还开辟了海绵城市建设的第二课堂。总之，海绵改造工程在解决现状问题的同时，为实验初中的师生提供了更加舒适和便捷的学习环境。

东南角车棚改造前

车棚改造后的潜流湿地

路面、绿地改造前

路面、绿地改造后

6 海绵城市绿地维护管理

6.1 海绵城市绿地维护管养机制

该工程相关海绵设施由实验初中内部相关部门进行养护，维护管理费用由学校统一支出。

6.2 信息化管理与监测

通过在嘉兴市实验初中范蠡湖区块内改造下沉式绿地、生物滞留带、透水铺装和绿色屋顶等措施控制雨水，在该区块出水口范蠡湖溢流堰布设 1 台流量计，以监测校区改造效果。在报告厅屋顶设置流量计 2 台，监测绿色屋顶污染物去除效果，监测指标包括 SS、COD、NH_3-N、TP、TN。

设计单位：嘉兴市规划设计研究院有限公司
建设单位：嘉兴市海绵城市投资有限公司
管理单位：嘉兴市海绵城市指挥部
编写人员：冯林林　孙　烨　郑晓欣　于搏海
　　　　　楼　诚　施勇涛　蒋国超　解明利
　　　　　黄　屹

武汉市碧苑花园东区海绵化改造

项目位置：武汉市青山区冶金大道38号
项目规模：3.56hm²
竣工时间：2017年12月

1 现状基本情况

1.1 项目概况

碧苑花园位于武汉市青山示范区"南干渠生态示范区"，始建于 2005 年。区域属于亚热带季风气候，地下水位高，社区主要存在雨污混接、局部渍水、雨水径流污染、景观品质较差等问题。

1.2 自然条件

1.2.1 气候

武汉属亚热带季风湿润区，年平均气温 15.8℃ ~17.5℃，极端最高气温 41.3℃，极端最低气温 –18.1℃。年平均相对湿度为 75.7%。

1.2.2 降雨

（1）降雨规律分析

据武汉市气象台 1951~2012 年资料统计，近 50 年来，武汉市年降雨量在 700~2100mm 之间波动。多年平均降水量在 1257mm 左右，最大降水量 2056.9mm（1954 年），最小降水量 726.7mm（1966 年）。其中 4~8 月降雨量约占全年的 65.8%，且降雨连续，1960 年至 2010 年，武汉市日降雨量超过 200mm 的有 11 次，降雨特点是降雨丰沛、梅雨期长，汛期暴雨频发且雨量大。

（2）设计降雨与年径流总量控制关系

分析武汉市近 30 年的降雨资料，得出武汉市日降雨量与年均累计降雨次数的关系曲线，并按住房和城乡建设部发布的技术指南所提供的统计分析方法，分析得到武汉市不同年径流控制率

年径流总量控制率与设计降雨量对应一览表

年径流总量控制率（%）	55	60	65	70	75	80	85
设计降雨量（mm）	14.9	17.6	20.8	24.5	29.2	35.2	43.3

现状总平面图

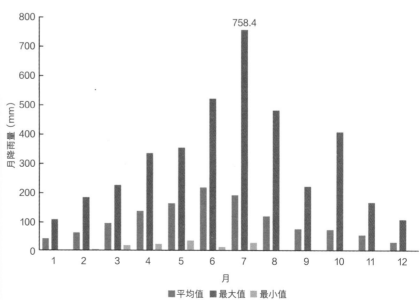

武汉市多年月降水统计

对应的设计日降雨量关系。当设计日降雨量达到43.3mm时，年径流总量控制率可以达到85%。

1.2.3 土壤条件

碧苑花园小区场地上层滞水静止水位在地面下0.7~1.7m之间，标高19.60~20.30m。该地区第四系全新统砂土层中承压水位年变化幅度在3.0~4.0m之间，标高16.0~19.5m。土壤自上而下分别为人工杂填土层、黏土层、粉质黏土层、黏土夹粉土粉砂层、粉砂夹粉土粉质黏土层、粉砂层。因场地内土壤结构中粉质黏土占比较大，故下渗性差。且地上层滞水静止水位较高，故小区局部溢水问题与土壤下渗无关联。

1.3 下垫面情况

社区现状建筑密度较大、绿化面积可观，黄土裸露严重，局部铺装破损，海绵改造空间较大、需求强烈。

1.4 竖向条件与管网情况

1.4.1 竖向条件

社区高程北高南低，中部高两侧稍低，整体较平。南侧是小区围墙，社区雨水主要通过雨水管网排出，无外部客水汇入。

1.4.2 管网情况

（1）雨污分流情况：社区内部设计采用雨污分流制排水，但现状雨水管、污水管部分区域存在混接现象；

（2）雨水管网情况：小区西侧缺乏雨水干管，其他区域雨水管网基本完善，整体流向沿小区内部道路由北向南汇入市政主干管；

（3）污水管网情况：小区污水管网基本完善，局部与雨水管网存在混接现象。

2 问题与需求分析

（1）削减污染需求：由于区域雨污水管网混接，社区汇水区域存在一定的面源污染。需进行管网混错接改造及下垫面改造，截留点源污染，

碧苑花园现状下垫面统计表

下垫面类型	现状面积（m²）	面积占比（%）	年均雨量径流系数
硬质屋面	10115	28.37	0.80
不透水混凝土或沥青路面	8410	23.60	0.80
硬质铺装	5930	16.63	0.50
无地下建筑的绿地	11193	31.40	0.12
合计	35648	100	0.54

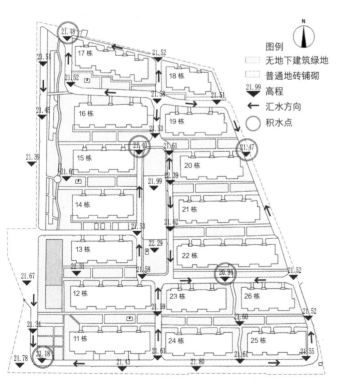

现状场地竖向图

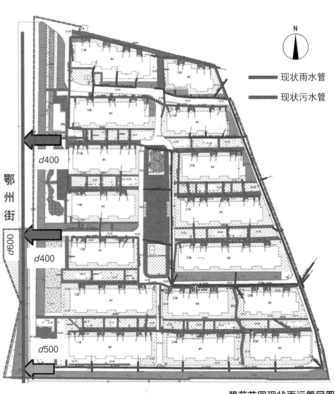

碧苑花园现状雨污管网图

消减径流污染;

(2) 消除渍涝点需求:由于排水设施布局不合理、排水干管口径小且破损严重,社区积水点多,内涝频繁。需采用源头减排、管网提标及地表有组织排水相结合的措施,消除渍涝点;

碧苑花园现状"海绵性"评估表

工程名称	水生态	水环境	水资源	水安全
	现状年径流总量控制率	现状面源污染控制率	现状雨水资源利用率	雨水管网重现期
碧苑花园东区	43%	28.6%	0%	2 年

碧苑花园海绵城市建设目标

类别	水生态	水环境		水安全		
指标	年径流总量控制率	面源污染削减率	污水收集率	雨水管网重现期	内涝防治标准	峰值径流系数
目标	70%	50%	100%	3 年	50 年一遇	0.6

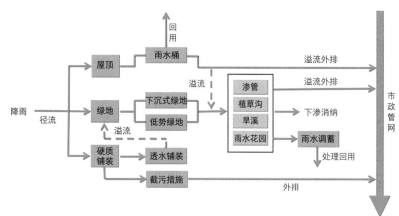

雨水径流控制流程图

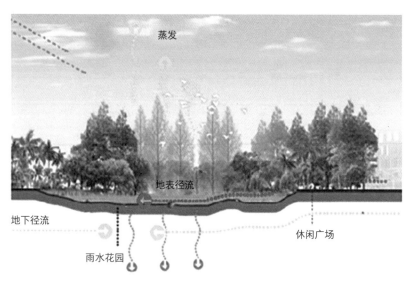

雨水组织图

(3) 改善环境需求:社区现状景观品质较差,部分黄土裸露,功能区划混乱,有全面优化社区格局、改善生活环境、提升景观品质的需求。

3 海绵城市绿地建设目标与指标

根据《武汉市海绵城市建设青山示范区年径流总量控制规划》,该项目所在街区最终年径流总量控制率目标为 70%,对应降雨量 24.5mm,结合工程实际确定详细设计目标。

4 海绵城市绿地建设工程设计

4.1 设计流程

该海绵改造工程采用地面与地下改造相结合的方式,以问题为导向,因地制宜,充分征求社区居民意见,结合社区实际情况,总体方案按照"海绵城市"的技术思路及目标进行打造,具体工程技术将体现"渗、滞、蓄、净、用、排"的措施,努力打造既符合海绵城市建设需求,同时又能与周边城市居住和生活环境相协调的工程。

(1) 针对雨污水混错接的问题,设计严格按照雨污分流的原则,拆除局部错接管线,分别新建雨、污水管,形成满足设计标准的完整的、独立的雨水、污水排放系统。新增的海绵设施将结合雨水管改造和景观工程因地制宜设置;

(2) 针对因车位较少造成乱停车、大量占用绿化的问题,利用现有机动车道,合理布置停车位。停车位设计采用生态停车位,植草砖铺装,达到海绵效果;

(3) 针对现状景观问题,设计将提升整体绿化,对部分绿化进行补栽。建设雨水花园、下沉式绿地等,丰富植被种类;

(4) 针对现有功能格局,设计将重新考虑硬质空间与绿化空间的关系,为居民日常生活提供便利;

(5) 小区现状地形较平坦,由于场地内有多栋建筑,因此不宜对现有标高进行大范围的调整,竖向设计主要以满足地表排水要求为主。

屋面降雨径流污染主要通过雨水桶、雨水花园、下沉式绿地等方式进行"渗、滞、蓄",多余雨水排入市政管网;将硬质铺装改为透水铺装。中小雨时,雨水下渗补充地下水或经碎石层的渗管排入市政管网，大雨时多余雨水溢流至雨水花园或下沉式绿地，经下渗消纳，多余雨水溢流外排至市政管网。道路雨水通过环保雨水口截污净化后外排入市政管网。

4.2 总体布局

结合现状竖向、通过地形微调，合理设计海绵设施与既有地形、管线的高程关系，保证海绵设施功能的有效性。通过场地局部提升和重点特色景观地打造，形成生态海绵小区。

4.3 竖向设计与汇水分区

4.3.1 竖向设计

适当调整地形，使硬质区域雨水径流能够重力汇入绿色海绵设施，经水生植物、土壤吸附等作用净化。

4.3.2 汇水分区划分

按照地形、高程和现状雨水管道的走向分成5个主要汇水分区，总计汇水面积3.57m²。1~5汇水分区面积依次为：1汇水分区0.36hm²、2汇水分区0.70hm²、3汇水分区1.04hm²、4汇水分区0.82hm²、5汇水分区0.65hm²。

4.3.3 径流控制量计算

根据碧苑花园东区设计下垫面类型和规模（屋面、路面、硬质铺装、绿地、水面），参照《海绵城市建设——低影响开发雨水系统构建指南（试行)》中相关雨量径流系数参考值，结合项目特征，采用加权平均法计算碧苑花园东区综合雨量径流系数为0.48，按照容积法计算，碧苑花园东区设计总径流控制量须不小于419.8m³。

（1）分区径流控制量计算——以2号汇水分区为例

根据碧苑花园东区2号汇水分区下垫面情况，

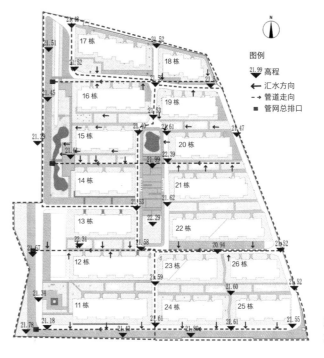

竖向高程及汇水方向图

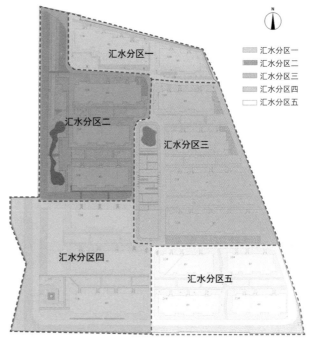

汇水分区划分示意

设计场均综合雨量径流系数计算表

下垫面类型	设计面积（m²）	面积占比（%）	场均雨量径流系数	设计场均综合雨量径流系数
硬质屋面	10115	28.37	0.9	0.48
不透水混凝土或沥青路面	4504	12.63	0.9	
透水砖铺装	9041	25.36	0.25	
无地下建筑的绿地	11988	33.63	0.15	
合计	35648			

2号子汇水分区径流控制量计算

下垫面类型	改造后面积（m²）	场均雨量径流系数
硬质屋面	2150	0.9
透水混凝土或沥青路面	405	0.6
植草砖铺装	1205	0.08
透水砖铺装	1420	0.25
绿地	1845	0.15
合计	7025	0.41

注：雨量径流系数取值参考《海绵城市建设——低影响开发雨水系统技术指南（试行)》。

2 号子汇水分区海绵雨水设施径流控制量计算

设施类型	面积 A (m²)	设计参数	设施径流控制量 V_x	
			算法	(m³)
雨水花园	557	平均蓄水高度 0.25m	$V_x = A \times$ 地表平均蓄水深度	144

碧苑花园各子汇水分区达标水文计算

序号	汇水分区	面积 A (hm²)	需求径流控制量 (m³)	设施径流控制量 V_s (m³)	分区年径流总量径流控制率（%）
1	1 号子汇水分区	0.36	46.6	32.1	64.2
2	2 号子汇水分区	0.70	70.3	144	87.7
3	3 号子汇水分区	1.04	115	76	56.8
4	4 号子汇水分区	0.82	100.6	65	58.8
5	5 号子汇水分区	0.65	87.4	61.2	61.8
	合计	3.57	419.8	378.3	64.9

按容积法计算 2 号子汇水分区所需径流控制量，径流量为 70.3m³。

碧苑花园东区 2 号子汇水分区内采用的透水铺装、雨水花园等设施组合的总径流控制量经计算可达 144m³，大于所需径流控制量 70.3m³ 要求。

（2）总径流控制量计算

按照上述方法，详细计算 5 个子汇水分区的设计径流控制量和设施径流控制量，其中 2 号子

汇水分区设施总径流控制量能满足分区径流控制量需求，1 号、3 号、4 号、5 号子汇水分区设施总径流控制量距离分区径流控制量达标有一定差距。经核算，碧苑花园东区改造后实际总径流控制量 378.3m³，整个小区年径流总量控制率为 64.9%。小区年径流总量控制率未达到 70% 的指标要求，主要原因是小区为老旧小区，居民对于停车、休闲等多中需求，原设计中在 1 号、3 号、4 号、5 号子汇水分区中均考虑雨水花园的建设，但考虑居民意见、停车需求及管理维护等因素，后期实施取消部分雨水花园的建设，造成 1 号、3 号、4 号、5 号子汇水分区年径流总量控制率无法达标。

4.3.4 设施选择与径流组织路径

考虑对下游水体及入江流域的保护，该工程主要采用控污排涝设施，因地制宜采用绿色、灰色相结合的措施，以达到设计目标。以陆地坡向水体汇流、水体循环自净、旱补以及超标外排构成水体景观系统，结合给水排水管网对湖泊全面截污，因此选用的主要措施有：台地、雨水花园、透水铺装、透水园路等。

在汇水分区 2、3 分别设置雨水花园，有效收集道路、屋顶雨水；通过竖向的调整，使路面、硬化铺装的雨水以地表径流的形式排入透水铺装；

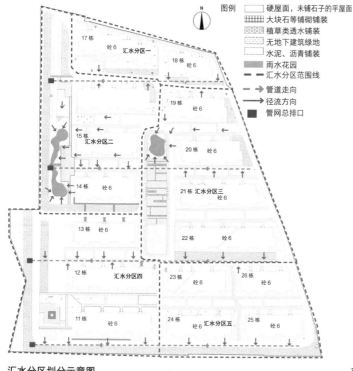

汇水分区划分示意图

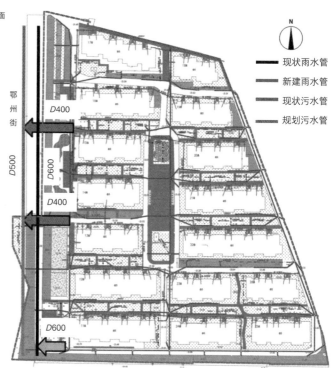

雨污管网改造布局图

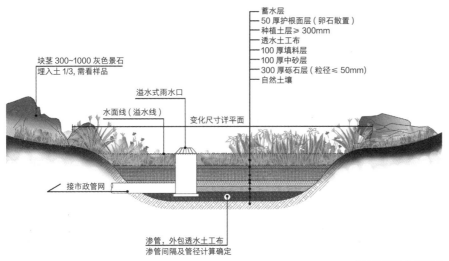

雨水花园结构示意图

雨水花园植物配置示意图

图中标注：
- 块茎 300~1000 灰色景石 埋入土 1/3，需看样品
- 溢水式雨水口
- 水面线（溢水线）
- 变化尺寸详平面
- 接市政管网
- 渗管，外包透水土工布 渗管间隔及管径计算确定

- 蓄水层
- 50 厚护根面层（卵石散置）
- 种植土层 ≥ 300mm
- 透水土工布
- 100 厚填料层
- 100 厚中砂层
- 300 厚砾石层（粒径 ≤ 50mm）
- 自然土壤

雨水花园底部采用渗管收集下渗雨水，溢流口收集超出设计降雨量的雨水，下渗雨水及溢流雨水均汇入社区雨水管。

考虑到青山区地下水位较高，土壤渗透性一般，并根据现场情况，在下凹式绿地、透水铺装、植草沟等设置盲渗管，提升海绵设施的透水及排水效果，在区域末端将盲渗管接入雨水管网。

4.4 管网体系设计

4.4.1 雨污分流改造

通过雨污管网改造，彻底解决雨污合流问题，按重现期 $P=3$ 年提标改造雨水管网及收集系统，为地面海绵设施建设配套排水体系，接入雨水管网。对小区现状保留的管道、化粪池、各类井进行清淤，确保排水的通畅性。

4.4.2 给水管网

本项目为老旧小区改造，未设计绿化浇灌和道路浇洒给水系统。

4.5 土壤改良与植物选择

4.5.1 土壤改良

地形塑造的绿化栽植土壤有效土层厚度不得少于 1000mm。若现有栽植土厚度仅为 500mm，高大乔木种植穴内表层 500mm 土壤保留，下层 500mm 换土，确保栽植土厚度达到 1000mm；其他苗木种植区域树穴内表层 500mm 土壤保留，对下层 500mm 的土壤进行土壤改良，确保栽植土壤有效土层达到 1000mm。种植干径 200cm 以上的乔木，其有效土层厚度要达到 1800mm 以上。

土壤渗透性要求：海绵改造工程内应局部换土或改良土壤以增强土壤渗透性能，避免植物受到长时间浸泡而影响正常生长，影响景观效果。依据最终检测的土壤 pH 值进行土壤改良，其土壤改良成分比为砂：肥（泥炭土）：土 =1：1：4。

4.5.2 典型设施结构与植物配置

雨水花园：自上而下包括蓄水层、树皮、种植土、透水土工布、砾石层、穿孔排水管，总面积 425m²，雨水花园高程低于周边地面，部分雨水通过植草沟有效传输，整体汇流其中。设置溢流口将超出设计降雨量的雨水排至社区管网，做法如上图。

植物选择：千屈菜、水生美人蕉、黄菖蒲、花叶芦竹、常绿水生鸢尾、旱伞草、蒲苇、水葱等。

5 建设效果评价

5.1 工程造价

该工程包含雨污水改造提升工程、下垫面改造及地下调蓄工程，总费用约 721.12 万元。

工程造价一览表

工程或费用名称	建筑工程（万元）	其他费用（万元）	合计（万元）
碧苑花园东区	—	—	721.12
土方工程	14.07	—	14.07
园建工程	313.09	—	313.09
绿化工程	187.50	—	187.50
雨污水排水工程	15.46	—	15.46
交通疏导费	—	10.00	10.00
其他（3%）	—	21.00	21.00

碧苑花改造前后对比

5.2 效果评估

碧苑花园改造项目如期完工并达到海绵城市建设要求后，海绵建设 PPP 项目公司同小区物业建立"红色物业"，社区整体居住环境有较大提升，得到社区居民及周边群众的认可，对推广海绵城市发展具有良好的示范作用。

6 海绵城市绿地维护管理

6.1 海绵城市绿地维护管养机制

6.1.1 管理机构

碧苑花园海绵改造工程项目为武汉市青山示范区海绵城市（南干渠片区）建设 PPP 项目的子项目之一，采用实施建设、维护、运营一体化机制。该项目竣工验收后，由武汉武钢海绵城市建设项目投资有限公司全面负责运营维护，运维部分包括透水铺装、雨水花园、下凹绿地、植草沟（含植被缓冲带）、常规绿化改造、游乐设施（含健身器材）、常规路缘石（含传统铺装）、雨污水管道、雨水桶及其他附属设施的维护。

本文中下凹绿地是指低于周边场地100mm则容易造成行人践踏的绿地，在管理实践中，部分区域采用增设绿带隔离栏杆解决。同时为避免湿生植物及水域蚊蝇的滋生，管理方减少了耐水植物的栽植，同时增加栽植观景效果与适应性较强的花灌木，提升碧苑小区的环境品质。

6.1.2 管养费用

该工程绿地维护管理费用依据《武汉市城市园林绿化养护管理标准定额（试行）》武园法[2013]53号文的规定，结合投标报价得出。根据项目特点，本项目绿化补栽量每年2次（每年2~3月和10~11月），补栽率为3%，绿化补栽工程造价为300元/m²，总计18878m²，共计16.99万元/a。

碧苑海绵改造前后相关指标对照表

评估项目	现状（%）	目标（%）	改造后（%）	达标率（%）
年径流总量控制率	43	70	64.9	—
污染物削减（以TSS计，%）	28.1	50	50.8	100
峰值径流系数	0.7	≤ 0.6	0.55	100
排水防涝标准	—	50 年一遇	50 年一遇	100
雨水管网暴雨重现期（a）	P < 2	P =3~5	P =3	100

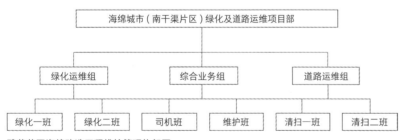

碧苑花园海绵改造工程维护管理构架图

绿地维护管养费用及金额

绿地类型	绿地面积（m²）	单价 [元/（m²·a）]	总价（元）	总面积（m²）	结算价 [元/（m²·a）]	总价（元）
雨水花园	588	21	12348	18878	15	283170
植草沟	340	15	5100			
下凹绿地	3371	15	50565			
植草砖	1163	12	13956			
普通绿地	13416	15	201240			

6.2 海绵城市绿地维护要点

6.2.1 植物养护

本工程养护等级为二级，养护周期1年（3个月保活期，12个月保存期）。如在天气炎热情况下施工，需对新栽植物采取遮荫、洒水等降温和补水措施，以保证移栽成活率。苗木移栽成活后，应采取适当除虫、追肥、喷药等措施，以保证苗木生长旺盛。除虫杀虫剂须符合国家和地方规定要求。

6.2.2 土壤养护

每季度巡视一次，为长势不良的植株部分土壤施肥，确保土壤无旱情，确保植物根系周围土壤疏松，无渍水，定期松土，除草；每年一次更换表层种植土壤，厚度不小于30cm。

6.3 典型雨水设施维护

6.3.1 植草沟

植草沟需要按规保洁，清除草沟内的垃圾与杂物，并根据植被品种定期修剪，修剪高度保持在设计范围内，修剪的草屑应及时清理。杂草宜手动清除，不宜使用除草剂和杀虫剂。旱季按植被生长要求进行浇灌。定期检查暴雨冲刷侵蚀情况以及典型断面、纵向坡度的均匀性，修复植草沟底部被明显冲蚀的土壤，修复工作需要符合植草沟的原始设计。当植草沟产生淤积，过水断面减少25%或影响景观时，应进行清淤。定期检查植草沟进水口（开孔立缘石，管道等）以及出水口是否有侵蚀或堵塞，如有需要应及时处理。

6.3.2 雨水花园

雨水花园建设初期，需定期测量土壤、修剪枝条、清理沉积物和废弃物等。后期维护需定期或在雨后检查雨水花园入水口与排水通道，以保证入水口和排水通道畅通无堵塞。由于雨水花园具有在枯水期与丰沛降水时需适量蓄水和过滤的特性，因此在植物的选择方面，要选用长势良好具有耐旱能力与一定时期的耐涝能力的本地植物，在花园地势较低的位置种植耐涝植物。覆盖层使用50~80mm树皮或松针，可以控制杂草，减少草根与树和植物根的竞争，改善土壤透气性差的情况。定期监测雨水花园土壤情况，并制定、实施土壤改良方案，以便为植物的生长创造良好的土壤环境。

6.3.3 下凹绿地

根据植物特性及设计要求每季度巡视1次，根据巡视结果确定补种植物；对存在病虫害及长势不良的植物，应找出原因，根据情况确定是否移除补植或采取修剪病残枝，促进其长势恢复的养护措施。

6.3.4 植草砖

按照每季度巡视的结果，修剪和补种嵌草砖内的植草。

设计单位：武汉市园林建筑规划设计研究院有限
　　　　　公司、武汉市水务科学研究院
管理单位：青山区海绵办
建设单位：武汉武钢海绵城市建设项目投资有限
　　　　　责任公司
编写人员：李洁敏　杨念东　刘凯敏　成　刚
　　　　　李　敏　张晓辉　曹利勇　徐隆辉
　　　　　庄　伟　李良钰

南宁市政协办公区海绵化建设工程

项目位置：南宁市青秀区滨湖路50号南宁市政协办公区
项目规模：南宁市政协办公区总用地面积约1.35hm²
竣工时间：2017年6月

1 现状基本情况

1.1 项目概况

南宁市政协办公区位于南宁市滨湖路50号、滨湖路东侧，总面积约1.35hm²。市政协办公区始建于1998年，办公区内场地硬化面积较大，现状绿化率为17.40%，主要由综合办公楼、多功能办公楼、食堂、宿舍楼组成。根据海绵城市建设分区要求，该项目位于南宁市海绵城市试点区——合流制溢流污染控制与初期雨水污染防治示范区。

1.2 自然条件

项目建设所在地属于邕江阶地，项目场地毗邻南湖水系，南湖水域面积107hm²，调蓄容积214万m³，常水位70.3m。

1.2.1 土壤

南宁海绵城市试点区现状土壤渗透系数值见下表。

试点区现状地表土壤以人工填土为主，整体渗透性尚可。其中人工填土、含砾（砂卵石、碎石）黏土和砂砾石土类属中等透水性，可以布置渗透性海绵设施；黏性土类和风化基岩渗透性能较差。根据场地地质勘查报告，本工程建设区域下

部土层多包含压实土层、素填土层以及黏土层（埋深7.0m）以内。素填土及压实土层（杂填土）的土壤渗透性中等，黏土层透水能力较差，不利于雨水自然下渗，在进行海绵城市建设时，需进行换填处理。

1.2.2 地下水

试点区内地下水水位埋深较深，地下水位变化幅度较大。监测调查表明，试点区地下水位近年来总体呈缓慢下降趋势，2002年地下水平均水位为69.05m，至2014年平均地下水位降至67.88m。其成因与降雨入渗补给减少密不可分，因此有必要采用"渗"等措施补充地下水。同时，地下水位随季节变化较大，汛期降水量大，地下水埋深浅，汛期地下水埋深2~5m，对于雨水源头减排措施采取渗、滞技术影响较大，非汛期降雨量较小，地下水位埋深相对较大，非汛期地下水埋深5~10m。

1.2.3 降雨特征

根据南宁1980—2014年降雨量数据，示范区35年平均降雨量为1302.5mm，其中最大降雨量为1987.5mm（2001年），最小降雨量为827.9mm（1989年），降雨量年际变化大。雨季（4~10月）多年平均降雨量1064.1mm，占多年

试点区土壤渗透系数一览表

土壤类别	土壤名称	渗透系数建议值（cm/s）
人工填土	素填土	7.69×10^{-5}
	杂填土	1.41×10^{-4}
黏性土类	黏土	6.93×10^{-6}
	含砾（砂卵石、碎石）黏土	3.13×10^{-4}
砂砾石土类	砂土、砾石（卵石、碎石）土类	6.06×10^{-4}
第三系风化基岩	全风化泥岩、全风化粉质泥岩、全风化泥质粉砂岩、全风化泥质砂岩	1.38×10^{-6}

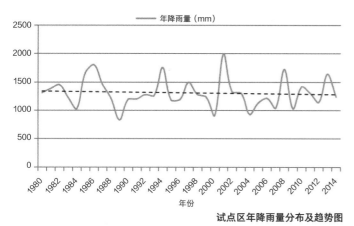

试点区年降雨量分布及趋势图

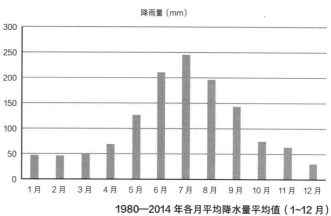

1980—2014 年各月平均降水量平均值（1~12 月）

年平均降雨量的 81.7%，旱季（11~3 月）多年平均降雨量 238.4mm，占多年年平均降雨量的 18.3%。6~8 月常出现短时强降雨，造成城区局部积水。前汛期（4~6 月）雨水迅速增加，多暴雨天气，后汛期（7~9 月）降雨量大。

1.3 下垫面情况

南宁市政协办公区现状场地建筑密度 22.10%，场地内道路、办公楼中庭及屋面均为大理石及瓷砖贴面，硬化率高，雨水无法渗透，且场地道路铺装破损严重，局部出现下凹的情况，易造成积水。场地内环形通道与围墙之间设置有绿化带，存在黄土裸露现象，东南侧有一处约 900m² 花园，植物种植密度大。

场地初始下垫面径流系数计算如下表所示。

1.4 竖向条件与管网情况

1.4.1 场地竖向条件

南宁市政协办公区内地势较为平坦，高程变化小，地形坡度小，地面标高为 99.64~102.52m，海绵改造条件较好。

1.4.2 雨污水管网情况

（1）雨污分流情况：南宁市政协办公区排水体制为雨污分流制，场地排水系统完善。

（2）雨水管网情况：政协办公区现有 1 处雨水外排口，场地内雨水通过雨水管汇集后排入滨湖路市政雨水管，末端管径为 DN400。

（3）污水管网情况：政协办公区内现有 2 处污水外排口，场地内污水通过污水管收集后排入嘉宾路南一里及滨湖路的市政污水管网中，末端管径 DN200~DN300。

2 问题分析

2.1 排水不畅，存在积水点

场地内硬化地面为不透水铺装，铺装使用年限较长，路面出现部分开裂下沉的情况，导致降雨时场地内部分区域积水；办公区现状绿地主要为花园及道路边绿化带，单块面积小、数量多、

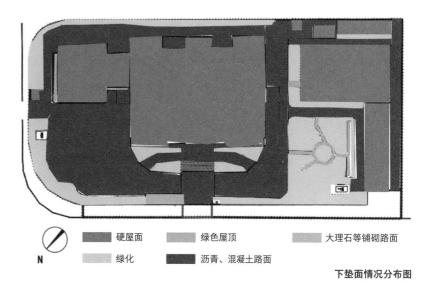

N

	硬屋面		绿色屋顶		大理石等铺砌路面
	绿化		沥青、混凝土路面		

下垫面情况分布图

雨水径流系数计算表

汇水面积种类	设计汇水类型	设计取值	项目实际面积（m²）	计算径流面积（m²）
硬屋面	硬屋面	0.90	4558.17	4102.35
沥青、混凝土路面	硬化路面	0.90	6527.75	5874.98
大理石等铺砌路面	场地铺装	0.80	91.52	73.22
绿色屋顶	绿色屋顶	0.30	68.92	20.68
绿地	绿地	0.15	2216.16	332.42
总计			13462.52	10403.64

零散布置，且高出道路，造成雨水难以进入绿地，不利于道路雨水径流的消纳。

2.2 雨水径流污染严重

办公区内无雨水断接及收集措施，屋面及路面雨水直接由场地雨水管网收集后排入周边市政管网，初期雨水径流污染较大。

2.3 浇灌用水量大，雨水资源利用率低

场地内道路及绿化浇灌需求较大，无雨水循环利用，采用自来水浇灌，费用高不节水。

3 海绵城市绿地建设目标与指标

3.1 水安全目标

该工程海绵建设、设计与场地排水管网、南

宁市海绵城市相关规划紧密结合，结合南宁市政协办公区示范区所在的位置及周边海绵城市建设布局，发挥雨水径流管控，削减径流峰值的作用，提升办公区内原有排水设施的排水能力。通过对办公区内微地形的竖向改造并结合景观设计，确保了场地雨水安全溢流，对南湖流域的水安全起到积极作用。

3.2 水生态目标

以按《南宁市海绵城市规划设计导则》的相关要求，统筹考虑，确定将场地内70%的年径流总量全部在场地内消纳，尽可能减少场地外排雨水径流。

3.3 水环境目标

在项目建设区域内，通过海绵措施将雨水径

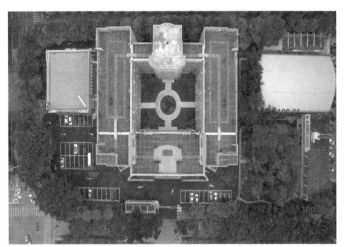

市政协办公区场地竖向高程示意图

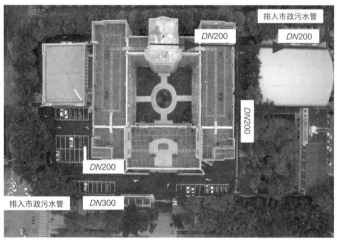

市政协办公区现状污水管示意图

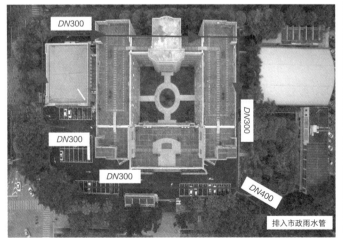

市政协办公区现状雨水管示意图

场地改造后竖向标高示意图

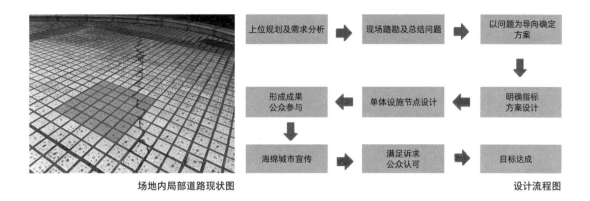

场地内局部道路现状图　　　　　　　　　　　　　　　　　设计流程图

流滞蓄、净化、回用、循环补给，构建场地水循环系统。

4 海绵城市绿地建设工程设计

4.1 设计流程

海绵改造设计采用地面与地下改造相结合的方式，以问题为导向，因地制宜，解决使用单位的诉求，确保达到海绵城市建设的目标和要求，鼓励公众参与，起到宣传海绵城市理念的效果。

4.2 总体布局

针对控源截污、生态修复两个方面进行重点建设，对办公区内的屋面雨水进行断接改造，并将原屋面改造为绿色屋顶，减少面源污染，充分发挥"海绵"优势。在地面建设办公休憩花园，将地下作为生态处理空间，对初期雨水起到生态处理的功效。

4.3 竖向设计与汇水分区

4.3.1 竖向设计与汇水分区

该工程竖向设计在尊重场地原始竖向标高的基础上，通过环形沥青道路铺设，对局部的低点进行修复、找坡，梳理并规划场地雨水流向，保证雨水有组织地汇流进入海绵设施进行消纳、下渗。

梳理场地现状标高情况及管网流向，场地雨水外排出口1处，位于场地南侧。因此场地为一个雨水汇水分区。

4.3.2 设施选择与径流组织路径

（1）海绵设施选择

根据现场踏勘，结合政协办公区情况，主要对内部排水管网、绿地、道路铺装等方面进行海绵化改造建设，主要采用的低影响开发措施有：绿色屋顶、生物滞留设施、透水铺装、植草沟、雨水回收利用池等。

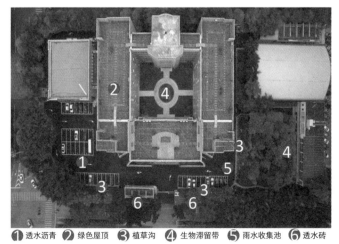

① 透水沥青　② 绿色屋顶　③ 植草沟　④ 生物滞留带　⑤ 雨水收集池　⑥ 透水砖

海绵措施总平面布置图

由于场地内只有1处雨水排出口。
汇水面积1：13462.52m²

排入市政雨水管

场地汇水分区示意图

（2）径流组织路径

人行道、停车场、透水铺装、屋面雨水和透水路面的雨水径流通过低影响开发设施净化、滞蓄、下渗补充地下水，超标雨水溢流到小区雨水管网。该工程将雨水调蓄池设置于场地管网末端，管道内的雨水优先进入雨水收集利用池，经过雨水收集利用池提升净化用于场地绿化浇洒、道路冲洗等；超出雨水调蓄池容积的其他雨水溢流进入市政雨水管网；降雨初期前 2mm 的初期雨水经过弃流设施弃流后排入小区污水管网。

4.3.3 径流控制率计算

办公区经海绵改造后，办公区综合径流系数

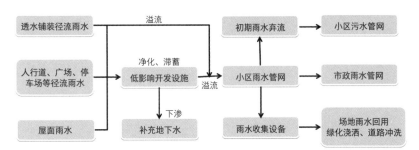

主要技术路线图

已由改造前 0.77 减小至 0.47。根据《海绵城市建设技术指南》与《南宁市海绵城市规划设计导则》的要求，在满足改建项目径流总量控制率为 70% 的情况下，对应设计降雨量为 22.70mm，项目范围内的雨水调蓄量为 142.32m³。

经过海绵改造后，海绵措施调蓄总量为 185m³，通过计算可得控制的降雨量为 28.90mm，按照《南宁市海绵城市规划设计导则》中平均径流总量控制率与设计降雨量对应关系曲线图，得到海绵改造后雨水径流量控制率约为 76.06%，满足雨水控制要求。

4.3.4 径流污染物削减率计算

根据《南宁市海绵城市规划设计导则》中对不同污染物去除率的要求，结合该项目涉及的低影响开发措施占比，进行加权平均计算，得到项目的径流污染物削减率。该工程污染物削减率为 66.81% ＞ 50%，满足建设指标要求。

4.4 土壤改良与植物选择

4.4.1 土壤改良

绿化栽植或播种前应化验分析土壤理化性质，采取相应的土壤改良、施肥和置换客土等措施，以满足园林土壤植物生长所需要的水、肥条件。栽植土壤严禁使用含建筑垃圾和有害成分的土壤，除特殊隔离地带，绿化栽植土壤有效土层下不得有非透水层。

栽植土应见证取样，经有资质的检测单位检测并在栽植前取得符合要求的测试结果。依据最终检测土壤的 pH 值进行土壤改良，其土壤改良份比初步定为：砂∶肥（泥炭土）∶土 =1∶1∶4。栽植喜酸性植物的土壤，pH 值必须控制在 5.0~6.5，无石灰反应。对于需要换土的，土壤一

改造后目标径流量计算表

编号	下垫面类型	设计取值	项目实际面积（m²）	计算径流面积（m²）	径流系数	目标径流量（m³）
1	硬屋面	0.9	2829.17	2546.25	0.9	57.55
2	硬化路面	0.9	1744.55	1570.1	0.9	35.48
3	花园卵石步道	0.8	91.52	73.22	0.8	1.65
4	绿化	0.15	2216.16	332.42	0.15	7.51
5	绿色屋面	0.3	1797.92	539.38	0.3	12.19
6	透水沥青	0.25	3974	993.5	0.25	22.45
7	透水铺砖	0.3	809	242.7	0.3	5.49
8	合计	—	13462.52	6297.6	0.47	142.32

污染物去除率计算表

编号	单项设施	汇水面积 S_i（m²）	设施汇水面积占比 $S_i/\Sigma S_i$	设施污染物去除率 η_i（以 SS 计）	设施污染物去除率与总污染物去除率的占比	污染物平均去除率 η（%）	雨水径流控制率（%）	年径流污染削减率（%）
1	透水沥青	3974	0.51	0.9	0.46			
2	生物滞留带	150	0.01	0.9	0.008			
3	植草沟	90	0.01	0.8	0.007			
4	雨水回收利用池	1257.1	0.16	0.9	0.147	88	76.06	66.81
5	绿色屋顶	1797.92	0.21	0.8	0.167			
6	透水砖	809	0.1	0.9	0.095			
7	合计	—	1	—	0.88			

般采用 85% 的洗过的粗砂，10% 左右的细砂，有机物 5%，土壤的 $D50$ 不宜 <0.45mm，磷的浓度宜为 10~30ppm，渗透能力 <2.5cm/h。

酸碱性改良：首先测定土壤的酸碱度（pH 值），通常中型和微酸性（pH6~7）的土壤有利于植物生长，如测定后发现偏碱（pH7.5 以上），最常用方法是施用硫酸铅，要使 pH 值 7.5 降到 pH6.5，可增施硫酸铅 1~2kg/100m²，或者施用硫酸亚铁，使用量亦为 1~2kg/100m²，用硫磺粉或可湿性硫磺粉降低土壤的含碱成分。

硫磺粉施用量表

pH 值降至	施用量 (kg/m²)	pH 值界限	施用量 (kg/m²)
从 8.0 降至 6.5	1.5~2.0	从 7.5 降至 6.0	2.0~3.0
从 8.0 降至 6.0	2.0~3.0	从 7.0 降至 6.0	1.0~2.0
从 7.5 降至 6.5	1.0~1.5	从 7.0 降至 5.5	2.0~3.0

碱性土质常使用矾肥水来改善，配方是：黑矾（硫酸亚铁）4~6kg，豆饼 10~12kg，人粪尿 20~30kg，水 400~500kg，混合后置于阳光下暴晒 20d，充分腐熟后，稀释后施入碱性土层中，能迅速降低 pH 值。

施有机肥：现场土壤土层较浅薄、贫瘠肥力差、疏松、透水效果差，增施有机肥做底肥，结合机械深耕改善土壤状况，增加土壤微生物多样性，改善土壤的肥力、疏松透水能力。有机肥料种类很多，主要有人畜尿、厩肥、堆肥、绿肥、饼肥、泥土肥、糟渣肥、腐肥（必须充分腐熟）。深耕深度 30~35cm，有机肥施入量控制在每亩 5~7m³。

掺沙：掺沙是为了更好的增加土壤的透水、透气性，防止植物根部发生烧根霉烂现象。结合施有机肥，深耕时一起施入，沙掺入量为每亩 2~3m³。

穴土置换：对于深根性树种，栽植树坑适当放大，更换种植土，追加底肥、保水剂和生根粉，增强树木的生根发芽能力。

（1）屋顶绿化

屋顶绿化栽植土容重按 20kN/m³，厚度按单项工程设计。植草盒内栽植土壤配比为泥炭：糠椰：泥土 =2：1：1。栽植土宜进行消毒，容器栽植土应经消毒后方可栽植。

（2）地面绿化

种植土层为植物根系吸附以及微生物降解碳

氢化合物、金属离子、营养物和其他污染物提供了一个很好的场所，有较好的过滤和吸附作用。一般选用渗透系数较大的砂壤土。

①生物滞留设施及雨水花园

采用砂壤土为宜，黏土、淤泥土、泥质黄土可局部换土改善渗透系数。

②下凹绿地

各类砂土、砂壤土、砂质黄土较宜（渗透系数 $k~1 \times 10^{-6}$m/s）。一般土壤条件对植草沟均适用，砂性土壤可在植草沟表层铺设草毯或在进出口堆置卵石减小冲蚀。

4.4.2 低影响开发设施构造及植物选择

（1）生物滞留带

将花园绿地中地势较低且现状乔木较少的地方改造成生物滞留带，下凹深度为 0.5m，可滞留道路、绿地等雨水径流；在综合楼中庭新增绿地中设计生物滞留设施。生物滞留带的植物，优先选择乡土植物。该项目以片植地被搭配点植乔灌木的种植形式，主要种植毛杜鹃、红花檵木、鸢尾、棕竹、肾蕨、秋枫、大王椰、花石榴等植物。生物滞留带工程改造面积为 150m²。

（2）绿色屋顶

将综合楼屋面改造成绿色屋顶，绿色屋顶工程改造面积 1797.92m²。该项目经过对原有综合楼屋面荷载的校核，得出现状屋面活荷载不得大于 1.5kN/m²，恒荷载不得大于 4.3kN/m² 的结论。

改造后生物滞留带

根据屋面荷载要求，本次绿色屋顶设计采用轻质绿色屋顶做法，选用植草盒铺设屋面，植草盒重量为37.5kg/m²，植草盒内填种植土，栽植佛甲草。能在现有屋面隔热层上加铺防水层及防水保护层，再铺设佛甲草植草盒，同时在佛甲草之间设置行走通道，便于屋顶绿化的维护。屋顶植被灌溉利用原设计中的屋面预留绿化用水口，采用人工浇灌，并且将调蓄池收集雨水回用至屋面进行植被浇灌。由于屋顶夏季气温高，土层薄因而植物选择耐旱的佛甲草，既达到覆绿要求，又便于后期管理。

（3）植草沟

将道路旁绿化带部分改造为植草沟，植草沟宽度为0.8m，下凹深度为0.3m，植草沟工程改造面积90m²。道路雨水通过开孔路缘石首先汇入植草沟内，雨水经过植草沟内的传输、过滤、渗透、净化，超量雨水由溢流雨水口排放至附近道路雨水管道。植草沟需选择耐水淹、耐旱等抗逆性强且根系发达的地被植物。该项目选择马尼拉草，在符合要求的同时，还具有低成本、低维护的优势。

（4）透水沥青

将现状铺装道路改造成透水沥青道路，透水沥青建设总规模为3974m²。透水沥青道路平面、纵断面、横断面均以现状道路为基底进行改

造，现状混凝土道路加铺透水沥青结构层从上而下分别为：5cm透水混凝土、SBR改性乳化沥青粘油层、防渗土工布、2cm橡胶沥青应力吸收层、SBR改性乳化沥青粘油层、溶剂型防水粘结剂。

（5）雨水回用系统

在各雨水排水管末端，增加雨水收集利用池，雨水收集利用池容积80m³，收集管网中雨水，雨水经一体化处理设备处理后，回用于道路浇洒、绿化浇灌及冲洗车辆，容积按照三天雨水回用量进行设计。

（6）人行道透水砖

将政协办公区（滨湖路侧）的人行道铺装改造为透水铺砖，人行道透水砖改造面积为809m²，解决由于入门通道铺砖老化破损导致的积水问题。设计选用透水性能良好、结构强度较大红色透水铺砖，与政协办公区整体景观相互协调搭配，并满足市政道路人行道铺装色彩要求。

5 建成效果评价

5.1 工程造价

该工程建设总投资约为760万元。

5.2 建成效果

经过海绵提升工程建设，较好地解决了场地内积水问题，有效地控制了外排至周边市政雨水管网的雨水量。建成后的市政协办公区获得了使用单位和各政府部门的一致好评。

5.3 效益分析

根据《南宁市海绵城市规划设计导则》及南宁市气象降雨资料。估算每年雨水收集罐收集的雨水为：1298/33.9×60=2297.35m³。因雨水回收利用每年节约的自来水水量为2297.35m³，不考虑折旧费用，雨水收集处理回收运营成本为每立方约0.8元，南宁市绿化用水自来水费用平均约2.72元/m³，则本项目每年节约自来水2297.35m³，节约水费（2.72-0.8）×2297.35m³=4410.90元。

因源头雨水径流控制，提高了市政雨水管道系统排水能力；同时因面源污染被控制降低了污水处理厂处理负荷；海绵改造对该项目范围内的环境微循环、减轻热岛效应都产生了良好效益。

(a) 改造前　　　　　　　　(b) 改造后

屋顶改造前后对比图

(a) 提升前　　　　　　　　(b) 提升后

办公楼中庭海绵化提升前后对比图

6 海绵城市绿地维护管理

6.1 海绵城市绿地维护管养机制

6.1.1 管理机构

项目竣工期满一年后，移交南宁市政协后勤部进行维护管理，设计单位针对该项目编制的《低影响开发雨水施设运行维护管理手册》可为维护单位提供维护指导。

6.1.2 管养费用

南宁市政协每年有维修经费的预算，其中包括海绵设施维护专项费用，如更换死亡植株、植被修剪、水体保洁等。

6.2 信息化管理与监测

6.2.1 监测站信息化管理平台

由于海绵措施监测站点众多，多为无人值守，且因区位偏僻短时间内难以到达，运维人员可通过物联网平台对各站点设备运行状态、数据等进行远程实时监控，并在站点发生故障和需要升级维护时，提供远程故障定位和帮助。站点集成了RTU模块，能够对站点传感器、供备电系统的状态、性能、告警以及站点环境信息进行信息采集和处理，并上传至物联网平台。

6.2.2 监测站点的运行和维护

为了保障在线监测数据的准确性与有效性，需要对在线监测设备进行定期的现场维护，设备现场维护的具体工作包括探头清洗、耗材提供与更换、配品配件更换等。

（1）设备杂物清除与清洗

对监测点进行周期性巡查，及时发现并清理监测设备周边的落叶、枝桠、垃圾以及黏附在设备周边或设备安装区域周边的各类泥沙和悬浮物，避免对设备的监测精度和准确性造成影响。及时清洗SS传感器，避免因传感器污染而导致的监测误差。

（2）设备的日常维护管理

检查设备电源电量、测试信号发送和接受系统，及时导出监测数据以便数据的分析；在线监测仪器使用有效期内应通过检定或校验，并定期进行标定，以保证在线监测系统监测结果的可靠性和准确性，检查各台自动分析仪及辅助设备的运行状态和主要技术参数，判断运行是否正常。

（3）设备运行状态校核

安排专人对信息监测平台的监测数据进行日常跟踪，及时发现监测数据异常、报警、故障等情况，结合监测数据对对应逻辑关系进行判定，并第一时间通知现场运维人员进行现地排查，找出导致问题的起因及时排除影响监测数据稳定上传的潜在问题，保障监测站点数据实时、准确、稳定上传。

6.3 海绵城市绿地维护要点

6.3.1 植物养护

（1）植被定期修剪，修剪高度保持在设计范围内，修剪的草屑、枝叶应及时清理；

（2）定期巡检、观察植物是否存在病虫害、长势不良等情况，当植被出现死亡时，应及时补种，避免黄土裸露；

（3）旱季按植被生长需求进行浇灌；

（4）在暴雨过后应及时检查植被的覆盖层和受损情况，及时更换受损覆盖层材料和植被。

6.3.2 土壤养护

（1）定期检查土壤基质是否产生侵蚀的迹象，并及时补充种植土；

（2）定期检查边坡是否有冲刷、塌陷的情况，并及时采取加固等措施。

6.4 典型雨水设施维护

6.4.1 生物滞留设施

（1）定期检查植被缓冲带表面是否有冲蚀、土壤板结、沉积物等；

（2）应定期巡检进水口、溢流口，若发生堵塞或淤积导致过水不畅时，应及时清理垃圾与沉积物；若冲刷造成水土流失，应设置碎石缓冲或采取其他防冲刷措施；

（3）每年补充覆盖层，达到设计要求的层厚；

（4）当调蓄空间雨水的排空时间超过36h，应及时置换覆盖层或表层种植土；

（5）边坡出现坍塌时，应进行加固；

（6）进水口不能有效收集汇水面径流雨水时，应加大进水口规模或进行局部下凹；

（7）若由于坡度导致调蓄能力的不足，应增设挡水堰或抬高挡水堰。

6.4.2 绿色屋顶

（1）应定期清理垃圾和落叶，防止屋面雨水斗堵塞；

（2）定期检查土壤基质是否有产生侵蚀的迹象，并及时补充种植土；

(a) 提升前

(b) 提升后

办公区环形车道海绵化提升前后对比图

(3) 定期检查排水沟、泄水口、雨水斗、溢流口、雨水断接等排水设施，排水设施堵塞或淤积导致过水不畅时，应及时清理垃圾与沉积物。如发现雨水口沉降、破裂或移位现象，应调查原因，妥善维修；

(4) 定期检查屋顶防水层、种植层是否有裂缝、接缝分离、屋顶漏水等现象，屋顶出现漏水时，应及时排查原因，按要求修复或更换防渗层；

(5) 定期检查灌溉系统，保证其运行正常，旱季根据植物需水状况及时浇灌。

6.4.3 下沉式绿地

(1) 应按常规要求进行清扫，清除下沉式绿地内的垃圾与杂物；

(2) 定期对植被进行修剪、灌溉等基本养护；

(3) 应定期巡检下沉式绿地进水口、溢流口，若发生堵塞或淤积导致过水不畅时，应及时清理垃圾与沉积物；若冲刷造成水土流失时，应设置碎石缓冲或采取其他防冲刷措施；

(4) 因沉积物淤积导致下沉式绿地调蓄能力不满足设计调蓄能力时，应定期清理沉积物；

(5) 当调蓄空间的雨水排空时间超过36h，应及时置换覆盖层或表层种植土。

6.4.4 雨水花园

(1) 应定期巡检进水口、溢流口，若发生堵塞或淤积导致过水不畅，应及时清理垃圾与沉积物；

(2) 进水口不能有效收集汇水面径流雨水时，应加大进水口规模或进行局部下凹；

(3) 应定期检查碎石缓冲带、植被缓冲带、前置塘等预处理设施，保证设施的功能性；

(4) 在暴雨过后应及时检查植被的覆盖层和受损情况，及时更换受损覆盖层材料和植被；

(5) 严控植物高度、疏密度，定期修剪，修剪高度保持在设计范围内，修剪的枝叶应及时清理，不得堆积；

(6) 应及时根据降水情况灌溉植物；

(7) 应及时收割湿地内的水生植物，定期清理水面漂浮物和落叶。

设计单位：华蓝设计（集团）有限公司

管理单位：南宁市政协、南宁市住房和城乡建设局

建设单位：南宁威宁资产经营有限责任公司

编写人员：陈顺霞　熊尚雷　徐成志　黄海宁
　　　　　　杨自雄　覃雪明　黄文献　王　莉
　　　　　　杨　涟　姚茜茜

天津市中新天津生态城公屋展示中心海绵建设

项目位置：天津市中新天津生态城
项目规模：占地8090.7m²，其中绿地约3722m²
竣工时间：2012年

1 现状基本情况

1.1 项目概况

中新天津生态城公屋展示中心位于天津生态城和畅路与和风路交叉口，属公共管理与公共服务用地，占地8090.7m²，建筑面积3467m²，绿地率46%。其中地下空间建筑面积454 m²，作设备用房使用。

1.2 自然条件

天津属于暖温带半湿润季风型气候。其特点是四季分明，冬季寒冷干燥少雪、春季干旱多风、夏季炎热多雨、秋季天高气爽。年平均气温在11℃以上，年均降雨量544mm，最大月降雨量172mm（7月），降水年内时间分布不均，雨量主要集中在汛期6~8月，降水总量占全年降水总量的70%左右，年平均蒸发量为1777mm左右。

土壤以粉质黏土为主，渗透系数约$1×10^{-7}$cm/s，土壤盐碱度高，易板结。地下平均水位较高，地块排水不畅；地下水矿化度高，不易被利用。

1.3 下垫面情况

该项目场地下垫面类型内包含建筑屋面、绿地和道路广场，经计算，未进行海绵城市专项设计之前，场地的径流系数为0.53。具体数据见下表。

1.4 竖向条件与管网情况

该项目室外地势相对平坦，场地高差在-0.85~-0.35m。屋面雨水通过雨水立管排入建筑周边的绿地内，道路雨水优先排入周边绿地内，场地内部暂无雨水管网，雨水汇入东侧市政雨水管渠。

公屋展示中心下垫面统计表

下垫面类型	面积（m²）	比例（%）	径流系数
屋面	1844.7	22.8	0.85
绿地	3721.7	46.0	0.15
道路广场	2524.3	31.2	0.85
合计	8090.7	100	0.53

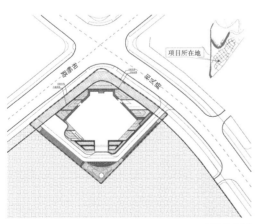

项目区位图

项目效果图

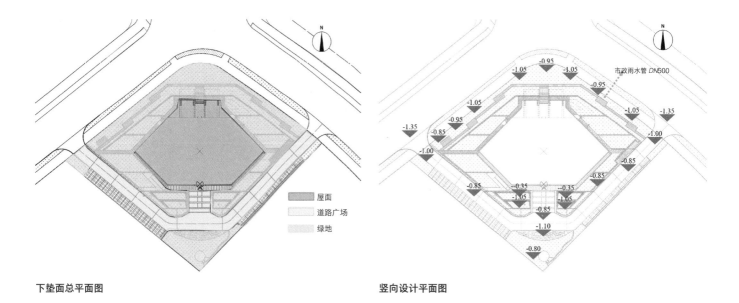

下垫面总平面图   竖向设计平面图

1.5 客水汇入情况

整个场地无客水汇入。

2 问题与需求分析

（1）场地硬化铺装面积大，雨水就地入渗困难；

（2）绿地灌溉和道路浇洒用水需求高。

3 海绵城市绿地建设目标与指标

依据《天津市海绵城市建设技术导则》，公共管理与公共服务设施用地的年径流总量控制率应不低于75%，场地综合径流系数不高于0.45。该

```
┌──────────────┐
│   目标确定    │
└──────┬───────┘
       ↓
┌──────────────┐
│   现状分析    │
└──────┬───────┘
       ↓
┌──────────────┐     ┌──────────────┐
│   方案确定    │ ←→ │   目标判定    │
└──────┬───────┘     └──────────────┘
╔══════╪══════════════════════════════════╗
║ ┌────────┐ ┌────────┐ ┌────────┐ ┌────────┐ ║
║ │竖向及排水分区│ │下垫面形式│ │设施衔接│ │雨水管网│ ║
║ └────────┘ └────────┘ └────────┘ └────────┘ ║
╚═════════════════════╪════════════════════════╝
       ┌──────────────┐
       │   方案设计    │
       └──────┬───────┘          ┌──────────────┐
              ↓              ←→ │  专业沟通协作  │
       ┌──────────────┐          └──────────────┘
       │  施工图设计   │
       └──────────────┘
```

设计流程图

项目作为源头减排的小区建筑项目，综合考虑气候、水文、地质、地形等环境条件，坚持低影响开发建设理念，打造海绵城市建设示范工程，确定设计方案的主要设计目标如下：

（1）水生态目标：年径流总量控制率为90%，对应设计降雨量为45.2mm；场地的综合径流系数不超过0.35；

（2）水资源目标：雨水资源利用率70%；

（3）水安全目标：场地开发后，通过海绵建设，满足雨水管3年重现期排放标准。在与雨水管设计重现期3年对应的降雨情况下，外排径流峰值流量不超过开发建设前的径流峰值流量，延长峰值流量出现时间，场地不出现积水。

4 海绵城市绿地建设工程设计

4.1 设计流程

绿地具有净化和滞蓄雨水的功能，因此，该项目以绿地为中心，有机整合与之相关的竖向、道路、雨水管网、水资源利用等各类专项系统。海绵城市建设方案应首先对场地现状条件及问题进行评估，并以此来确定项目控制目标；以控制目标为出发点，根据场地的初步竖向设计、汇水区划分进行设施的选择和平面布置，然后开展水文水力计算，最后确定设施的规模。

4.2 总体布局

项目所在场地为平整过的土地，不存在湿地、坑塘和生态沟渠等。在建筑体型确定的前提下，场

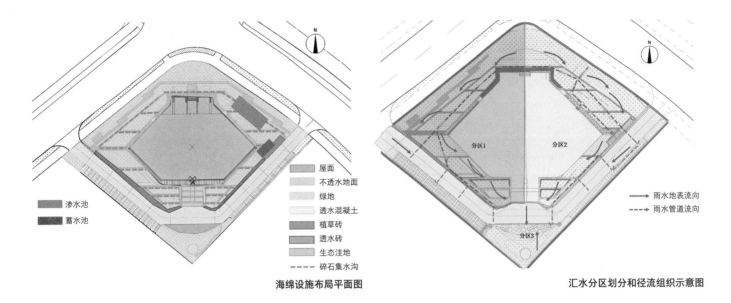

图例：
- 渗水池
- 蓄水池
- 屋面
- 不透水地面
- 绿地
- 透水混凝土
- 植草砖
- 透水砖
- 生态洼地
- ----- 碎石集水沟

海绵设施布局平面图

图例：
- → 雨水地表流向
- ---→ 雨水管道流向

分区1　分区2　分区3

汇水分区划分和径流组织示意图

地的高程设计和雨水设施的布局充分考虑了雨水的收集排放。绿地内分散设置碎石集水沟，收集、导流绿地内和硬质铺装上的雨水径流；混凝土路面的雨水也通过路面导流槽排至路边的碎石集水沟；通过竖向高差梳理，将透水地面、碎石集水沟、雨水花园、绿地、蓄水池、渗水池、雨水管道系统等设施串联成完整的低影响开发系统。

4.3　竖向设计与汇水分区

4.3.1　竖向设计与汇水分区

该项目在场地东北侧有市政雨水接口，结合市政管网、场地高程及新增雨水管线分为三个汇水分区。场地的雨水通过集水沟和新增雨水管渠系统进行收集排放。

4.3.2　径流控制量计算

依据《天津市海绵城市建设技术导则》，评估该项目的径流总量控制率。经测算，采取海绵改造措施后，场地综合径流系数降低为0.35，年径流总量控制率对应的降雨量为25mm，因此对应控制雨水量约为8090×0.35×25=70.8m³。

采取海绵改造措施后下垫面统计表

下垫面类型		面积（m²）	径流系数
总计		8090	0.35
建筑屋面		1844.7	0.85
道路及广场	透水铺装	2373	0.25
	不透水铺装	151.3	0.85
绿地		3721.7	0.15

蓄水池和渗水池的有效容积分别为30m³、90m³，生态洼地的有效容积为8m³。项目实际场地年径流总量控制率达90%，控制降雨量达45.2mm。

蓄水池容积是根据绿地灌溉和道路浇洒的用水量确定，其中绿地面积3271.7m²，道路及广场面积为2524.3m²，绿地、道路和广场的一次浇洒水量约11.6m²。蓄水池中的雨水用于绿地灌溉和道路浇洒，可满足3天左右的用水需求。

渗水池容积满足场地3年重现期，项目开发前后雨水径流总量保持不变。天津市3年重现期的降雨量为100mm。开发前，场地的径流系数取0.2，雨水径流总量为8090m²×0.2×100mm/1000=162m³；开发后，场地的径流系数取0.35，雨水径流总量为8090m²×0.35×100mm/1000=283m³；因此，该项目需要设置283-162=121m³雨水调蓄池。生态洼地的调蓄容积为8m³，则渗水池的有效容积应不低于121-30-8=83m³，故该项目应设置90m³的雨水渗水池。

4.3.3　雨水资源化利用

绿地的年浇洒用水量约3271.7m²×0.28L/（m²·年）=916m³；道路广场的年浇洒用水量约2524.3m²×2L/（m²·次）×30次=151m³。因此，年浇洒用水量约1067m³。

雨水蓄水池容量为30m³，对应控制降雨量10.6mm，径流总量控制率为52%。对应预估的蓄水池年径流雨水收集量约8090m²×0.35×514.3mm降雨量/年×52%=757m³。因此，本项目的雨水资源化利用率约为757/1067=70%。

4.3.4 雨水峰值流量控制

该项目位于中新天津生态城，暴雨强度公式为

$$q = \frac{2728(1+0.7672\lg P)}{(t+13.4757)^{0.7386}}$$

以设计标准为 3 年一遇计算为例，根据上述暴雨强度公式，可以推算出降雨历时 5min、15min、30min、45min、60min、90min、120min 时的降雨厚度。

不同降雨历时对应的降雨厚度

降雨历时 (min)	5	15	30	45	60	90	120
降雨厚度 (mm)	13.0	28.3	41.4	49.8	56.1	65.4	72.2

以 3 年一遇标准下 120min 设计暴雨雨型为依据，分析可得未采取透水铺装、碎石集水沟和蓄 / 渗水池之前，场地的降雨径流峰值流量为 85.9L/s，峰值流量出现时间为 30min；采取海绵城市措施

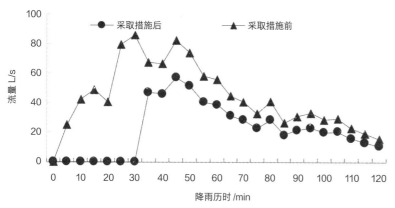

降雨历时与场地径流流量关系图

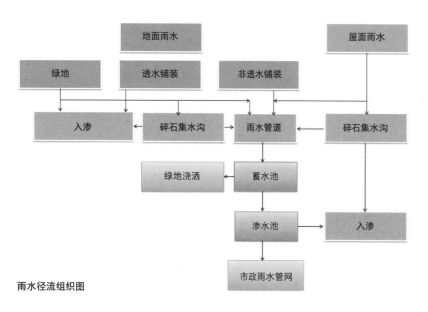

雨水径流组织图

后项目的峰值流量降低并延后峰值时间，有效减小了对市政雨水管网的压力，降雨径流峰值流量为 57.2L/s，峰值流量出现时间为 45min。

4.3.5 设施选择与径流组织路径

中新天津生态城公屋展示中心不仅是绿色零能耗建筑，还实现了建筑和场地一体化设计并充分考虑雨水收集与排放、绿地、透水铺装、碎石集水沟、蓄 / 渗水池和雨水管道等设施，形成完整海绵系统。

（1）室外活动场地、非机动车道、地面停车位和机动车道均采用透水铺装，透水铺装包括植草砖、透水混凝土和透水砖；

（2）利用碎石集水沟对雨水进行收集、过滤和入渗。建筑外檐雨水经建筑西南两侧外轮廓导流至地面碎石集水沟；屋面雨水采用虹吸雨水处理系统，经室外雨水管道和渗透弃流雨水井排至室外地埋雨水蓄水池和渗水池；碎石集水沟收集绿地内雨水径流以及透水混凝土路面导流槽收集的道路雨水径流；

（3）在建筑南侧设置生态洼地，用于收集汇水分区 3 内汇集的雨水径流；

（4）绿地和人行道下雨水管和雨水井均采用渗透型，增加雨水的入渗量；

（5）蓄水池和渗水池采用成品模块，蓄水模块处理雨水后直接用于绿地灌溉和道路浇洒，蓄水池雨水不足时采用市政中水；

（6）超过蓄水池的容纳能力的雨水排入渗水池，超过渗水池储水能力进而排入市政雨水管网。

4.4 土壤改良与植物选择

4.4.1 土壤改良

由于该项目位于天津生态城，土壤检测含盐量高，为保证植物存活量，将所有种植区域的土壤更换为 1.2m 种植土，换土区域与非换土区域之间使用隔盐挡墙阻隔，防止原生土壤对人工换土区域的影响。

4.4.2 植物选择

建筑物南侧设置生态洼地，用来回收透水混凝土路面未能下渗的径流雨水，并对其进行初步的净化与滞蓄。

生态洼地选择既抗旱又耐淹的植物，如千屈菜、黄菖蒲，利用湿生旱种的手法，解决雨洪时期，生态滞留设施中的植物生长问题。在旱种期

<table>
<tr><td>(a)</td><td>(b)</td><td>(c)</td></tr>
<tr><td>(d)</td><td>(e)</td><td>(f)</td></tr>
</table>

雨水设施实景图

间生态洼地内以碎石为主，植物的耐旱特性可以避免频繁浇水，节约管理成本，满足植物景观效果；雨洪来临时充分发挥湿生植物的特性，起到调蓄径流的作用，同时配置耐污染能力强的植物，如马蔺、芦苇、黄菖蒲，充分发挥植物的吸收、净化作用。

5 建成效果评价

5.1 工程造价

该项目的工程造价总计约 105.8 万元，海绵设施相关费用主要体现在透水铺装、蓄水池、渗水池和渗排雨水管等方面。

5.2 监测效果评估

雨季观测效果显示，小雨场地无积水现象，蓄水池存量雨水可部分满足绿地灌溉和道路浇洒。

增投资匡算一览表

名称	单价 （元 /m²）	总量	投资额 （万元）
透水铺装	300	2373 m²	71.2
渗透型雨水管	50	200 m	1.0
蓄水池 / 渗水池	2000	120 m³	24
不可预见	按上述费用的 10% 考虑		9.6
合计	—	—	105.8

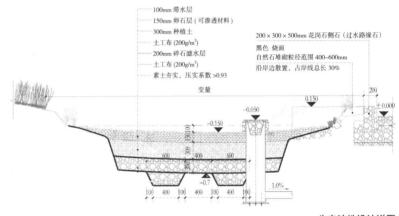

生态洼地设计详图

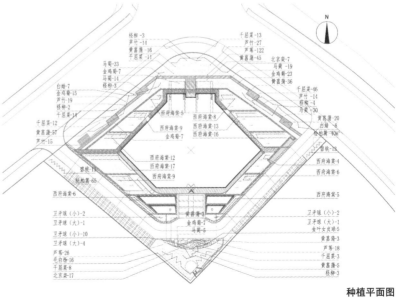

种植平面图

5.3 效益分析

海绵设施改造后，场地的年径流总量控制率达到85%，市政雨水管网压力有效降低。通过雨水回用，市政中水节约 1200m³/年，节约水费 5280 元。

6 海绵城市绿地维护管理

6.1 海绵城市绿地维护管养机制

该项目为建筑与小区项目，室外绿地和道路系统养护由物业管理单位来负责。海绵城市设施建设安装完成后，经试运行及调试验收合格后，建设方将资料档案及时移交至物业管理单位，并

针对海绵城市设施的位置、作用、运行维护要点进行了重点培训。

6.2 海绵城市绿地维护要点

海绵城市设施的运行维护包含日常巡查、暴雨前重点巡查、常规定期维护及应急处置等。

设计单位：天津市建筑设计院
管理单位：天津生态城公屋建设有限公司
建设单位：天津生态城公屋建设有限公司
编写人员：李旭东　刘小芳　马旭升　陈彦熹
　　　　　赵　坤　肖　璐　杜　涛

西咸新区"西部云谷"产业园区海绵化建设

项目位置：西咸新区沣西新城核心区

项目规模：6.8hm²

竣工时间：2016年4月

1 现状基本情况

1.1 项目概况

西部云谷是西咸新区海绵城市建筑与小区类海绵试点项目，位于沣西新城核心区。园区以多层办公及工业厂房为主，占地6.8hm²。

1.2 自然条件

沣西新城属暖温带半湿润大陆性季风气候，四季冷暖干湿分明，光热资源丰富。年降水量年际变化大，季节分配不均，7~9月降雨量大，冬季降水较少，多年年均降水量为520mm，多年年均蒸发总量为1289mm。

土壤构造以黄土状土、冲击粉质黏土及中砂组成，雨水下渗性能较差。表层为素填土，其渗透系数8.64mm/d。地势平坦，高差仅0.76m，属渭河右岸一级阶地。地下水属于潜水类型。地下水位埋深13.2~14.1m（从自然地面算起）。

1.3 下垫面情况

西部云谷下垫面类型主要包括建筑屋顶（屋顶和绿化屋顶）、水体（雨水塘）、绿地、道路场地（透水铺装和道路），总面积68100m²，现状综合径流系数0.56。下垫面统计数据见下表。

西部云谷下垫面统计表

下垫面类型	面积（m²）	比例（%）
建筑屋顶	20720	30.4
水体	288	0.42
绿地	24532	36.02
道路场地	22560	33.16
总计	68100	100

西部云谷中间有大面积地下车库，面积约1.88hm²，占总用地面积27%。地下车库难以进行控制雨水下渗，地库顶板设计覆土厚度较浅，为1~1.5m。

西部云谷区位图

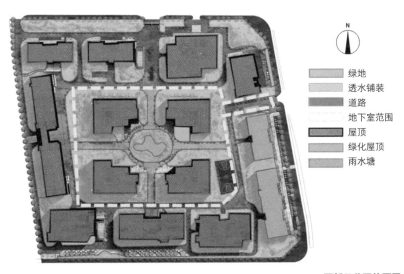

绿地
透水铺装
道路
地下室范围
屋顶
绿化屋顶
雨水塘

西部云谷下垫面图

1.4 竖向条件与管网情况

园区整体地势平坦，北高南低、东高西低。场地标高介于389.225~389.696m，坡度较小。园区采用分流制排水系统，设计雨水排水重现期仅1年一遇，大致分南北两个排水分区，雨水向东排入安谷路市政雨水管网，向北排入康定路市政雨水管网，其中安谷路北段市政雨水管网向南汇入沣景路市政雨水干管。

1.5 客水汇入情况

无客水汇入。

2 问题与需求分析

（1）区域雨水排水压力大，管理要求高

西部云谷位于渭河2号排水分区，汇水面积3.07km²，雨水末端管径d2600mm，管底高程379.084m，埋深为现状地面下9.42m，低于渭河主河道旱季水面高程约5.4m，低于河滩高程约8.5m，雨水无法靠重力流排入渭河，需要依靠泵站进行末端提升。

（2）排水管网设计标准低，排水系统建设尚不健全，有待建立临时雨水控制策略

设计雨水排放重现期仅1年一遇，且周边路段管网工程尚未实施，部分雨水未能入网，部分雨水管网需要依靠临时泵站排水，总体上西部云谷的雨水排水受限，需建立临时雨水控制策略。

（3）雨水径流污染负荷较高，区域污染问题突出

依据渭河2号排水区平均年份下年雨水径流污染负荷测算，TSS和COD污染达75.81t和99.45t，其中西部云谷TSS和COD污染达1.70t和2.23t。需对渭河2号排水区内各类建设地块及

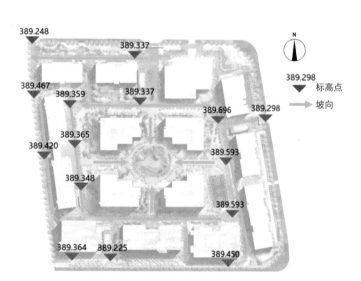

西部云谷竖向图

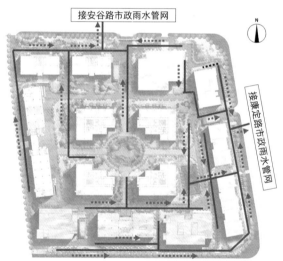

西部云谷雨水管网分布图

汇流区域及末端泵站示意图

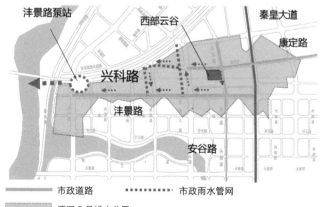

现状西部云谷与周边管网示意图

道路进行雨水径流污染控制。

3 海绵城市绿地建设目标与指标

综合考虑气候、水文、地质、地形等环境条件，结合海绵城市建设理念，建设自然生态、环境优美的"海绵"商务区，打造海绵理念展示、监测评估一体的技术示范点。

西部云谷为公建类项目，根据《西咸新区海绵城市建设三年实施计划（2015—2017）》和《沣西新城核心区低影响开发专项研究报告》，西部云谷海绵城市建设主要目标如下。

3.1 水安全目标

以沣西新城中心绿廊海绵城市系统方案为设计依据，通过源头减排雨水设施常规蓄水，有效实现84.6%的年径流总量控制指标，对应设计降雨量为18.9mm；利用地形地势，构建地表行泄通道，有效排除项目区内50年一遇暴雨灾害隐患。

3.2 水环境目标

通过绿色屋顶、雨水花园等源头减排雨水设施，实现项目区域内雨水径流有效净化，降低外排的雨水径流污染负荷。

4 海绵城市绿地建设工程设计

4.1 设计流程

根据西咸新区气候与水文地质特点，结合项目用地特征，选取并合理布置源头减排雨水设施。设计流程见右图。

4.2 总体布局

4.2.1 源头减排雨水设施平面布置

对于雨落管断接困难的建筑，可以将绿色屋顶和末端雨水池相结合；一般场地则通过绿色屋顶、雨水花园等源头减排雨水设施，有效净化项目区域内雨水径流，降低外排的雨水径流污染负荷；针对项目内地库分布、土壤特征及管网建设情况，采取渗排结合方式进行源头减排雨水结构设计。通过各类雨水设施的调蓄控制，综合实现区域84.6%的年径流总量控制率指标。

4.2.2 源头减排雨水与管网耦合控制布局

针对管网标准偏低问题，将源头减排雨水设

2号排水区与西部云谷雨水径流污染负荷对比表

序号	区域	面积（hm²）	径流体积（万 m³/a）	COD 负荷（t/a）	TSS 负荷（t/a）
1	2号排水区	307.00	89.40	99.45	75.81
2	西部云谷	6.81	2.00	2.23	1.70

施与雨水管网耦合，利用源头减排雨水设施的调节空间和雨水管网，实现对3~5年一遇降雨的有效控制。

4.2.3 地表行泄通道营造

利用园区地形地势，构建地表行泄通道，有效实现安全排除项目区内50年一遇暴雨，降低内涝风险。

4.3 总体方案设计

4.3.1 竖向设计与汇水分区

基于现场踏勘、地形资料以及自身与市政排水管网条件，将西部云谷整体划分为11个子汇水分区。

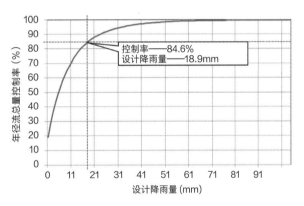

设计降雨量与年径流总量控制率对应关系曲线图

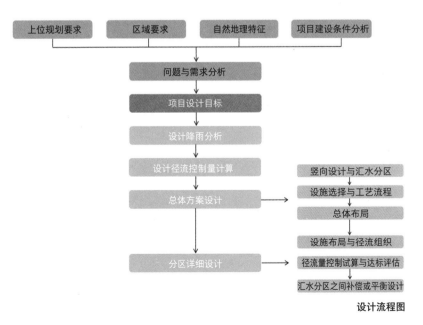

设计流程图

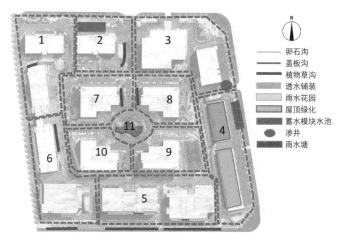

西部云谷源头减排雨水设施布局图

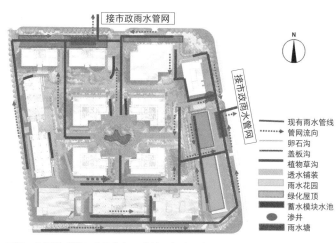

西部云谷源头减排雨水设施与雨水管网耦合示意图

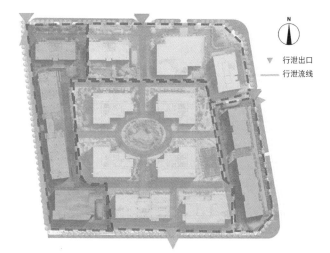

西部云谷地表行泄通道示意图

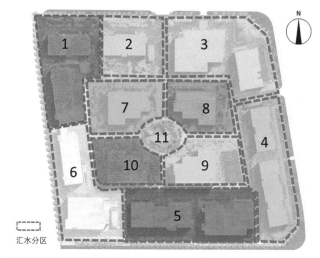

西部云谷汇水分区划分图

西部云谷汇水分区面积表

分区	总面积（m²）	比例（%）
1	7115.00	10.45
2	5170.00	7.59
3	9260.00	13.60
4	8115.00	11.92
5	8825.00	12.96
6	7755.00	11.39
7	5470.00	8.03
8	4850.00	7.12
9	5350.00	7.86
10	4620.00	6.78
11	1570.00	2.31
总计	68100.00	100.00

4.3.2 径流控制量计算

根据上述方法，详细计算 11 个汇水分区控制

容积，并完成各个地块各类设施布置。

经计算，实际控制容积为 938.6m³，末端调蓄池容积为 200m³，实际可控 52.74mm（24h）的雨水，小区内雨水设施总调蓄容积满足规划要求，大部分降雨均在源头设施内滞蓄，结合园内管网的排水能力与末端集中调蓄水池，使得本园内雨水综合排放能力达到 3~5 年一遇。

4.3.3 设施选择与径流组织路径

园区内屋顶雨水（经屋顶花园系统渗、滞、蓄、净）经雨水管断接，排至散水，会同硬化道路、透水铺装等下垫面雨水进入路侧碎石沟、周边下凹绿地，再经植草沟传输至雨水花园等源头减排雨水设施进行渗、滞、蓄、净后，经溢流雨水口排至园区雨水管网转入末端集中绿地（或调蓄池），超标雨水进入市政管网；来不及完全下渗富余水量通过行泄通道溢流进入市政道路。不能实现雨落管断接的则通过末端蓄水池调节、蓄存。

西部云谷各子汇水分区综合径流系数及需控制容积计算表

分区	屋面（m²）	绿色屋面（m²）	水面（m²）	绿地（m²）	透水铺装（m²）	硬质铺装（m²）	总面积（m²）	综合径流系数	需控制容积（m³）
1	2185.00	0.00	0.00	2670.00	180.00	2080.00	7115.00	0.606	81.48
2	965.00	0.00	0.00	2220.00	150.00	1835.00	5170.00	0.563	55.06
3	3250.00	0.00	0.00	3000.00	600.00	2410.00	9260.00	0.625	109.32
4	36.00	2414.00	0.00	2120.00	1730.00	1815.00	8115.00	0.449	68.82
5	3630.00	0.00	0.00	2500.00	480.00	2215.00	8825.00	0.660	110.14
6	2640.00	0.00	0.00	2765.00	30.00	2320.00	7755.00	0.631	92.44
7	1400.00	0.00	0.00	2310.00	910.00	850.00	5470.00	0.500	51.70
8	1400.00	0.00	0.00	1840.00	920.00	690.00	4850.00	0.521	47.72
9	1400.00	0.00	0.00	1925.00	605.00	1420.00	5350.00	0.574	58.00
10	1400.00	0.00	0.00	1900.00	720.00	600.00	4620.00	0.514	44.85
11	0.00	0.00	288.00	1282.00	0.00	0.00	1570.00	0.306	9.08
总计	18306.00	2414.00	288.00	24532.00	6325.00	16235.00	68100.00	0.566	728.60

4.4 土壤改良与源头减排设施做法及植物选择

4.4.1 土壤改良

西部云谷针对地库顶板区域雨水花园种植土层进行土壤换填改良，并布设两布一膜防渗。

4.4.2 源头减排雨水设施植物选择

（1）绿色屋顶

通过屋顶绿化，可有效增加园区绿化面积，削减径流水量，控制径流污染。一般来说，绿色屋顶的植物种植要满足以下几点要求：①不宜种植高大乔木、速生乔木；②不宜种植根系发达的植物和根状茎植物；③高层建筑屋面和坡屋面宜种植草坪和地被植物；④树木定植点与边墙的安全距离应大于树高；⑤小乔木最好种植在梁柱上或附近。绿色屋顶主要植物种类包括佛甲草、鼠尾草、八宝景天、亚菊、三七景天、萱草等。

（2）雨水花园

园区内绿地开阔处设置雨水花园，从上至下依次为覆盖层、改良型种植土、碎石贮水层和集水盲管，集水盲管接入溢流井，与超量雨水通过溢流井接入市政雨水井。雨水花园中存在丰水期与枯水期交替出现的现象，因此种植的植物既要适应短期的水生环境又要有一定的抗旱能力。西部云谷雨水花园采用芦苇、鸢尾、细叶芒、南天竹、花叶芒等植物，以自然式配置手法错落组合，并以白色砾石收边。园区内室外步行道、篮球场等采用透水铺装，整体以1%坡度坡向附近下凹绿地和雨水花园。

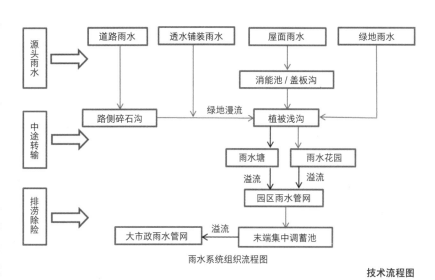

雨水系统组织流程图

技术流程图

绿色屋顶示意图

（3）砾石沟

园区内道路路缘石采用平缘石，便于道路雨水高效排入砾石沟；绿地靠近道路一侧设400mm宽砾石渠，对雨水径流进行预处理净化。

（4）地表行泄通道

在强降雨时园区内源头减排设施及土壤都处于饱和状态富余雨水通过行泄通道溢流进入市政道路。

（5）生态滞留草沟

周边道路及屋面雨水进入生态滞留草沟（植草沟），经下渗、净化后再溢流至园内雨水管网。

（6）雨落管断接

对部分楼宇进行雨落管断接处理，断接后雨落管将雨水排至室外绿地、植草沟，下渗、净化后再溢流至园内雨水管网。

雨水花园做法示意图

透水铺装做法示意图

砾石沟做法示意图

地表行泄通道示意图

生态滞留草沟示意图

雨落管断接示意图

5 建成效果评价

5.1 工程造价

总工程造价约521万元。

5.2 监测效果评估

工程建设完成后，通过监测设施对2016年7月24日、8月25日的实际降雨监测，SS、TN、TP、COD、NH₃-N等指标达到预期效果。

西部云谷海绵工程造价表

设施名称	数量	单价（元）	总价（万元）
下凹绿地	14050m²	50	70
雨水花园	2330m²	600	140
绿化屋面	2400m²	400	96
植被浅沟	350m	150	5
卵石沟	920m	200	18
透水铺装	7100m²	180	128
盖板沟	25m	400	1
蓄水模块水池	200m³	3000	60
成品旋流沉砂器	2个	15000	3
总计			521

水质监测数据——SS

降雨时间	位置	SS平均入流浓度（mg/L）	总降雨量（mm）	SS出流浓度（mg/L）	SS总量控制率（%）
2016年7月24日	云谷北	112	16	24.52	91.5
2016年7月24日	云谷东			38.44	
2016年8月25日	云谷北		75	93.00	92.1
2016年8月25日	云谷东			86.33	

水质监测数据——TN

降雨时间	位置	TN平均入流浓度（mg/L）	总降雨量（mm）	TN出流浓度（mg/L）	TN总量控制率（%）
2016年7月24日	云谷北	1.77	16	1.35	73.1
2016年7月24日	云谷东			1.57	
2016年8月25日	云谷北		75	7.15	60.9
2016年8月25日	云谷东			7.05	

水质监测数据——TP

降雨时间	位置	TP平均入流浓度（mg/L）	总降雨量（mm）	TP出流浓度（mg/L）	TP总量控制率（%）
2016年7月24日	云谷北	0.44	16	0.17	83.3
2016年7月24日	云谷东			0.36	
2016年8月25日	云谷北		75	0.415	90.8

水质监测数据——COD

降雨时间	位置	COD平均入流浓度（mg/L）	云谷总降雨量（mm）	COD出流浓度（mg/L）	COD总量控制率（%）
2016年7月24日	云谷北	586.13	16	36.91	97.6
2016年7月24日	云谷东			58.57	
2016年8月25日	云谷北		75	96.12	98.4

水质监测数据——NH₃-N

降雨时间	位置	NH₃-N平均入流浓度（mg/L）	总降雨量（mm）	NH₃-N出流浓度（mg/L）	NH₃-N总量控制率（%）
2016年7月24日	云谷北	0.75	16	0.23	88.6
2016年7月24日	云谷东			0.32	
2016年8月25日	云谷北		75	0.51	93.4

5.3 效益分析

西部云谷海绵建设已经完成，通过初步观（监）测、分析测算，总体实现84.6%的年径流总量控制指标，地块对径流污染物总量削减率可达：SS：91.5%~92.1%、COD_{cr}：97.6%~98.4%、TP：83.3%~90.8%、NH_3-N：88.6%~93.4%，末端受纳水体外源污染风险有效降低；在2017年短时强降雨事件中（如7月24日，16mm/2h；7月25日，75mm/2h）道路无明显积水，未出现连片性积水，有效实现项目区内3~50年一遇暴雨安全排除。工程建设完成之后，成为沣西新城海绵城市建设的重要展示与典型示范项目，受到进驻IT企业、员工及来访人员的普遍认可。

6 海绵城市绿地维护管理

6.1 海绵城市绿地维护管养机制

6.1.1 管理机构

西咸新区信息产业园发展集团有限公司负责工程建设、维护、管理。项目运维期间，西咸新区海绵城市技术中心与项目主管单位建立稳态沟通协调机制，对各类海绵设施的维护管理技术要点、维护标准、维护频次等定期开展技术培训，对项目运行效果定期巡查，并提出整改意见，保证海绵设施的长效运行。

6.1.2 管养费用

相关费用由西咸新区信息产业园发展集团有限公司自筹。

6.2 海绵城市绿地维护要点

6.2.1 植物养护

对景观植物定期检查，补种坏死的植物；清除杂草、施肥，保证植物生长、驱虫，旱季对植物进行浇水。

6.2.2 水体养护

应定期对水体护岸进行巡查，关注护岸的稳定及安全情况，并加强对护岸范围内植物的维护和管理。应定期检查水体中生态浮岛等原位水质净化设施，包括床体、固定桩的牢固性等，若出现问题应进行及时更换或加固。定期取样与检测水体水质，当水质发生恶化时，及时采用物理、化学、生化和置换等综合手段治理，保证水体水质满足景观水质要求。

6.3 典型雨水设施维护

项目建成后，通过现场观察与记录，存在以下问题：

（1）透水铺装面层、基层因颗粒物阻塞导致铺装材料表面发霉、长苔，行人极易滑倒，严重影响人身安全。

（2）蓄水模块因养管不及时导致水质恶化，夏季蚊蝇滋生，对人体身心健康不利。

依据《陕西省西咸新区海绵城市——低影响开发雨水工程运行维护导则》，结合现场实际情况，海绵城市技术中心与项目主管单位共同商讨制定相应措施。

6.3.1 绿色屋顶

（1）绿色屋顶建成初期，每次大降雨事件后应检查基质冲刷、植被生长和屋顶排水的情况，并检验防水层是否漏水；

（2）根据植物的生长状况，进行合理的灌溉，最好实现自动灌溉；

（3）根据设计要求和景观效果，对绿色屋顶植被层进行除草和再种植。定期移除自发生长的乔木和灌木，以免其根系破坏屋顶的防水层；

（4）定期清除绿色屋顶表面的垃圾及枯枝落叶，尤其要保证溢流口和雨落管处无堵塞现象；

（5）定期进行土壤检测，确保适宜于植物生长；

（6）干旱期植被易发生自燃，故及时对植被进行修剪和灌溉，以免火灾发生。

6.3.2 雨水花园

（1）雨水花园回填土、透水土工布、穿孔排水管及砾石层等构造层的更换维护，应根据不同的场地类型（普通雨水花园、车库顶板雨水花园、道路侧雨水花园）布置简易或复杂性雨水花园，并参照《西咸新区海绵城市建设——低影响开发技术标准图集》设计参数进行土壤开挖更换；如设计施工图有说明时，按施工图设计参数进行更换维护；

（2）设施运行初期大降雨事件后，应进行区域整体检查，以保证设施不受侵蚀或过度积水，检查的区域主要包括：入口区和溢流区（防侵蚀）、蓄水区（垃圾清除）、出水口（防止出现死水）；

（3）在汛期来临前及汛期结束后，对雨水花园内、溢流口及其周边的雨水口进行清淤维护；在汛期，定期清除绿地上的杂物，清理淤积物、冲刷物，疏松、清理植被及设施表面板结物，加强植物的维护管理，及时补种雨水冲刷区域；

（4）根据需要对设施内植被进行灌溉，如出现持续干旱期，则应根据需要增加浇灌频次；

（5）依据景观要求适当对植被进行修剪，并对枯死植被进行清除。若出现植被大量死亡现象，需进行原因分析，如有必要需进行植被更替；

（6）定期修复因行人踩踏、车辆碾压造成的植被损害以及垃圾碎片、沉积物堆积导致的结构性破坏；

（7）每年定期清除杂草，若植被生长可保持合适的密度，可降低杂草处理频次；

（8）每年须清理雨水花园进出口及设施内部的垃圾碎片，保证设施顺畅运行；

（9）若雨水花园中的土壤被有害材料污染，应迅速移除受污染的土壤并尽快更换合适的土壤及材料；若积水超过48h，应检查排水系统堵塞情况；可对排水系统中心曝气或深翻土壤表层（25~30cm），改善土壤渗透性。

6.3.3 砾石沟

（1）在汛期来临前及汛期结束后，对砾石沟内及其周边的雨水口进行清淤维护；在汛期，定期清除沟内的杂物，对淤积物、冲刷物进行清理；

（2）每年须对砾石沟进出口及设施内部的垃圾碎片进行清理，保证设施顺畅运行。

6.3.4 生态滞留草沟

（1）运行初期，大降雨事件后，应检查其运行状况、畅通情况。稳定运行后，定期检查大降雨后的植草沟转输状况，若发生堵塞，应立即找出，进行修复阻塞原因；

（2）定期进行植被覆盖度检查（至少80%）和植被修剪。修剪工作应尽可能使用较轻的修剪

设备，以免影响土壤的松软度；

（3）及时替换死亡植被并移除入侵的植物种类；修复损坏的植被区和清理累积在其表面的沉积物；

（4）每年定期清除杂草，若植被生长可保持合适的密度，可降低杂草处理频率；

（5）每月对设施进出口及内部的垃圾碎片进行清理，保证设施顺畅运行。

6.3.5 雨水塘

（1）运行前期，大降雨事件后，应检查其运行状况。稳定运行后，每年检测一次大降雨后设施的运行状况，对区域内垃圾碎片及杂草进行清理，并及时修复侵蚀和裸露的土壤；

（2）在汛期来临前及汛期结束后，对雨水塘内及其周边的进水口进行清淤维护；在汛期，定期清除塘内杂物；加强植物的维护管理，及时对雨水冲刷区域进行补种；

（3）每年根据需要对设施内植被进行浇灌，若出现持续干旱期，则根据需要增加浇灌频次；

（4）每半年对设施破损部件进行1次修复；

（5）每年对管路和路堤检修1~3次，必要时进行管道替换，并根据实际需要清理池内淤积物；

（6）依据景观要求适当对植被进行修剪，并清理枯死植被。若出现植被大量死亡现象，需进行原因分析，如有必要需进行植被更替，及时去除入侵物种。

设计单位：北京雨人润科生态技术有限责任公司
管理单位：陕西省西咸新区沣西新城管理委员会
建设单位：陕西省西咸新区沣西新城开发建设
　　　　　（集团）有限公司
编写人员：邓朝显　梁行行　马越　石战航
　　　　　张哲　王芳　姬国强　胡艺泓
　　　　　闫攀

植草沟植物修剪适宜高度

设计草本植物高度（mm）	最高草本植物高度（mm）	修剪后高度（mm）
50	75	40
150	180	120

重庆市国际博览中心海绵城市海绵化改造

项目位置：重庆市悦来国际会展城重庆国际博览中心

项目规模：占地113hm²，绿地14.5hm²

竣工时间：2016年12月

悦来新城汇水分区示意图

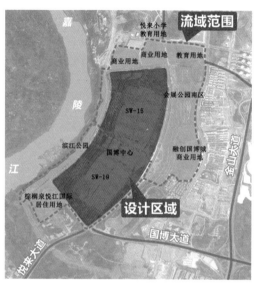

设计区域及所在流域范围示意图

设计区域地层渗透系数实测数据

地层	分类	最小值 (m/s)	最大值 (m/s)	平均值 (m/s)	备注
填土	新近	1.22×10^{-4}	1.96×10^{-4}	1.59×10^{-4}	3组试坑渗水试验
填土	3~5 年	4.10×10^{-5}	9.90×10^{-5}	6.90×10^{-5}	3组试坑渗水试验
填土	碾压	1.40×10^{-7}	1.60×10^{-7}	1.50×10^{-7}	2组试坑渗水试验
粉质黏土	残坡积	6.00×10^{-8}	7.00×10^{-8}	6.50×10^{-8}	2组试坑渗水试验
泥岩	强风化	—	—	不进水	1组钻孔注水试验
泥岩	中风化	—	—	不进水	1组钻孔注水试验
砂岩	强风化	—	—	3.60×10^{-4}	1组钻孔注水试验
砂岩	中风化	1.39×10^{-7}	3.19×10^{-7}	2.29×10^{-7}	1组抽水试验，1组钻孔渗水试验

现状下垫面统计表

下垫面类型	面积（m²）	面积比例（%）	雨量径流系数	综合雨量径流系数
绿地	217617	18.2	0.15	
道路	194846	16.3	0.85	
钢结构镂空屋顶	457020	38.2	0.90	0.71
透水铺装	94050	7.9	0.35	
不透水硬地	232738	19.5	0.90	
合计	1196271	100	—	—

1 现状基本情况

1.1 项目概况

重庆国际博览中心（以下简称"国博中心"）位于悦来新城中部的SW-15、SW-19汇水分区（悦来新城共28个汇水分区），是一座集展览、会议、餐饮、住宿、演艺、赛事等多功能于一体的专业化场馆。

1.2 自然条件

1.2.1 气候

悦来新城"冬暖多雾少霜雪，春早偶寒降冰雹，夏季炎热多伏旱，秋凉雨绵阳光缺"，是典型的亚热带湿润季风性气候，年平均气温为17.2℃~18.5℃，极端最高气温44.3℃，极端最低气温为-3.1℃。

1.2.2 降雨

常年降雨量1000~1450mm，春夏之交夜雨尤甚，有"巴山夜雨"之说；雨峰靠前，雨型急促，降雨历时短，易形成短时暴雨或强降雨。

1.2.3 土壤条件

悦来新城土壤多由素填土、粉质黏土、砂质泥岩、砂岩、碎块石等组成，天然下渗能力不足。设计范围大部分为碾压填土和泥岩，渗透系数较小。

1.2.4 地下水

项目勘探深度范围内的基岩为不透水或弱透水岩层，基岩顶部风化裂隙发育，基岩强风化带中存有少量孔隙裂隙水，项目区地下水贫乏，水文地质条件简单。

1.3 下垫面情况

国博中心片区改造范围内现状下垫面形式主

要为绿地、道路、屋顶、不透水硬质铺装及透水硬质铺装。

1.4 竖向条件与管网情况

国际博览中心所在的 SW-15、SW-19 分区地形高差大，会展公园高程：320~357m；国际博览中心高程：240~270m；滨江公园高程：204~225m，区域内部为雨污分流完全。

该项目是改造工程，场地管网均已建成，国际博览中心北侧属于 SW-15 管理分区，雨水管网排水口于滨江路和同茂大道交叉处排入嘉陵江，管径 D400~D2400；国博中心南侧属于 SW-19 管理分区，雨水管网排水口于滨江大道和柑悦大道交叉处排入嘉陵江，管径 D400~D2200。雨水管网从国博中心地块中部分界，分别向南北两端汇集，通过会展大道、滨江路分别汇集至末端，排入嘉陵江。

1.5 客水汇入情况

国博中心为已建公共建筑，改造难度大，侧重自身指标控制，不承担周边客水的控制，改造时需解决设计范围内的积水问题。

2 问题与需求分析

2.1 面源污染

国际博览中心展会期间人流量大，展览多样，物流复杂，初期雨水冲刷导致的面源污染严重。其中国博中心是 SW-15、SW-19 两个汇水分区的主要区域，也是两个分区雨水进入嘉陵江的最后屏障，因此两个分区的面源污染控制是关键。

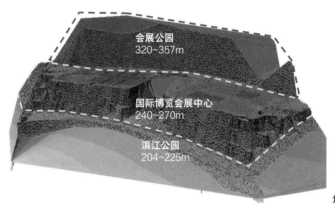

地形三维示意图

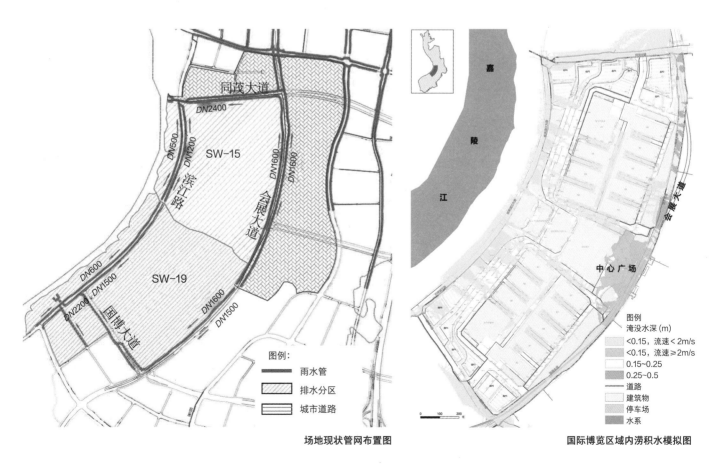

场地现状管网布置图

国际博览区域内涝积水模拟图

会展公园大坡度山地实景图

2.2 内涝分析

国博中心采用 InfoWorks-ICM（6.0）软件构建排水防涝模型；模拟面积约 6.2hm²，片区内涝区域集中在会展大道、中心广场，会展大道区域积水主要由会展公园大坡度山体峰值径流造成，中心广场轻微内涝主要由于大面积硬质铺装及原排水设施排水能力不足导致。

2.3 杂用水需求大

国博中心片区需水量大，按照重庆日均浇洒量的统计结果计算，国博南区年杂用水量为 22 万 m³，北区年杂用水量为 24 万 m³，夏季最高日杂用水量 2680m³/d。同时国博中心地处高地，市政用水成本大，若能很好地收集、利用雨水径流，就能替代大量的市政用水。

2.4 改造难点

（1）地处高回填区，局部回填高达 20m，地质结构欠稳定，难以做大面积改造；

（2）屋面为钢结构镂空屋顶，面积大，且前期设计未考虑土壤及植物荷载，无法做绿色屋顶改造；

（3）中心广场区域及展区卸货区为硬质铺装，面积大、径流流行时间长；展会期间，污染物质复杂，初雨污染严重，污染控制难度大；

（4）改造的同时需与已成形的景观契合，尽量保留价格较高的植被；

（5）改造不能影响场馆正常运营，大面改造

铺装的形式费用较高，且社会影响大。

3 海绵城市绿地建设目标与指标

3.1 改造目标

根据《悦来新城海绵城市总体规划》，本次设计范围改造目标见国博中心海绵城市改造控制指标。

（1）计算年径流总量控制率采用两种方式：容积法和模型法，国博中心 77% 的年径流总量控制率对应渝北区 23.5mm 设计降雨量，接近重庆渝北区 1 年一遇 1 小时降雨量（24.2mm）；

（2）计算雨量径流系数、年径流污染物削减率、雨水资源利用率时，采用渝北区 10 年实测降雨数据，用模型计算；

（3）评估积水风险及峰值控制时采用渝北区雨型曲线，重庆主城区地形高差大，地面流行时间短，2014 年完成的《重庆主城区排水防涝规划》中对 3h、6h、9h、12h、24h 降雨历时内涝情况进行模拟，模拟结果显示：3h 降雨历时下的内涝模拟足以准确反应积水情况。因此本次积水风险评估采用：50 年一遇 3h 设计降雨（雨量为 122.9mm）；峰值控制（设计降雨量下开发前后的峰值不变）：采用 2 年一遇 3h 设计降雨（雨量为 75.4mm）。

3.2 改造原则

以现状实际情况作为设计基本条件，以解决内涝、面源污染及海绵指标等问题作为设计的基本方向；根据现场具体情况结合整体景观等选定源头减排设施，不降低现状系统的排水能力，新建工程系统的布局与现状排水管网系统有机协调；考虑多种设施的组合、建设成本、运行管理、成本优化等诸多因素。

4 海绵城市绿地建设工程设计

4.1 设计流程

设计通过对区域排水系统进行详细分析，划分出 27 个小流域，对每个小流域进行下垫面分析

国博中心海绵城市改造控制指标

控制指标	区域面积（hm²）	年径流总量控制率（≥）（%）	年径流污染物削减率（SS 计）（≥）（%）	雨量径流系数（≤）	雨水资源利用率推荐值（≥）（%）
国博中心北区	57.38	77	57	0.49	3.5
国博中心南区	55.73	77	57	0.52	3.5

及高程分析，充分考虑现状改造条件，确定每个小流域的源头减排设施改造形式；初步布置源头减排设施，利用专业模型软件构建源头减排设施模型，代入 10 年的实测分钟降雨量进行模拟计算，根据计算结果调试源头减排设施类型和体量，确定最佳方案；最后细化方案内容，完善每类源头减排设施的详细做法。

4.2 总体布局

国博中心海绵城市改造设施总体布局如下：

（1）南北停车场径流量大、水质复杂，考虑结合现状绿岛设置雨水花园；停车场端头部分设置 PP 蓄水模块，缓排净化雨水；

（2）南北室外透水展场径流量大、水质复杂，场地原为透水混凝土，在不影响透水展场运营下考虑设置雨水花园；

（3）国博中心用水量主要为道路浇洒、绿地浇灌，夏季最高日回用水量为 2679.82m³/d，为节约水资源达到雨水资源综合利用的目的，设置回用蓄水池及回用管网系统；

（4）国博中心广场主要为大面积硬质铺装，存在积水问题，影响国博中心形象。大面积改造铺装形式费用较高，且社会影响大。考虑在原有雨水沟旁设置 3m 宽透水混凝土，且对两翼原有景观绿地进行改造，设置下凹式绿地 + 湿地浅塘；

（5）温德姆酒店两侧台地，考虑设置雨水塘系统进行水质净化；

（6）S1~S8、N1~N8 两个展馆之间的卸货平台及台地停车场径流污染物复杂，因此在源头采用截污式雨水口控制；

（7）屋面为钢结构屋面，不宜再设置绿色屋面，屋面雨水径流污染控制采用高位雨水花坛；

（8）国博中心仅中心广场区域存在轻微内涝，在该区域进行海绵改造后能够解决积水问题，同时国博东侧的会展大道积水是由于上游山体径流造成，在上游区域改造后也得到了很好的控制，考虑上述原因，在本次设计里未设计超标雨水行泄通道。

4.3 汇水分区

4.3.1 汇水分区

国博中心的改造虽为一个单独的项目，但从流域分析需纳入上游的会展公园和下游的滨江公园（末端绿地），同时结合周边居住用地、学校等小地块一起考虑。

会展公园：充分利用天然水体进行峰值控制，削减面源污染，控制旁侧道路的径流污染。会展公园和国博中心之间的会展大道存在积水风险，在区域系统考虑时已在会展公园设置具有削峰功

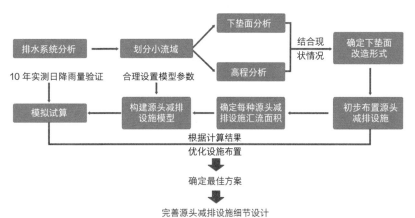

国博中心设计流程图

源头减排设施设计统计表

序号	源头减排设施		服务面积（m²）	设置位置	设计参数
1	停车场雨水花园		97670	南北区停车场雨水花园	改造雨水花园面积 8705m²
	雨水花园 PP 蓄水模块		10528	北区停车场货车停车区	上部雨水花园面积约 880m²，下部 650m³ 的蓄水模块
2	室外透水展场雨水花园		11110	南、北区室外展场西侧	南北区对称，面积各 410m²，共计 820m²
3	蓄水池及回用管网系统	北 1 号蓄水池	135480	N—5	60.9×24.6×4.5m，其中回用容积 1600m³，缓排容积容积 2000m³
		北 2 号蓄水池	67762	N—9	26.9×15.1×3.8m，有效容积 800m³
		北 3 号蓄水池	139642	N—10	58.0×12.6×3.8m，有效容积 1650m³
		南 1 号蓄水池	135480	S—12	49.0×24.7×5.0m，其中缓排容积 2000m³，回用容积 1450m³
		南 2 号蓄水池	67762	S—6	24.5×19.4×3.5m，有效容积 800m³
		南 3 号蓄水池	139642	S—8	63.9×12.6×3.8m，有效容积 1800m³
		回用管网系统	整个国博片区	南、北区 1 号蓄水池压力管道管径为 DN150；南、北区 1 号蓄水池重力管道主管径为 DN200，二级台地回用管道管径 DN100，滨江停车场为两根 DN150 管道。南、北区 2 号、3 号蓄水池压力管道管径为 DN150
4	下凹式绿地 + 湿地浅塘		29806	国博中心广场	下凹式绿地蓄水容积 200m³，湿地浅塘蓄水容积 428.6 m³
5	雨水塘		100585	温德姆酒店两侧	共 6000m³，水深 1.5m
6	截污式雨水口		418749	设置于对展馆环道、卸货区、台地	南区 604 个，北区 548 个
7	高位雨水花坛		199200	国博中心屋顶雨水	南、北区共计雨水花坛 288 座

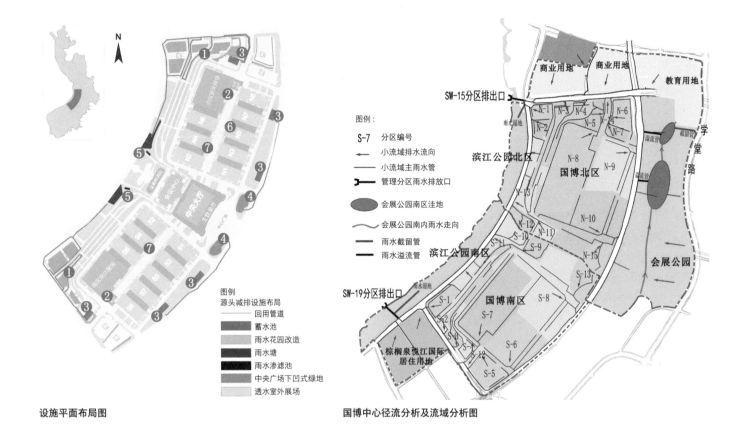

设施平面布局图

国博中心径流分析及流域分析图

能的调蓄及截留设施，缓解会展大道的积水风险。

国博中心：根据雨水管网系统结合地面高程将国博中心划分为 28 个子汇水分区，南区和北区的子汇水分区基本对称。

滨江公园：为汇水分区末端绿地，根据《悦来新城海绵城市总体规划》要求，在满足自身控制的前提下，需充分发挥入河最后一道屏障作用，因此滨江公园布置雨水湿地，截留上游径流去除污染物。

其余地块：SW-15、SW-19 两个汇水分区的其余地块需解决自身的指标要求，指标高低根据建设情况不同有所差异。

《悦来新城海绵城市总体规划》在整个汇水分区地块的指标分解时已充分考虑到滨江公园作为末端屏障的终端处理效能，分担市政道路（该片区市政道路为已建，无改造空间）的污染物去除指标要求。

4.3.2 设施选择与径流组织路径

国博中心每个子分区的适用设施都不相同，选用源头减排设施需结合空间综合需求、整体景观等，不降低现状系统的排水能力，新建工程系统的布局与现状排水管网系统有机协调，考虑多

种设施的组合、建设成本、运行管理、成本优化等诸多因素。

屋顶雨水选择雨水花坛对初期雨水进行控制；大面积硬质铺装部分无绿化用地可利用，选择截污式雨水口；室外展区及停车场为不影响正常运营，仅将原有绿岛改造成雨水花园；设置回用水池进行雨水回用，同时可向雨水塘及下游湿地补水。

4.4 分区详细设计—以中心广场和 S-7 子分区为例

4.4.1 中心广场（S-13 和 N-15）设施布局

中心广场对称轴线即为分水线，雨水径流经地表漫流，最终进入分布在南北两侧的排水明沟，由明沟导流排走。对排水明沟进行坡度改造，即可将雨水径流引入绿地内源头减排设施进行处理。中心广场片区设计面积为 49545m²，分为 3 个子汇水区域。

中心广场设置 3m 宽透水铺装带，降低初雨径流污染，同时改造广场现状绿地景观上，将靠近广场的部分绿地改造为湿地水草系统和下凹式绿地。

4.4.2 S-7 子分区设施布局

该子分区下垫面主要为钢结构镂空屋顶和道

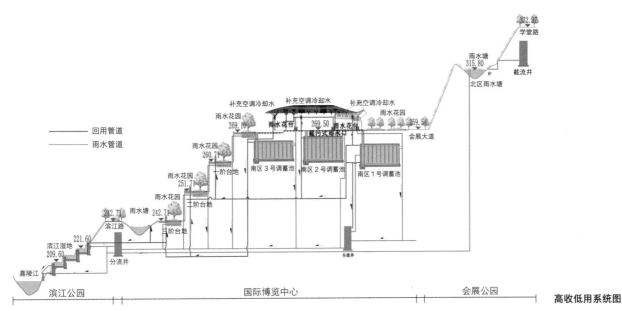

高收低用系统图

路，为不影响展馆的正常运营，源头控制措施主要采用截污雨水口，屋顶雨水采用雨水花坛进行渗滤处理。考虑该区域径流量和峰值都较大，该分区排出口末端设置调蓄水池，进行雨水的收集回用及径流峰值控制，由于改造不能影响展区正常营业，经多次论证后，池子位置落在该子分区外紧邻排出口处。

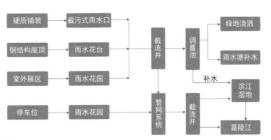

国博中心流程控制示意图

4.5 土壤改良与植物选择

4.5.1 土壤改良

项目区域多为碾压填土和泥岩，渗透系数较小，为促进渗透，停车场雨水花园、高位雨水花坛、雨水塘采用改良土壤，种植土层采用腐殖土、砂土、种植土组合，并按照 1 : 3 : 6 的配比拌合之后再使用。

4.5.2 典型设施结构与植物配置

（1）高位雨水花坛

雨水花坛主要设置于展馆的雨水立管下端，屋顶雨水控制按 4mm 的初期雨水计算，从上向下依次为蓄水层、树皮、卵石保护层、种植土层、过滤层、砾石层、防渗膜。大雨时，来不及下渗的雨水通过溢流管直接进入现状雨水管网。

（2）雨水花园＋PP 模块

对北区停车场货车停车区背部的长度约 150m 的长条形绿岛进行改造。改造形式为上部生物滞留设施（雨水花园），下部为 PP 蓄水模块。绿岛上部做法同生物滞留设施（雨水花园），面积约 880m³。

径流分析及汇流点示意图

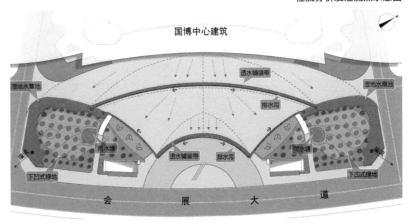

中心广场改造平面布置图

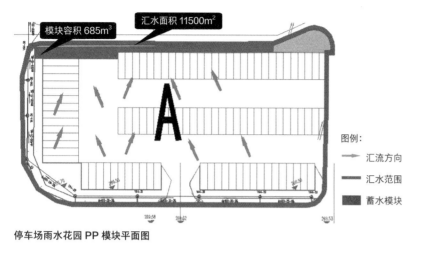

停车场雨水花园 PP 模块平面图

图例：
→ 汇流方向
▬ 汇水范围
■ 蓄水模块

模块容积 685m³
汇水面积 11500m²

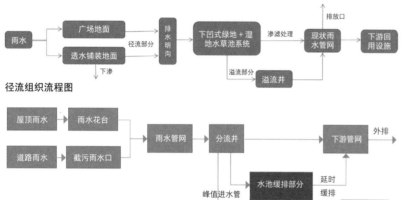

径流组织流程图

S-7 子分区处理流程图

条形绿岛需收集汇水面积为雨水花园平面图 A 区域，共计 1.11 万 m²，根据 XP-Drainage 低影响开发软件计算，收集该区域内的雨水（回用 + 缓排）需考虑 600m³ 以上的蓄水容积。条形绿岛下部采用成品雨水模块，设计容积 650m³，满足需求。

雨水花园根据其间歇性蓄水特点，选择耐涝耐湿并具有一定耐旱性能的相应植物，中华蚊母、细叶芒、大花萱草，停车场中间部位种植常绿植物中华蚊母，两头种植开花植物大花萱草，然后较宽的区域搭配细叶芒。

（3）中心广场湿地 + 浅塘

湿地景观完成面下沉约 0.4m，结构层下沉约 0.8m。在湿地下方结构层内敷设排水盲管，下雨时候雨水通过盲管排入标高比下凹绿地更低的浅塘，浅塘景观完成面下沉约 1.65m，结构层下沉约 2.15m。

雨水塘根据其水深位置种植相应的水生植物，水中种植睡莲，中间部位草沟周边种植水葱、美人蕉、狗牙根，四周浅塘带周边种植旱伞草、红花继木、麦冬等，做到植物高低、色彩、质感搭配。

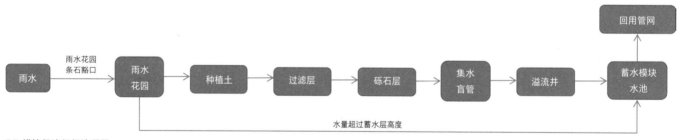

PP 模块径流组织流程图

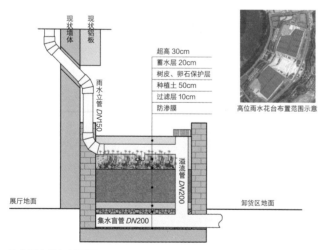

高位雨水花坛剖面图

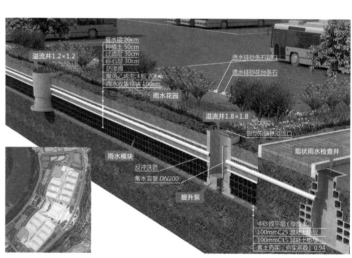

停车场雨水花园 PP 模块剖面图

5 建成效果评价

5.1 工程造价

国博中心海绵城市改造项目预算为 8600 万元，单位面积投资 71.7 元 /m³，各类设施的综合单价如下表，从单位面积总投资来看较为合理，几个大型调蓄池的造价略高，从节水角度计算投资回收期较长，但从环境效益上来看是合理的。

5.2 监测效果评估

（1）模型模拟参数设置

利用 XP-Drainage 低影响开发模拟软件构建模型，根据源头减排设施的特征，结合蒸发、下渗、回用、缓排、滞蓄、溢流等水文水力条件进行模型计算。模型参数设置：径流参数取值，参考海绵总规验证过的 SCS 曲线取值，道路 CN 值 98、IA 值 2mm，绿地 CN 值 76、IA 值 5mm。具体各改造分项模型参数如下表。

（2）评估结果

通过构建国博中心源头减排模型评估指标，采用 10 年实测分钟降雨数据，其中年径流总量控制率 = 通过下垫面自然下渗 + 经过源头减排设施的处理流程的径流量（包括回用处理和污染控制）/ 总降雨量；雨量径流系数 = 区域排出的径流量 / 总降雨量；污染物削减率按每类源头减排设施的去除率（雨水花园去除率 70%，雨水塘去除率 50%，截污式雨水口去除率 20%，植草沟去除率 40%）及经过设施处理的年雨水总量进行计算得出（经过调蓄池回用的部分认为 100% 去除）。雨水资源化利用率通过动态模拟用水过程计算得出。

国博中心评估采用模型计算的结果比采用容积法计算的结果略高。

5.3 效益分析

国博中心项目海绵城市改造工程秉承"系统考虑、源头控制、过程管理、监测反馈、高收低用"的设计理念，通过高位雨水花坛控制屋面初期径流污染，通过截污式雨水口控制道路初期雨水污染，利用透水混凝土、下沉式雨水花园、湿地水草池、雨水塘等控制大面积铺装（室外透水展场、室外停车场、中心广场、酒店台地）产生的初期径流污染。将地势高、源头净化后的雨水收集，经回用蓄水池生态处理达标后，回用于低地势区

停车场雨水花园植物配置图

种植土 300mm
防渗膜
砂垫层 100mm
原土层

挡土石块
回填沙土 100mm
土工布保护层
原土压实

中心广场下凹式绿地 + 湿地浅塘剖面图

中心广场下凹式绿地 + 湿地浅塘植物配置图

各类设施综合单价表

序号	名称	综合单价	总量	投资额（万元）
1	停车场雨水花园（改造）	950 元 /m²	8705	827.00
2	混凝土蓄水池	2500 元 /m³	7050	1763.00
3	PP 模块水池	3000 元 /m³	800	240.00
4	硅砂模块蓄水池	3200 元 /m³	4250	1360.00
5	雨水口（改造）	1000 元 / 个	1148	114.80
6	回用管网系统工程	6.8 万元 /hm²	40	272.00
7	雨水塘（改造）	190 元 /m³	5620	106.78
8	渗滤池	913 元 /m³	1840	168.00
9	雨水湿地（改造）	287 元 /m²	18200	522.34
10	透水混凝土（改造）	66 元 /m²	4575	30.00

模型参数设置

设施类型	参数设置
生物滞留带（雨水花园）	护堤高度：300mm；植物根系体积分数：0.2；表面粗糙系数：0.4；土壤层厚度 500mm；生物滞留带土壤孔隙率 0.479，田间持水率 0.371，枯萎点：0.251，导水率：1mm/h，导水坡度 30%，吸水水头 290mm，底部盲管在雨水花园底部敷设，管径 DN200
植草沟	设置同生物滞留带，滞水深度有区别，底部无盲管
蓄水池	采用 RTC 设置动态出水情况，下雨时不回用，不下雨时进行雨水回用
雨水塘	为景观雨水塘，底部不下渗，持水深度 1.5m，蒸发量为 3.27mm/d
截污式雨水口	由截污挂篮、滤料包、溢流件组成，型号 600×400，共计 1100 多个，由于缺乏截污式雨水口关于污染负荷去除的相关实验，为达到指标，暂取污染负荷去除率的 20%
高位雨水花坛	同生物滞留带

各汇水分区面积对应表

国博中心	雨量径流系数	年径流总量控制率（%）	雨水资源化利用率（%）	年径流污染物削减率（SS 计）（≥）（%）
南区	0.48	81.10	9.5	59.70
北区	0.52	81.54		

生物滞留设施日常维护事项周期表

项目	检查内容	检查维护频次	备注
进水口、溢流口	堵塞	12,S,F	—
	消能措施	2,S	雨季前/后
	侵蚀、损坏	2,S	
边坡、堰	裂口、沉降、侵蚀损坏	2,S	
种植土	表层沉积物	每周	—
	含水率	N	—
	土壤肥力	N	—
	流失、侵蚀、板结	N	—
	厚度	1,S	—
覆盖层	添加	2,S	—
	更换	2~3 年	—
配水、排水管/渠	是否堵塞、损坏、错位等	4,S,F	雨季前/中/后
防渗膜	破损、渗漏	N	
设施内空间	设施内是否存在垃圾杂物	与市政卫生同步	
植被	植被存活状况	N,S	—
	植被外观情况，确定是否需要修剪	N	
	植被是否遭受病虫害	N	
	植被是否缺水	N	
	设施内杂草生长状况	N	
	植被覆盖率	N	
积水	积水时间是否超过 24h	S	

注：检查维护频次，1- 每年 1 次；2- 每年 2 次；3- 每年 3 次；4- 每年 4 次；12- 每月 1 次；S-24h 降雨量大于等于 2 年一遇；F- 落叶季节；N- 按需要，如居民报告异常情况也应进行检查维护。雨季前/中/后：指至少应在雨季前、雨季中和雨季后各执行一次检查和维护。

域的绿化、道路浇洒、洗车、湿地景观等，溢流雨水可以进入地势最低的滨江阶梯湿地，进行末端治理后补充嘉陵江水。

改造系统科学、指标合理，达到海绵总规指标控制要求，在区域水生态、水环境、水安全、水资源 4 个方面都达到很好的示范效应。

（1）水环境

国博中心是削减三峡库区面源污染污染物负荷的基础节点，海绵城市改造后，初期雨水得到控制，排入嘉陵江的年污染物总量（以 SS 计）削减 50% 以上。

（2）水生态

海绵城市改造在原有景观现状上锦上添花，提供人与水的互动空间，增加植物多样性，让市民听得见蛙鸣，看得见景色。

（3）水安全

国博中心有两块主要积水区域，会展大道积水区、中心广场积水区。中心广场积水点在完成透水混凝土带、湿地、雨水浅塘后得到良好地改善；会展大道积水主要由会展公园山地径流导致，在考虑区域系统时已在会展公园设置具有削峰功能的调蓄设施，同时会展大道和会展公园交界处设置截留管，截留部分雨水至对面国博中心广场的雨水浅塘，缓解了积水风险。这两处大的积水区域在 2016 年雨季期间未再出现积水情况。

（4）水资源

通过高收低用的回用系统，每年能提供 12.8 万 m^3 的回用水量，能够替代 28.5% 杂用水，按重庆 4 元 /m^3 的水价估算，每年可节约水费 51.2 万元，按雨水回用每米每方提升费用 0.028 度电，平均提升 8m，电费 0.8 元 /kWh，每年仅需运行费用 2.3 万元。

6 海绵城市绿地维护管理

6.1 海绵城市绿地维护管养机制

为提高运维技术，加强运维标准化管理，编制《重庆两江新区悦来新城海绵城市运行维护管控手册》，日常维护按照手册进行标准化管理。

6.2 信息化管理与监测

该项目中 6 个蓄水池设置有水位、水量在线监测设备，地块雨水接入市政的排口，设置有水量、SS在线监测设备，监测设备均接入悦来新城海绵城市监测与信息平台。监测平台会对监测数据进行收集，按照使用者需求，可以测算年回用水量、年径流总量控制率和污染物削减率。当地块雨水中混入污水时，会有超标排放报警，通过查看对应区域管网，结合现场踏勘，可以进行混排污水点溯源。

6.3 海绵城市绿地维护要点

6.3.1 植物养护

植物的养护根据需求，应适量浇灌植物，雨季水分过多时应及时排水，以防烂根；及时修剪植物，使植物保持植物形态，"海绵"植物根据需求收割，应及时除草和预防病虫害；冬季、夏季应针对不良气候采取应对不良气候的措施。

6.3.2 土壤养护

土壤养护是海绵城市绿地维护的重要部分，与植物养护相辅相成，日常养护中应经常松土透气、清除杂草，有利于植物根系生长和土壤微生物的活动，对于已经板结的土壤要及时进行土壤处理，恢复土壤活力。

6.3.3 水体养护

水体日常养护中要及时清理漂浮杂物、植物枯叶，控制污染源，杜绝污染水及垃圾进入水体，对于已经受到污染的水体，应及时采取水质恢复措施。

设计单位：重庆市市政设计研究院、重庆市风景
　　　　　园林规划研究院
建设单位：重庆悦来投资集团有限公司
管理单位：重庆悦来投资集团有限公司
编写人员：魏映彦　陈明燕　张静雯　李　芬
　　　　　徐思路　周　江　刘媛媛　樊崇玲
　　　　　苏　醒

厦门海沧厦顺铝箔工厂海绵改造工程

项目位置：厦门市海沧区新阳工业区厦顺铝箔工厂

项目规模：面积21.68hm²

竣工时间：2018年3月

1 现状基本情况

1.1 项目概况

2015年厦门市成为全国第一批海绵城市建设试点城市，马銮湾海绵城市试点区是厦门市推进海绵城市建设的两大试点区之一，位于厦门市海沧区北部，试点区面积20.8km²。新阳工业园区是

厦顺铝箔工厂区位图

马銮湾试点区的主要组成部分，是厦门市重要的台商投资区，重点发展资金技术密集型的精密工业，产业布局涵盖机械制造、电子电器、精细化工、新型建材等类型，随着中国自由贸易试验区厦门片区的设立，新阳工业园区引进100多项工业项目，项目建成后产能可达100亿元以上。

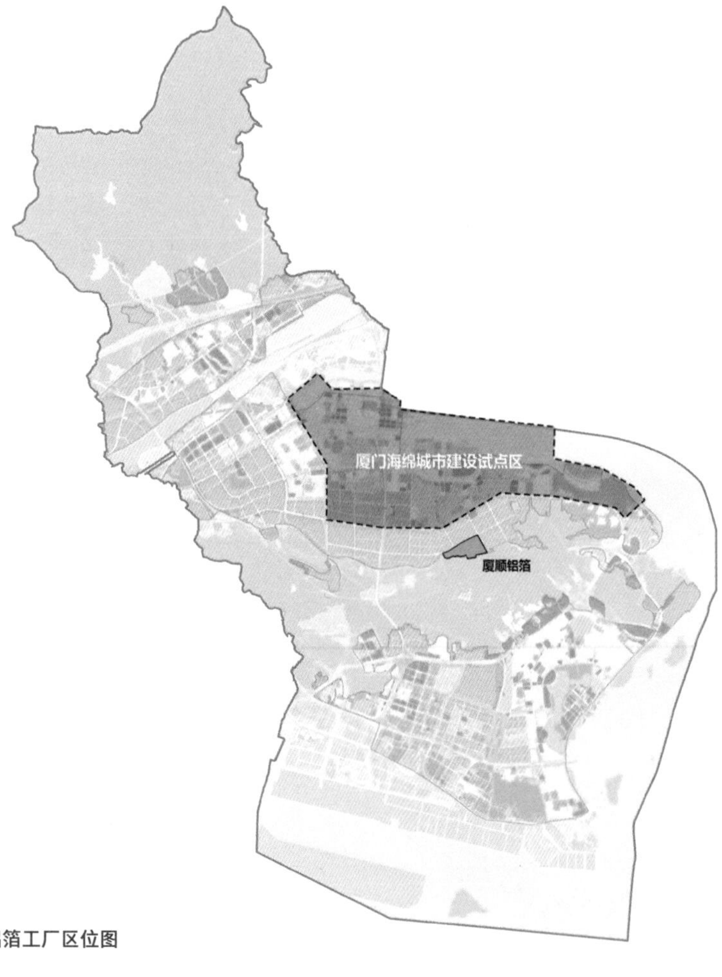

厦门市厦顺铝箔有限公司创建于1989年，是目前全球大型的双零铝箔厂家之一，厂区位于厦门市海沧区阳光路南侧。厦顺铝箔工厂海绵改造项目作为厦门海绵城市建设的"四个一"工程之一，也是厦门市工业园区海绵改造的示范工程。项目建成后受到海绵建设管理部门、厦顺铝箔厂方和海绵验收专家的广泛好评，被评为厦门市海绵建设优秀工程，其海绵改造的不仅完成了上位控制指标的要求，在更广泛的层面上对指导建设新型生态产业园区，具有示范和推广意义。该项目，相比公园绿地、居住小区的海绵建设，最大的区别在于径流污染负荷重、下垫面情况不利、水资源矛盾最突出，设计通过分析工厂外部环境存在的问题，提出污染防治、低影响开发和景观提升相结合的策略，以海绵城市建设为契机，以灰绿结合的方式，实现海绵城市建设和工业园区转型。

1.2 自然条件

厦门属南亚热带海洋性季风气候，马銮湾海绵城市建设试点区多年平均降雨量1427.9mm，由西北向东南递减，在华南属少雨地区，是淡水资源匮乏的海湾城市之一。3~9月为春夏多雨湿润季节，10月至来年2月为秋冬少雨干燥季节。常年平均湿度为77%，10~12月最低（69%~70%），3~8月最高（82%~86%）。根据年降雨径流控制

率分区，厦门市位于第四分区，试点区径流控制率范围为70%~85%。

试点区勘测点土壤的渗透性和含水能力一般，表层土壤为人工填土渗透性较好，土层厚度较薄以未压实的砂质黏土和砾石为主，渗透系数 10^{-5}cm/s。第二层土壤为粉质黏土、淤泥质黏土，透水性差，土层较厚，以黏、粉颗粒和淤泥为主，渗透系数 10^{-7}cm/s。第二层土壤为隔水层，以上地下水为潜水，水位变化大，受降雨影响显著；以下的地下水为承压水，由补给区补水，受上方降雨影响较少。工厂地下潜水位较高，沿湾地区地下水位高于南部地势较高地区，受降雨影响明显，所有测点的最高水位均为设计标高以下0.5m，对海绵城市设施建设影响较大。

1.3 下垫面情况

厦顺铝箔工厂建设用地总面积21.68hm²，下垫面分为建筑屋面、道路铺装、绿地、水体4类，下垫面情况见下表。厂区以25%的绿地消纳区域内的雨水径流，海绵改造压力较大。

厦顺铝箔工厂下垫面情况分析

下垫面类型	所占面积（m²）	所占面积比例（%）
建筑屋面	95343	44.0
道路铺装	65242	30.1
绿地	54808	25.3
水体	1390	10.6
总计	216800	100

1.4 竖向条件与管网情况

厦顺铝箔工厂南依蔡尖尾山，场地竖向南高北低，竖向最高点位于场地东南角，高程为25.53m，最低点位于西北角，高程为24.00m。工厂内雨水由南向北汇集，东西向雨水由次级路向邻近的主要道路汇集。根据现有条件铝箔车间屋面雨水为南北两侧双坡排水，成品库打包间屋面雨水单侧向右排水。屋面雨水通过雨落管流向建筑散水，流入邻近绿地或道路。

厦顺铝箔工厂的雨水通过道路两侧雨水口进入雨水管，并由南向北汇流，通过北侧两个排出口接入市政排洪沟。场地内没有雨水利用设施，雨水直接排出厂区。厂区内生产生活污水通过污水管线排向北侧市政污水管道。工厂北侧设有一

处污水净化池，污水排出前进入净化池，净化后浇灌绿地。

1.5 客水汇入情况

厦顺铝箔工厂内无客水汇入。

2 问题与需求分析

2.1 径流污染负荷较重

水污染防治是工业污染"三废"防治的重点，厦顺铝箔工厂的废水排放经过内部的预处理后，通过市政管网排至海沧区污水处理厂进一步净化。然而现场仍然有不少废水管线错接、渗漏等间接排放到外部环境的情况出现。工厂雨水径流中的固体悬浮物（SS）、化学需氧量（COD）、氨氮（NH_3-N）、总磷（TP）、总氮（TN）、重金属等污染物的负荷和浓度非常高，雨水径流水质状况较差。气体污染物和固体污染物对于工厂海绵改造和环境营造也会产生负面影响，尤其是影响植物的生长。

2.2 下垫面情况不利

厦顺铝箔工厂的用地性质为工业用地，其经济生产属性决定了工厂内以厂房和办公楼为主，硬质下垫面占比大，绿地和水系面积有限，承接

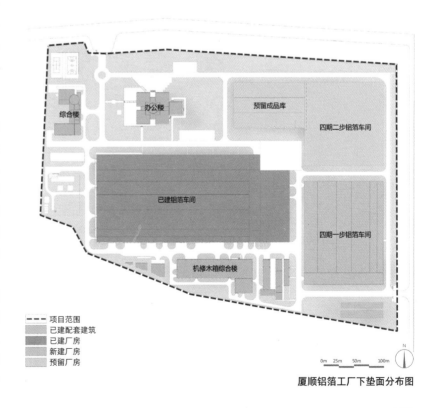

厦顺铝箔工厂下垫面分布图

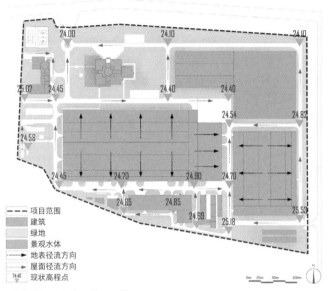
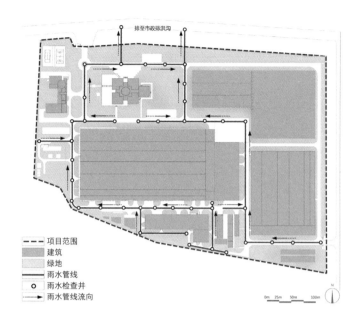

厦顺铝箔工厂竖向及管网现状图

汇流的绿色基础设施缺少设置空间，不利于海绵建设的实施。此外，厂房以坡屋顶的轻质板材为主，建筑物的荷载低，不具备布设屋顶花园的条件。而工厂内部的硬质铺装和道路均有较高的荷载要求，以不透水材料为主。综上，需要通过灰绿结合的措施来实现源头减排。

2.3 水资源矛盾突出

厦门属于淡水资源匮乏的海岛型城市，而工业园区作为产业密集区，工业生产用水占城市用水的比例随工业发展而不断增长。因此，通过厦顺铝箔工厂海绵改造，将雨水资源回收利用，在一定程度上减少工厂外调用水需求，既能满足海绵城市建设中有关水资源的指标要求，同时对实现整个工业园区的可持续发展目标具有重要意义。

2.4 其他不利因素

厦顺铝箔工厂的海绵改造过程在还面临工厂自身的一系列问题：由于工厂的规划建设周期长，工厂生产设备更新换代频繁，在实施过程中难免出现管网、线路混杂的情况，尤其是各类地下管线，埋深、走向、连接、损坏程度各不相同，前期勘察难度大，后期海绵改造过程中的不可预估影响较多；工厂原料及产品运输多以重型货运汽车为主，车身辐重大，导致工厂内路面的沉降明显、地表损毁情况多发；传统工厂的绿地标高均

高于道路，地表雨水径流基本沿道路排放，海绵设施布局的条件较差等。

3 海绵城市绿地建设目标与指标

本次改造结合《厦门市海绵城市建设试点城市实施计划》中对海沧区马銮湾试点区的实施目标及地块开发的上位规划设计条件，制定海绵型工业区的建设目标。

3.1 水安全目标

纳入海绵试点区的整体指标控制，发挥工厂汇水单元的滞蓄调控能力。

3.2 水生态目标

实现年径流总量控制率达到70%，降雨滞蓄率不低于4%，对应设计降雨量26.8mm。其中降雨滞蓄率指规划范围内海绵改造后，能够有效滞蓄雨洪的调蓄容积与多年平均降水总量的比值。

3.3 水环境目标

充分承接新阳工业园区的海绵系统规划，从源头控制雨水径流污染，径流污染总悬浮颗粒（SS）去除率达到45%以上；严格控制工厂内的点源污染，对合流制管渠溢流污染有效控制，提升工厂水质净化能力，保障工厂出水水质不劣于IV类。

3.4 水资源目标

建设工厂雨水回用系统，充分利用工厂现有的雨水净化调蓄池，净化后的雨水回补工业用水和绿地灌溉，确保雨水资源利用率比例不低于3%。

3.5 海绵景观化目标

体现工业区雨水利用设施的景观化表达，将绿色基础设施的雨洪滞蓄效能最大化使低影响开发设施具有一定的显现度及美观度。

4 海绵城市绿地建设工程设计

4.1 设计流程

依照厦门市海绵专项规划和试点区实施计划的要求，基于径流污染严重、硬质化的下垫面、水资源供需矛盾等问题，以源头控制雨水径流总量和雨水径流污染为目标，项目提出以下海绵改造的设计流程和技术措施：

（1）基址条件分析：调研掌握工厂地下管网布设、污水处理设施、自处理设施等基础条件，排查工厂内部管网错接乱接点，提出点源污染断接治理策略。

（2）汇水分区划定：依照上位海绵规划确定项目所在分区及对应指标，根据屋顶雨水排向、场地竖向、地下雨水污水管线排布，分析现状工厂汇水路径，结合景观平面布局确定场地汇水分区。

（3）雨水路径组织：根据场地竖向及地下管网等条件，组织屋顶、道路、铺装、绿地的雨水路径；对场地雨水收集方向进行分析，结合现状雨水管线流向选择适宜的雨水设施并设计溢流管线。

（4）子汇水分区细化：根据雨水路径细化汇水分区，将目标调蓄容积分解，确定雨水设施规模和空间布局。

（5）径流总量控制量计算：统计场地下垫面条件，通过计算得出现状场地的产流量，对接项目所在地块年径流总量控制率要求，以汇水分区为单元计算场地径流控制量，得出适度的调蓄容积。

（6）雨水径流污染去除量计算：根据单体海绵设施的径流控制量和当地典型设施对应的径流污染削减率，加权平均得出项目海绵设施径流污染削减率，再利用项目年径流总量控制率与海绵设施径流污染削减率相乘，得出项目雨水径流污

染去除量率。

（7）指标复核：参照雨水设施规模及平面布局，核算调蓄容积是否满足总控制径流量要求，污染削减是否达标，若未满足上位指标要求，对雨水设施进行再核定。

（8）雨水回用：结合末端调蓄池设置雨水回用管线，以工厂实际情况为准，将雨水回用于工业用水和绿化灌溉，计算雨水资源利用率。

（9）总平面布局：根据复核结果，对低影响开发设施进行调整并得到最终的布局。

（10）景观提升策略：依照海绵改造的总体布局，从工业园区整体风貌把控的角度，针对各个工厂提出整体协同、特色突出的景观提升设计方案。

相较于公园绿地、居住小区海绵改造，工厂的海绵改造特色主要体现在点源污染截污纳管、灰绿结合的海绵体系、净化雨水回用于工业用水3个方面。

4.2 总体布局

厦顺铝箔工厂海绵改造项目综合运用多种灰绿结合的海绵建设措施，满足上位规划提出的雨水年径流总量控制率和径流污染控制指标。以工厂的两个主入口、主要办公楼周边区域为重点的景观化改造区域，选择景观效果更佳的雨水花园为主要设施，结合配置观赏植物与景石，减少海

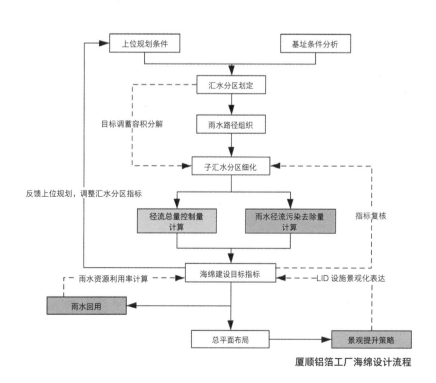

厦顺铝箔工厂海绵设计流程

绵改造对厂区的景观影响。对现有停车场进行透水面层的改造，同时依照厂方需求增加停车位，满足工厂的使用需求。对现有调蓄池升级改造，增加雨水净化回用系统，解决汇水分区的调蓄需求，回用管线近期连接至屋顶花园作为绿化灌溉用水；在主办公楼东侧设置湿塘，解决汇水分区的调蓄需求；对厂房的雨落管采取断接处理，将屋面雨水就近引入厂房周边的下凹绿地。

4.3 竖向设计及汇水分区

4.3.1 竖向设计与汇水分区

汇水分区的确定综合考虑了工厂内地表竖向，雨水管线流向及屋顶雨水排放组织，将产流区域根据汇水流向分为若干汇水分区。海绵设施主要在径流进入雨水管前改变雨水流向，将其引导至雨水调蓄设施。根据这一原则本项目共分为 2 个汇水分区。

4.3.2 径流控制量计算

一号汇水分区总面积 92712m²，通过设置绿色屋顶，有效地将总产流量由 1787.4m³ 缩减到 1731.8m³。设置植草沟、雨水花园、下凹绿地等生物滞留设施，使调蓄容积达到 1612.6m³，另有 111.8m³ 雨水在场地贮存不了，则在场地北侧雨水管网末端设置 120m³ 的蓄水池进行调蓄，总调蓄容积达到 1732.6m³，满足该汇水分区指标要求。

二号汇水分区总面积 124071.0m²，总产流量 2237.1m³，通过设置植草沟、雨水花园、下凹绿地以及湿塘等设施滞蓄雨水，使调蓄容积达到 2246.1m³，满足该汇水分区指标要求。

4.3.3 设施选择与径流组织路径

厦顺铝箔工厂作为相对独立的海绵单元，主要处理自身产流，根据工厂外部空间条件，以绿色基础设施为主，灰色基础设施串联，构建雨水收集、传输、净化、调蓄、回用体系。

断接针对点源污染，截污纳管排至厂区污水处理设施，经过净化后排入市政污水管网；配置屋顶绿化、透水铺装改善下垫面综合径流系数；屋顶雨水通过雨落管断接控制径流源头，利用植草沟、渗沟传输，延长径流路径；路面雨水通过在雨水口设置弃流设施，将初期雨水排入污水管网，至污水处理厂集中净化，中后期较为干净的雨水由引流槽引入植草沟；透水铺装承接的雨水通过基层渗排管排入植草沟；中端设置下凹绿地、雨水花园、湿塘消解，配植对污染源净化功能较强的草本及花灌木植物种类，对径流调蓄净化；净化雨水通过溢流管网传输到末端地埋式蓄水池沉淀、净化、回用；所有海绵设施的超标雨水均通过溢流井排至市政雨水管网。

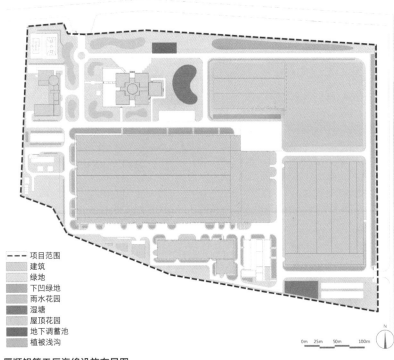

厦顺铝箔工厂平面图

0m 25m 50m 100m N

图例：
- - - 项目范围
　建筑
　绿地
　下凹绿地
　雨水花园
　湿塘
　屋顶花园
　地下调蓄池
　植被浅沟

厦顺铝箔工厂海绵设施布局图

0m 25m 50m 100m N

4.4 土壤改良与低影响开发设施植物选择

4.4.1 土壤改良

厦顺铝箔工厂现状土壤的渗透性一般，渗透系数在 $10^{-5} \sim 10^{-7}$ cm/s，此次土壤改良是针对雨水设施进行局部换土，置换所有雨水设施的表层种植土，选择具备良好渗透性的优质种植土进行海绵设施表层回填，种植土可选用田园土、改良土或无机种植土，具体指标参照现行行业标准《绿化种植土壤》CJ/T 340 的规定和厦门市《海绵城市建设工程材料技术标准》DB3502Z 5011—2018。此外，将设置雨水花园、下凹绿地的区域，垫层置换为渗透性能良好的砾石层，垫层的厚度不宜小于300mm，过滤介质可采用粒径范围为16.0~31.5mm、孔隙率为35%~40%的碎石或卵石。工厂其他绿地不进行土壤改良。

4.4.2 低影响开发设施与植物配置

（1）源头减排设施——绿色屋顶、透水路面与生态停车场

绿色屋顶能够有效控制屋顶径流，利用植物吸纳截留雨水，起到削减径流量、延缓径流峰值的作用。考虑到厦门气候条件，此次改造主要选择工业园内具有建设条件的办公楼，采用移动式种植钵的形式，成规模的设置绿色屋顶，最大限度地改变下垫面径流系数。结合工厂生产的实际情况，主要道路保留为承载力更强的不透水铺装；对局部的广场铺装，通过面层基层全透性的形式改造；对大面积集中的停车场，采用基层不透水、

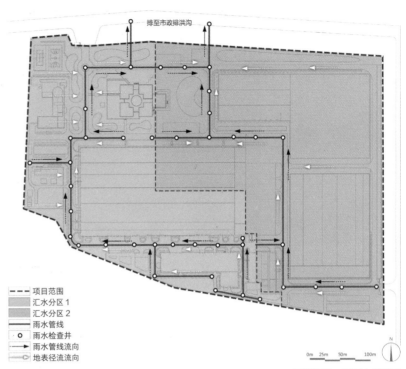

厦顺铝箔工厂汇水分区图

面层透水的形式改造，适度增加基层的厚度，保障地面的承载力。屋顶花园以改善下垫面径流为主，植物选择以易于养护的植物为主，如佛甲草、垂盆草、金叶景天、金叶佛甲草等。

（2）雨水传输设施——植草沟、渗沟

设计将雨水口四边设置引流槽，不对雨水口封闭改造，结合路缘石开口，使车行道上雨水在中小雨量都能通过引流槽进入海绵设施，而暴雨时又使工厂不会有受淹的危险。紧临建筑物的绿地，将

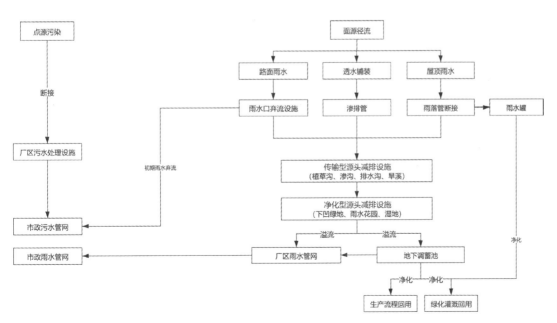

厦顺铝箔工厂径流组织路径图

绿色屋顶建成效果

下凹绿地建成效果

建筑物雨落管断接后导入植草沟来控制径流，利用植草沟传输雨水，延长径流路径。对于缺少绿地的，采用渗沟形式，收纳雨落管汇水，传输至下游收集设施。植草沟的植物配置以马尼拉草为主。

（3）生物滞留设施——下凹绿地、雨水花园、湿塘

中端设置下凹绿地、雨水花园、湿地，承接植草沟和引流槽导入的雨水。将原有的散水沟破

除，结合下凹绿地等设施改造成绿地，增加工厂绿化率。

雨水花园能够有效地滞蓄雨水，通过植物和垫层的综合作用，可以去除使渗漏的雨水中的悬浮颗粒和部分有机污染物，雨水花园的垫层结构为 300mm 蓄水层 +400mm 种植土层 +300mm 砾石排水层 + 土工布和 PE 防水毯。

下凹绿地广泛应用于厂房周边的带状绿地，选择简单高效的结构，侧重渗透性和净化能力，强调下凹绿地的功能性。下凹绿地的垫层结构为 300mm 蓄水层 +250mm 种植土层 +400mm 砾石排水层 + PE 防水毯。

湿塘是具有雨水调蓄和净化功能的景观水体，通过收集雨水作为主要水源，该项目为符合工厂的海绵改造定位，设计"低配版"湿塘，保留主要调蓄和净化功能。通过梳理雨水径流路径，设置相应的传输设施，确保湿塘承接二汇水分区的雨水径流。作为该分区最主要的中端调蓄设施，通过分区产流和设计调蓄容积的核算，最终得出湿塘的规模为 1230m²，常水位为 0.5m，调蓄容积约为 600m³。湿塘的垫层结构为 500mm 蓄水层 +200mm 种植土层 +PE 防水毯。

下凹绿地、雨水花园、湿塘要配置污染源净化功能较强的草本及花灌木植物种类，兼具净化功能和景观效果，以花叶芦竹、狼尾草、黄菖蒲、矮蒲苇、美人蕉、翠芦莉为主。

（4）末端储蓄设施——蓄水池

净化雨水通过溢流管网传输到末端地埋式蓄水池收纳、净化、回用，实现 LID 设施径流污染

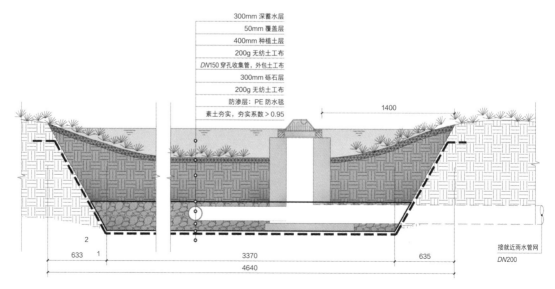

雨水花园做法详图

控制的目标。末端储蓄设施依托工厂现有的地下蓄水池，增加沉淀、净化、消毒、回用装置及管线，设计调蓄容积为100m³。

5　建成效果评价

5.1　工程造价

厦顺铝箔工程海绵改造工程总造价为725.96万元。

5.2　效益分析

5.2.1　年径流总量控制率核算

通过指标细化核算优化低影响开发体系的布局，由于工厂海绵改造的特殊性，实际调蓄容积低于目标调蓄容积，调蓄能效约为95%，难以满足调蓄任务，需要将数据反馈给上位规划，在汇水分区内部进行调整，或在分区末端设置大型调蓄设施来保障区域的水安全。

5.2.2　径流污染削减率核算

根据单体海绵设施的径流控制量和当地典型设施对应的径流污染削减率，加权平均得出项目海绵设施径流污染削减率，再用项目年径流总量控制率与海绵设施径流污染削减率相乘，得出项目雨水径流污染去除量率为73.0%，面源污染去除效果良好。

5.2.3　雨水资源利用率核算

通过构建工厂雨水回用系统，利用现有雨水净化调蓄池，项目实际雨水资源利用率为2.71%，略低于上位要求。

工程造价汇总表

序号	汇总内容	金额（元）
1	分部分项工程费	5814274
1.1	A. 绿化种植	1113535
1.2	B. 绿化工程（绿色屋顶）	1594583
1.3	C. 园林景观工程	3106157
2	措施项目费	146794.9
2.1	安全文明施工费	28489.94
2.2	其他总价措施费	45351.34
2.3	单价措施费	72953.61
3	其他项目费	78546.79
3.1	人工单价厦门地区价差	78546.79
4	规费	177623.7
5	税金	683896.4
	园林单位工程	6901136
	安装单位工程	358489.4
	合计	7259625

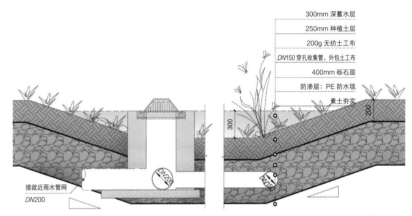

下凹绿地做法详图

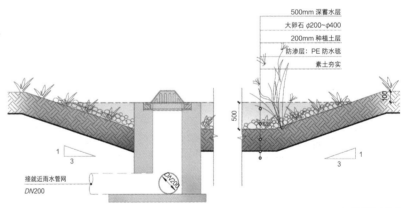

湿塘做法详图

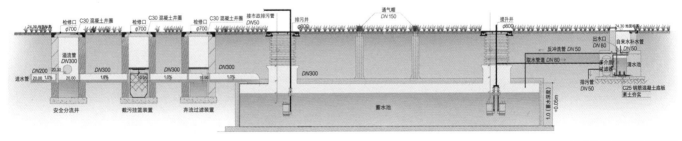

雨水收集系统工艺流程图

海绵改造完成后效果图

6 海绵城市绿地维护管理

6.1 海绵城市绿地维护管养机制

项目建设期结束后，将整体移交给责任主体单位（厦顺铝箔厂方），负责日常维护管理。项目运维期间，厦门市海沧区海绵办指导厂房各类海绵设施的维护管理工作，并定期开展技术培训，对项目运行效果定期巡查并提出整改意见，保证海绵设施的长效运行。管养费用由责任主体单位自筹。

6.2 海绵城市绿地维护要点

6.2.1 植物养护

对观植物定期检查，补种、清除杂草、施肥、驱虫，保证植物健康生长。

6.2.2 土壤养护

对设施内种植土定期检查、松土、施肥，保证土壤肥力和透水性。

6.3 典型雨水设施维护

6.3.1 绿色屋顶

根据各类屋顶绿化植物的生态习性、特点，制定相应的灌溉、施肥、修剪、病虫害防治措施。定期检查屋顶防水层和绿化隔层构造，更换损坏的蓄排水板和过滤布。定期检查屋顶绿化的滴灌设备，更换老化的滴头。

6.3.2 生物滞留设施——下凹绿地、雨水花园、湿塘

定期监测土壤渗透性、修剪枝条、清理沉积物和废弃物等，定期检查生物滞留设施受侵蚀的程度，及时更换虫害、受侵蚀的植物材料。在雨后检查生物滞留设施的入水口与溢流口，以保证入水口和排水通道畅通无堵塞。

6.3.3 末端储蓄设施——蓄水池

定期清理蓄水池内部的残枝败叶，日常检测蓄水池水质，定期清洁消毒。检查维护蓄水池内的雨水净化、回用设备和管线，定期确保蓄水池安全稳定使用。

设计单位：中国城市建设研究院有限公司
管理单位：厦门市海沧城建集团
建设单位：厦门市辉元建设有限公司
编写人员：达周才让　牛　萌

年径流总量控制率核算表

工厂名称	雨水花园 (m^2)	下凹绿地 (m^2)	湿塘 (m^2)	调蓄池 (m^3)	目标调蓄容积 (m^3)	实际调蓄容积 (m^3)	调蓄能效 (%)
厦顺铝箔	1821.5	10806.7	2113.1	120.0	3968.9	3778.7	95.20

雨水资源利用率核算表

项目名称	目标调蓄容积 (m^3)	调蓄池 (m^3)	实际调蓄容积 (m^3)	雨水资源利用率 (%)	雨水利用量 (m^3)
厦顺铝箔	3968.9	120.0	3778.7	2.71	5884.44

常德市人大常委大院及家属院海绵化建设

项目位置：常德市武陵区洞庭大道117号

项目规模：2.32hm²

竣工时间：2017年12月

1 现状基本情况

1.1 项目概况

常德市为第一批国家海绵试点城市，海绵城市试点区总面积为36.1km²，其中老城区为6.6km²，新城区为25.8km²，拟建区为3.7km²。试点区共划分为28个汇水片区，柏子园雨水机埠汇水片区位于试点区老城区的中南部，该汇水片区北部横穿1条内河水系——穿紫河，南部内嵌1处较大湖体——滨湖公园湖体，区域总面积380hm²。

柏子园雨水机埠汇水片区属于改造难度较大的老城区，老旧居住区"小、旧、差"，建设条件复杂。人大常委大院遵循"灰绿结合""生态环境并重"的建设原则，在海绵改造中对区域水环境提升、内涝治理进行了探索，为我国南方多雨城市老旧小区治水提供示范经验。

人大常委大院位于柏子园雨水机埠汇水区内，临近武陵大道与洞庭大道交汇处，总占地面积2.32hm²。院落分为办公区和家属区，办公区有办公建筑2栋，家属区有家属楼4栋。

家属区内有两块公共绿地，植被茂密，导致居民的使用率不高，绿化景观缺乏观赏价值。改造工程于2017年3月开工建设。

1.2 土壤条件

常德河湖冲积平原地区土壤大致分为两层：第一层以粉质黏土、黏土为主，总厚度7~12m。（粉质黏土的渗透系数大概在 10^{-5}~10^{-6}m/s）；第二层为卵石，成分为砂岩、石英岩、燧石等，粒径一般为1~3cm夹黏性土及细砂，是良好的含水地层，水量丰富，厚度约为80m。

1.3 水文条件

常德四季有雨，雨量充沛、年降水量1200~1900mm，汛期4~9月。地下水分层结构明显，浅层地下水主要赋存于上层的杂填土中；下层为孔隙承压水，赋存于圆砾卵石层中，埋深3~9m，汛期时可上升至距地面1.5m处。

1.4 下垫面与管网情况

全院6栋建筑均为平屋顶，建筑排水为外排雨落管直排建筑散水，无地下室和地下车库。院落内现状车行道路为水泥混凝土结构，多处破损严重，下雨时经常积水。办公区内有一处人工景观水池，面积约为616m²，水源为自来水。

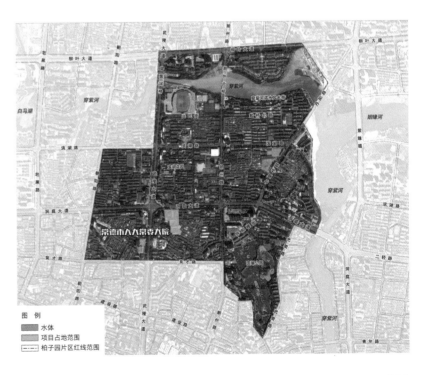

常德市人大常委大院区位图

图例

■ 水体

■ 项目占地范围

▩ 柏子园片区红线范围

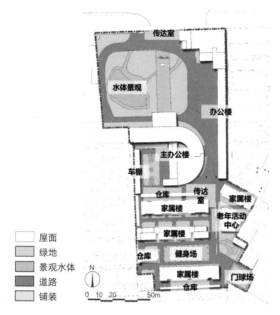

大院现状下垫面

| 屋面 |
| 绿地 |
| 景观水体 |
| 道路 |
| 铺装 |

N
0 10 20   50m

大院下垫面情况分析

下垫面类型	所占面积（m²）	所占面积比例（%）
建筑屋面	7390.5	31.8
道路铺装	9023.4	38.8
绿地	4496.1	19.3
水域	616	15.9
总计	23228.9	100

院内管网已完成雨污分流改造，地表雨水径流通过道路两侧雨水箅子进入雨水管，并由场地南侧向北部汇流，最终通过北侧大门总排口接入市政雨水管网。经管网排查后，无雨污混接、错接、漏接等现象。

1.5 竖向条件

整个场地南低北高，竖向最高点高程为31.67m，最低点位于景观水池，水面高程为29.70m，场地周边无客水汇入，现状场地内无雨水、污水管网。

2 问题与需求分析

（1）场地内无组织排水且地面竖向不清晰，雨水水直排管网，现状绿地、水系等下垫面没有发挥调蓄功能。

现状场地绿地与水系面积合计占比约35%，且绿地分布较为均匀。应利用良好的绿地条件形成绿色雨水基础设施，使雨水径流尽可以多的滞留、渗透于绿地和水系内，发挥源头分散调蓄雨水、消减城市面源污染的作用。

（2）场地路面破损情况严重；无序停车造成的通行道路阻塞，严重影响居民正常生活。

随着停车需求的增加，场地内规范车位紧张，乱停乱放的现场普遍，随意侵占绿地的违规行为频繁发生。应统筹考虑办公区与家属区内外的停车需求和行车交通组织内外交通有效衔接；利用现有绿地空间打造成多功能的绿色基础设施，在保证其生态、景观等基础功能之上，蓄存更多雨水，将雨水尽可能留在地块内。

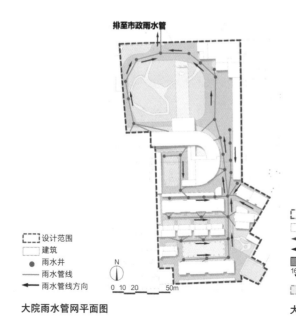

排至市政雨水管

| 设计范围 |
| 建筑 |
| ● 雨水井 |
| —— 雨水管线 |
| ← 雨水管线方向 |

N
0 10 20   50m

大院雨水管网平面图

| 设计范围 |
| 建筑 |
| ← 地表径流方向 |
| ← 屋面径流方向 |
| 水体 |
| 16.47 ▼ 现状高程点 |
| 可布设施范围 |

N
0 10 20   50m

大院现状竖向图

3 海绵城市建设目标与指标

人大常委大院属于常德柏子园汇水片区,《常德市柏子园汇水区域海绵建设工程总体方案设计》中提出通过源头海绵减排雨水设施建设进行住宅小区、公共建筑以及市政道路和公园绿地的改造,构建柏子园片区水生态系统,增加雨水径流源头控制,减轻末端机埠压力。

总体方案对人大常委大院项目给出明确指标要求:

(1) 年径流总量控制率达到70.8%,对应设计降雨量16.4mm;

(2) 年SS总量去除率达到40%。

3.1 水生态、水资源目标

充分利用现状绿化空间,通过多种源头减排雨水设施,如雨水花园、下凹绿地、透水铺装、导流槽等生态设施进行雨水的滞蓄,通过竖向设计和传输、溢流设施,将区域内71%的径流雨水最大限度地集中汇入景观水体,有效加强径流峰值控制。通过连通渗排管,减少排水管网工程量的同时补充现状水系,替代自来水或中水使用量,有效提高雨水资源替代率。

3.2 水环境目标

以灰色基础设施为辅,通过铺设透水沥青面层,减小硬质下垫面径流系数,减少产流;将原有不透水的车位改为生态停车位,处理和过滤初期雨水,达到区域内径流污染控制目标。

4 海绵城市绿地建设工程设计

4.1 设计流程

人大常委大院源头改造类型项目工程设计包括3项内容:排水分区划定与雨水组织;低影响开发雨水系统构建;基础设施与景观系统打造。

(1) 排水分区划定与雨水组织

结合场地原有竖向和现状雨水管网走向,将大院划分为3个排水分区,各排水分区尽可能地承接区域内全部雨水径流。

(2) 低影响开发雨水系统构建

在汇水分区基础上,实现绿色设施对常规降雨下渗调蓄、超常规暴雨削峰及源头场地径流减

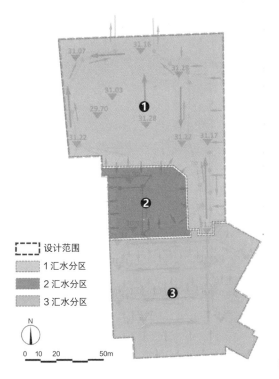

图例
- [ ] 设计范围
- 1 汇水分区
- 2 汇水分区
- 3 汇水分区

N

0　10　20　　　　50m

排水分区范围及下垫面情况

排的作用。根据径流总量控制目标核算各排水分区内下垫面产流路径及产流量,在绿地内进行精细化校核设计和指标测算(绿色设施内介质的可渗透比例),还包括区域内末端水系水面面积、常水位水深、调蓄深度及暴雨淹没高度等阈值进行测算,构建一套完整系统的以绿色设施为主导的低影响设施体系。

(3) 基础设施与景观系统提升

基于绿地空间不仅能够作为调蓄雨水的载体,同时更是重要的景观组成要素,故改造项目包括基础设施完善、景观品质提升、植物景观营建及交通停车系统优化等多方面的综合改造,实现基于海绵改造的"海绵+"综合效益。

4.2 总体布局

人大常委大院,在地块内恢复绿地的透水功能,重新构建源头减排系统,有效控制雨水径流,净化初雨污染,合理利用雨水。由传统"快排"转变为"渗、滞、蓄、净、用",将雨水径流在源头进行控制,提升城市地块雨水承载能力。

大院内原有混凝土结构车行路改为透水沥青(表层透水型),设计减双坡向排水,保证路面排水通畅;原有人行道改为砂基透水砖铺装,避免南方多雨季节造成的路面积水湿滑。全院共规划生

态型车位（植草砖结构）100 个，满足行政办公及日常生活的停车需求。

大院北侧办公区域原有景观水体面积大小不变，将原有混凝土硬质驳岸改为生态驳岸，水体改造为雨水塘，收集周边办公建筑的屋面、路面雨水径流。水景周边现状铺装道路更换为透水铺装（透水砖、砾石、汀步等形式），同时增设休憩座椅。沿绿地设置卵石渗透沟收集路面多余雨水，通过渗透沟底部收集管的竖向连通，将道路雨水径流过滤后排入雨水塘。

东南角现状绿地改造为雨水花园，将西侧两栋建筑的屋面雨水通过雨落管断接方式，利用隐

藏式排水沟导入雨水花园。西侧原有铺装面积不变改为透水型铺装，增加休憩座椅和运动器械，满足居民日常生活需求。

4.3 设施选择

4.3.1 绿色雨水设施

（1）雨水花园

主要是通过植物、土壤下渗、滞蓄、净化雨水径流。雨水花园除了能够有效地进行雨水渗透之外，还能对雨水径流进行预处理过滤，去除大颗粒污染物并减缓流速。雨水花园内应设置溢流雨水口，溢流口顶部标高应与设计滞水深度齐平

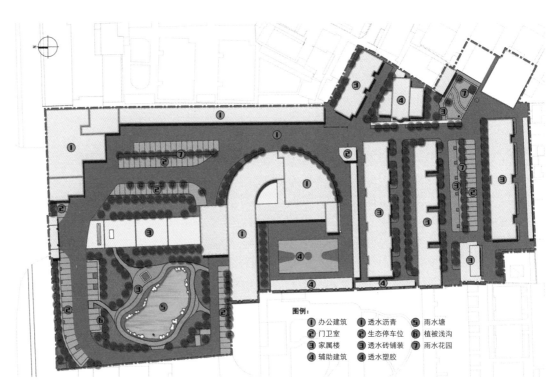

人大常委大院总平面图

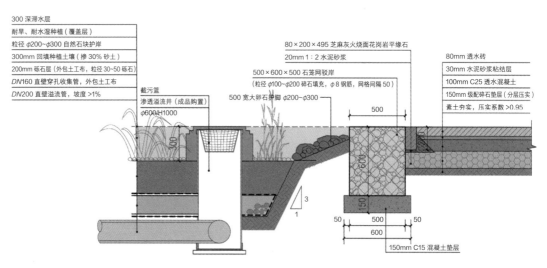

雨水花园改造做法结构图

且低于周边铺装 100mm。

雨水花园结构：300mm 滞水空间 +300mm 种植土 +200mm 砾石排水层 + 防水土工布。

（2）雨水塘

原景观水池改为雨水塘，收集办公区域的屋面、路面雨水径流。

4.3.2 灰色雨水设施

（1）渗透沟

在车行路一侧设置连续的卵石渗透沟，截留携带泥沙、尘土的雨水径流，雨水经卵石初期净化后，少量就地下渗，剩余雨水沿沟体输送至雨水塘进行滞蓄。

（2）透水路面与生态停车场

大院内人行道路采用，透水沥青、透水砖、汀步等。停车场采用生态做法，铺设植草砖。既有效地补充了小区地下水又缓解了热岛效应。小区实现小雨路面无积水，减少由于雨天路滑发生的安全事故，创造宜居环境。

4.4 水体改造设计

通过现状水体改造将源头地表径流全部留在场地内进行滞蓄，尽可能不让地表雨水通过重力流直接进入市政管网。

首先对池底进行清淤、防渗处理、驳岸塑形、池底回填河沙后，投放田螺等水生生物，同时种植水生植物。破除原有混凝土硬化驳岸改造为生态型护坡，在常水位和洪水位之间的驳岸增加椰棕垫，起到强化加固功能，为降低驳岸在雨季期间存在滑坡风险。同时浅水区域种植耐湿耐旱类植物，如芦苇、再力花等，并为动物（如两栖类等）提供适生环境，提高水体的自净能力。

底栖植物选择苦草、茨菇、狐尾草、金鱼藻等，并投放螺蛳、河蚌等水生动物。

雨水塘作为区域内末端受纳水体主要收集周边建筑屋面、地表雨水径流；为满足一定滞蓄要求，雨水塘需在雨季前预留调蓄空间。以雨水塘原有泄水井管底标高（27.85m）和溢流井顶端标高（30.05m）为重要限制依据，确定雨水塘不同条件下的水位高程。

办公区汇水面积规模为 10557.2m²，径流雨水通过设置的卵石渗透沟汇入雨水塘。经计算，30 年一遇设计降雨条件下，雨水塘蓄水空间需满足约 215m³，对应中心湖体的调蓄深度

（a）改造前　　　　　　　（b）改造后

雨水花园改造前后对比照片

（a）改造前　　　　　　　（b）改造后

雨水塘改造前后对比照片

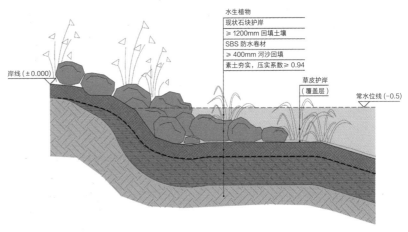

生态驳岸做法结构图

（a）改造前　　　　　　　（b）改造后

路缘渗透沟改造前后对比照片

（a）改造前　　　　　　　　　（b）改造后

透水砖铺装改造前后对比照片

（a）改造前　　　　　　　　　（b）改造后

透水沥青铺装、生态停车场改造前后对比照片

池底清淤、防渗处理后回填施工记录

种植台地塑型施工记录

底栖植物种植施工记录

约为 0.4m。现状池底标高为 28.55m，根据雨水塘周边铺装硬化铺装标高，将雨水塘常水位定位 29.65m，水深 1.1m，雨水调蓄深度为 0.4m，洪水期水位定位 30.05m。

4.5 土壤改良与植物选择

4.5.1 土壤改良

大院所属的柏子园汇水片区内土壤多是受人为扰动较大的回填土，基本在 10^{-6}~10^{-5}m/s，不符合低影响开发雨水设施的建设要求，需通过局部改良设施土壤条件，以增强土壤渗透能力。经过双环渗透仪测试，大院内土壤饱和渗透系数为 1.7×10^{-5}m/s。

改良措施：局部穴土置换，在需要开挖低影响设施的位置，按照原土：沙土：种植土 =1:1:1 进行回填，保障低影响设施的透水性。雨水设施内种植时施用有机肥，防止土壤长时间无雨水调蓄时发生土壤板结，提高土壤自身的抗逆性，形成良好的土壤生态环境。

4.5.2 低影响开发设施植物选择

（1）复层植物群落

在大院海绵改造过程中，保留原有乔木层，增加地被及灌木层，构建复层植物群落，多层次消纳雨水，延长暴雨径流的汇集时间。

（2）低影响设施植物优选

雨水花园：结合净化目标，选用对可有效净化污染源且耐湿耐旱的草本及花灌木植物种类，采用旱生 + 湿生植物群落种植方式：

A、B 植物区域分别选择两种植物混种，并以一种为主导植物；C 植物区域宜选择种植一种湿生植物；株高较高的草和宿根花卉放在场地中心附近或边际绿化带的后部，周边搭配中等高和矮小的植物。

雨水塘：

A. 植被缓冲带：水陆交错地带，生态驳岸，选择种植湿生植物以及水陆两栖植物；

B. 浅水区：水深 0~0.3m，选择根系发达、净化能力强，抗一定水淹的水生植物，如挺水植物；

C. 深水区：水深 0.3~1.0m，选择根系发达、净化能力强、抗较深水淹的水生植物，如沉水植物、浮水植物和部分挺水植物。

雨水塘建成照片

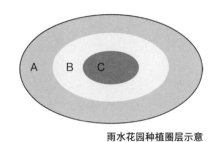

雨水花园种植圈层示意

4.6 达标校核

采用容积法（$V=10H\phi F$）按照汇水分区下垫面计算产流量：

1 汇水分区总面积 10557.5m²，总产流量 116.6m³。通过源头减排设施滞蓄雨水设计调蓄容积达到 284.5m³，满足该汇水分区指标要求。

2 汇水分区总面积 2927.96m²，总产流量 38.2m³。

3 汇水分区总面积 9267.13m²，总产流量 115m³。通过源头减排设施滞蓄雨水设计调蓄容积达到 52.07m³，满足该汇水分区指标要求。

3 个汇水分区合并计算，总产流量 269.8m³。通过源头减排设施滞蓄雨水设计调蓄容积达到 336.57m³，达到海绵城市建设目标要求。

5 建成效果评价

5.1 工程造价

该过程总造价为 474.2 万元。投资估算中含与海绵建设相关的景观改造费用，其中海绵改造部分总投资为 158.6 万元；提质改造部分总投资为：202.7 万元。

5.2 效益分析

常德市人大常委大院海绵城市建设通过雨水自然积存、自然渗透、自然净化，以构建一套完整的以绿色设施为核心的源头减排雨水系统，对区域雨水收集、存蓄以及缓解城市内涝起到积极的促进作用。

复层植物群落种类选种表

种类选择	乔木层	池杉、乌桕、三角枫、重阳木、杜英、柿树、香樟、龙柏、杨梅、枇杷、桂花、紫叶李、棕榈、广玉兰、深山含笑
	灌木层	红檵木、南天竹、杜鹃花、金丝桃、木芙蓉、迎春、栀子花、法国冬青、黄槐决明、花叶八仙花、金叶大花六道木、五角金盘、六月雪、含笑
	地被层	沿阶草、麦冬、玉簪、肾蕨、酢酱草、马蹄金、萱草、石蒜、葱兰、鸭跖草、半枝莲、冷水花、结缕草

雨水花园植物选种表

种类选择	A. 喜湿混播	射干、鸭跖草、马蔺、玉簪、石蒜、半枝莲、麦冬、萱草、翠芦莉、彩叶杞柳
	B. 湿生混播	水生鸢尾、水蓼、大叶醉鱼草、肾蕨
	C. 水际变化段	菖蒲、千屈菜、荻、狼尾草、花叶拂子茅、灯心草、矮蒲苇

雨水塘植物选种表

种类选择	A. 植被缓冲带	千屈菜、菖蒲、柽柳、灯心草、荻、矮蒲苇、细叶芒、花叶芦竹、铜钱草、玉带草、斑叶芒、花叶芒、紫芋
	B. 浅水区	香蒲、芦苇、水葱、泽泻、水生鸢尾、水生美人蕉、再力花、水蓼、梭鱼草、黄菖蒲
	C. 深水区	金鱼藻、狐尾藻、睡莲、荇菜、菹草

建成实景照片

6 海绵城市绿地维护管理

6.1 维护管理机制

常德市柏子园汇水片区人大常委大院海绵改造项目属政府投资类项目，湖南经远建筑有限公司（常德市武陵区经济建设投资集团有限公司的子公司）负责建设阶段的维护、管理。建设期结束后，各类设施移交湖南经远有限公司负责日常维护管理。项目运维期间，与常德市政公用局海绵管理办公室协作，对在册项目范围内各类型海绵设施的维护管理工作定期开展专项技术培训、指导。对设施运行效果进行分批分次定期巡查，并提交正式整改意见单，并定期检查整改效果，保证海绵设施的长效运行。

6.2 维护管理中遇到的突出问题及解决措施

该项目在维护管理过程中，强降雨前后运行期间状况检查不充分及时、雨水花园、雨水塘等设施内植物生长不良、水体底泥沉积等问题较为普遍。针对上述问题，常德市市政公用局海绵管理办公室联合项目主管单位制定了管养标准：

（1）设施运行初期，遇大到暴雨后，应检查设施内种植存活情况以及溢流设施是否正常运行。稳定运行后，每年雨季后至少检测1次保障设施运行状况；

（2）针对设施内种植不使用或极少使用杀虫剂和除草剂，对种植生长状况不佳、发生斑秃现象的情况，应及时补植相同类型植物或播种相同的混合种子来替代；日常绿化浇灌水流尽量避免流经植被受损处，直到植被生长状况达到稳定；及时清理植被区的垃圾碎片和沉积物，应及时修复存在植物裸露的斑点区域；

（3）在植被生长季节应进行常规的植被修剪，植被高度不应超过45cm；修剪后的草屑应统一收集、处理；

（4）雨水塘底泥累积到8cm时，需移除积累在溢流井附近和井底淤积底泥；如存在连接管件被侵蚀现象，应更换保证设施能够正常运行。

工程造价统计表

改造内容	调蓄设施类型	单位	工程量	综合单价（元）	投资估算（元）
	一类建安费用				3794039
海绵改造部分	生态车位	m²	1112.5	500	556250
	湿塘	m²	551.78	200	110356
	雨水检查井	个	1	2000	2000
	PEφ160渗透管	m	400	350	140000
	PEφ200溢流管	m	12	350	4200
	透水砖	m²	530	500	265000
	成品排水沟	m	396	700	277200
	渗透砾石带	m²	201.41	400	80564
	雨水花园	m²	68	700	47600
	海绵标识	套	3	1000	3000
	苗木				100000
提质改造部分	道路改造	m²	9032	200	1806400
	建筑围墙	m	84	200	16800
	坡屋顶改造	m²	1360	150	204000
	智能停车系统	套	1	150000	150000
不可预见费（上述建安费5%）					180669
二类费用一类建安费用的25%					948510
合计					4742548

设计单位：中国城市建设研究院有限公司、常德市建筑勘测设计院

管理单位：湖南经远建筑有限公司

建设单位：常德市经海海绵工程技术有限公司

编写人员：孙 晨 牛 萌

嘉兴市南湖大道海绵城市建设工程

项目位置：浙江省嘉兴市南湖区
项目规模：道路红线宽60m，后退绿地宽30m，设计红线范围内面积38.3hm²
竣工时间：2016年

1 现状基本情况

1.1 项目概况

　　南湖大道是嘉兴市一条重要的城市快速路，设计范围位于南湖大道（携李路—中环南路）段。该段道路为双向8车道，中央绿化带宽0.8m，两侧机动车道路宽各18m，外侧树池宽1.5m，人行步道宽3~8m，后退绿地宽度为30m。设计红线范围内面积38.3hm²（含道路面积）。项目涉及的南湖大道北段两侧主要为行政、办公商业用地；南段西侧为办公商业用地、东侧为海盐塘和公园绿地。该项目的主要内容包括：南湖大道低影响设施系统构建、市政排水工程改造和景观绿化提升改造等内容。

1.2 自然条件

1.2.1 气候

　　嘉兴市地处亚热带季风区，气候温和湿润、日照充足、雨量充沛、四季分明。年平均气温15.9℃，极端最高气温40.5℃，极端最低气温 −12.4℃；年平均日照2109h；相对湿度82%；静风频率8%，平均风速2.6~3.4m/s，各月相差不大，全年以东向和西北风向频率为大。

1.2.2 降雨

　　嘉兴地处平原地区，降水量在地域分布上差异不大，但降水的年际变化较大，年内分布不均，据嘉兴站观测资料统计，多年平均降水量为1199.2mm，年最大降水量为1999年的1768.1mm，年最小降水量为1978年的723.1mm，最大与最小两者之比为2.45。同时，降水的季节差异也较明显，嘉兴全年有两个降水高峰，即5~7月的梅雨季和7~9月的台风，日最大降水量曾达289.9mm。据嘉兴站多年月平均降水量数据，汛期占多年平均降水量的73.3%，6~9月占多年平均降水量的48.6%。

1.2.3 土壤条件

　　嘉兴市土壤土质以水稻土为主，根据土体渗透性能研究实验结果，南湖大道各土层的渗透系数多在 10^{-8}~10^{-6}m/s，土壤的渗透性能较差。

项目概况图

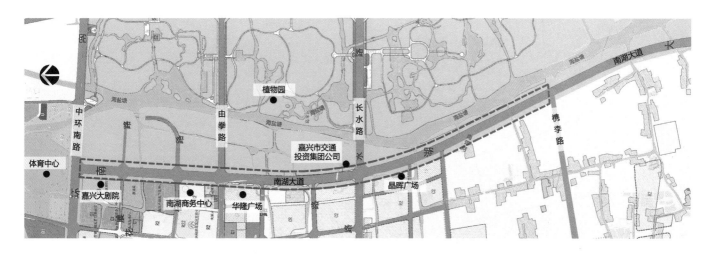

南湖大道采样点土壤渗透实验结果表

土层	竖向渗透系数（m/s）	横向渗透系数（m/s）
南湖大道一层	$0.60\sim3.61\times10^{8}$	$3.16\sim5.82\times10^{8}$
南湖大道二层	$1.08\sim4.42\times10^{-7}$	$7.17\sim8.82\times10^{-7}$
南湖大道三层	$0.75\sim1.48\times10^{-6}$	$1.14\sim1.67\times10^{-6}$

现状综合雨量径流系数

道路名称	类型	面积（m²）	百分比（%）	径流系数	综合雨量径流系数
南湖大道	车行道	118707	31.03	0.90	0.46
	绿地	224224	58.62	0.15	
	人行道	39569	10.34	0.85	
	总面积	382500	100.00		

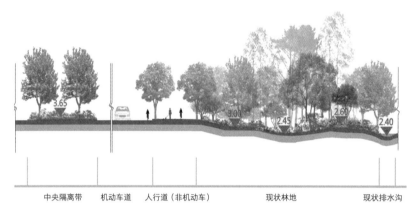

典型道路横断面竖向条件

1.2.4 地下水条件

潜水水位埋深为1.10~2.00m，标高在1.10~1.73m，潜水主要赋存于浅层土中，潜水位随季节变化有所升降，一般年变幅0.5~1.5m。

1.3 下垫面情况

改造前南湖大道下垫面类型包括沥青路面、硬质铺装、绿地三类，各类型下垫面雨量径流系数取值参考《建筑与小区雨水控制及利用工程技术规范》GB 50400—2016，改造前该路段综合雨量径流系数为0.46。

1.4 竖向条件与管网情况

1.4.1 竖向条件

道路标高在2.62~4.37m，道路高于周边用地，整体竖向由人行道向外侧逐渐放坡，与周边地形相接形成一道低洼地。道路纵坡一般为0.3%，整体地势平坦。根据现场查勘情况，设计范围内共有6处易积水低洼点。

1.4.2 管网情况

南湖大道道路两侧均有市政雨水管，管径在DN400~DN1000，管道排放口共10处，雨水就近排入周边河道。

1.5 客水汇入情况

道路内绿地及道路外侧退让绿地现状无客水汇入。

2 问题与需求分析

（1）基础设施亟待完善，道路局部积水严重。南湖大道使用年限长，人行道普遍失修，雨季道路部分十字交叉口积水严重；

（2）道路路面雨水经雨水管网直排入河，道路径流污染风险较高。雨水未经处理，将道路径流污染物及周边部分开发地块雨水污染物带入海盐塘河道，造成水体污染；

（3）道路两侧绿地等局部积水问题造成植物生长不良。由于道路高于周边用地，道路与周

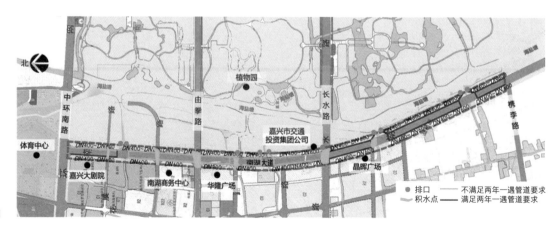

现状管道分布图

边地形相接处形成一道低洼地，下雨时积水很难排出，影响不耐湿植物生长，部分植物生长不良或已死亡。此外，建设初期密植的植被，多年来未经梳理形成密林带，林中大量树木生长不良或枯死。

3 海绵城市绿地建设目标与指标

3.1 建设目标

（1）低影响开发系统构建——针对南方"难渗透、河网密"特点的专项雨水技术展示与优化

土壤增渗改良、分级溢流口共同实现延时调节（Extended Detention）；传统雨水口、雨水井的简易改造与再利用方法；植草沟增强错峰与延时功能；承担周边场地雨水径流。

（2）大小排水系统统筹——统筹源头低影响开发系统与内涝防治系统建设。

实现2年一遇小排水设计要求；统筹道路漫流实现30年一遇大排水系统设计要求；统筹海绵城市验收考核与宣传展示要求。

（3）景观系统——打造具有嘉兴特点的景观道路。

增加慢行系统与公共空间的互动渗透、打造具有江南风格与特色的、嘉兴海绵城市景观标识。

3.2 设计指标

（1）体积控制

按照《浙江省嘉兴市海绵城市建设试点城市实施方案》，南湖大道年径流总量控制率控制目标85.06%，对应设计降雨量29.7mm。

（2）流量控制

该项目流量控制是指特定重现期条件下，区域雨水径流能够通过植被浅沟或管渠得到有效排除。嘉兴市设计暴雨强度公式如下：

$$i = \frac{10.641 + 7.179 \lg P}{(t + 10.647)^{0.655}}$$

式中：i——设计暴雨强度（mm/min）；

t——降雨历时（min）；

P——设计重现期，2年。

降雨历时 $t = t_1 + t_2$，绿化汇水径流的起始集水时间 $t_1 = 15$min；道路汇水径流的起始集水时间 $t_1 = 10$min。管道按满流计算，管道最小流速0.75m/s。成品管粗糙系数塑料管道 $n = 0.010$。

4 海绵城市绿地设计

4.1 总体布局

项目海绵系统设计按照上位规划指标，结合项目现状条件，综合确定低影响开发设施的类型与布局。设计中注重公共开放空间的多功能使用，高效利用现有设施和场地，并将雨水控制与景观相结合，同时根据水文和水力学计算得出低影响开发设施规模。

根据南湖大道各子汇水分区所需径流控制量，统筹考虑红线内外绿地空间，结合竖向控制及管网衔接关系，开展设施布置。

4.1.1 雨水管道自身提标改造

根据《嘉兴排水（雨水）防涝综合规划》中管网校核结果并经模型评估复核，规划仅改造（戚家北港—宝莲港）段雨水管道既可以满足该区域的雨水排放需求且无内涝风险。因此，本次设计对南湖大道，戚家北港—宝莲港段雨水管道进行提标改造，改造内容为将现状 $DN600 \sim DN800$ 改造为 $DN600 \sim DN1200$，改造管长960m。

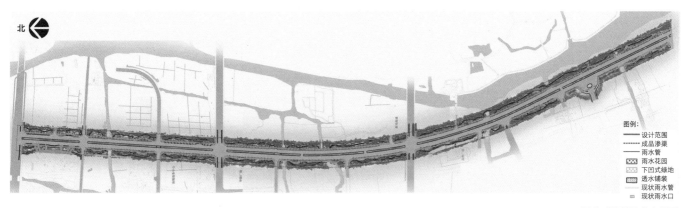

图例：
—— 设计范围
------ 成品渗渠
—— 雨水管
▦ 雨水花园
▨ 下凹式绿地
▦ 透水铺装
▢ 现状雨水管
▫ 现状雨水口

源头减排设施分布总图

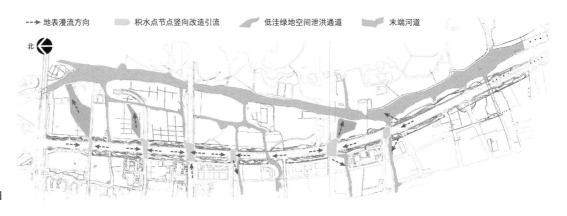

大排水系统示意图

4.1.2 大排水系统改造

经竖向分析及现场踏勘,改造前南湖大道共有6处积水点,为保证暴雨雨水尽快排出地势低洼处不积水,在不改变原有道路竖向基础上,在十字路口人行道设置盖板渠,超标雨水可直接通过盖板渠排放至外部洼地或水系内。

4.2 竖向设计与汇水分区

4.2.1 竖向设计与汇水分区

(1)竖向设计

现状竖向从人行道向内侧绿地逐渐降低,绿地与周边用地之间的挡墙、排水沟交接处为最低点。竖向设计以现状道路标高为依据,以原有低洼地形为改造基础,节点及道路交叉口绿地可根据现状地形进行适当堆造,保证绿地内挖填方就地平衡。游步道纵坡基本控制在0.3%~0.6%,横坡为1.0%(向内侧绿地、雨水花园排坡),满足排水需求。局部河道衔接处的步道纵坡控制在5%以内。场地坡度不小于0.5%,绿地坡度不大于1:3。休憩场地与绿地交接处,绿地应比铺装低2~4cm,满足场地向绿地排水需求。

(2)汇水分区

该设计通过分散式源头减排方式,将控制目标分解至60个区块内,将雨水径流引入雨水口截污设施、透水铺装、侧石开口、雨水花园等设施,以实现对区块内雨水的存储、净化、滞留及下渗,达到总量控制目标。

4.2.2 径流控制量计算

设计范围总面积约38.3hm²,通过计算需控制雨水总量为4550m³,设计低影响源头设施调蓄总量达4762m³。

4.2.3 设施选择与径流组织路径

结合嘉兴当地实际建设经验,设计采用雨水口截污设施、透水铺装、侧石开口、雨水花园等源头减排技术措施控制径流总量及径流污染物。在设计范围内的重要文物及景点标志、大型树木原则上不进行改造,对车行道、人行道和滨河绿地等均进行源头减排改造。车行道、人行道及滨河绿地源头减排技术路线如下图:

构建源头减排雨水系统:车行道的雨水经过现状雨水口改造,一部分雨水排入人行道边缘下的雨水渗渠,超标雨水进入现状市政雨水管网系统;人行道雨水经透水铺装下渗存储,过量雨水溢流排入人行道边缘下的雨水渗渠,经过雨水检查井的过滤进入雨水花园进行下渗、蒸发和存储,超标雨水溢流排入溢流排放河道或现状市政雨水管网系统;滨河绿地的雨水经过下渗存储,然后进入雨水花园,经过下渗、蒸发和存储,过量雨水溢流排入现状市政雨水管网系统。

4.3 分区详细设计

以南湖大道标准段为例,对该段内设施布局、雨水径流组织、景观设计等进行说明。

海绵设施技术路线图

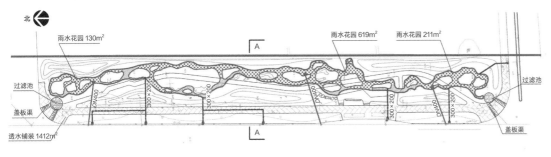

源头减排设施布置标准段
平面图

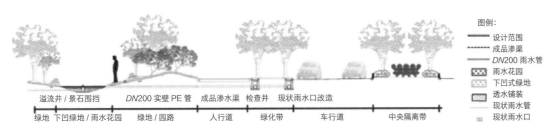

图例：
———— 设计范围
········ 成品渗渠
——— DN200 雨水管
▨ 雨水花园
▨ 下凹式绿地
▨ 透水铺装
—— 现状雨水管
▨ 现状雨水口

A-A 断面示意图

4.3.1 海绵设施布置

现状人行道过宽、铺装陈旧、缺少遮荫，设计改造为尺度怡人、步移景异、富有意趣的生态透水砖道路。在道路红线范围外退让绿地内设置植草浅沟和雨水花园，进行雨水处理与净化。

4.3.2 雨水径流组织

南湖大道车行道雨水经过现状雨水口改造，小雨时雨水通过人行道下成品渗渠引流至道路外侧绿地海绵设施内，大雨时雨水仍可进入现状市政雨水管网系统；道路外侧绿地设置植草沟与雨水花园，收纳引流过来的道路雨水，植草沟可作为雨水花园的预处理设施。道路人行道采用透水铺装，消纳自身雨水；在十字路口低洼点区域，为保障暴雨时超标雨水的快排，防止道路积水，通过设置盖板渠、砾石过滤池，将十字路口及低洼处雨水过滤净化后排入源头减排设施或周边水系。

4.3.3 海绵景观设计

策略一：保留现状规格较大的乔木，如香樟；移除已枯死、生长不良、病虫害严重的乔灌木，梳理整体植被空间。

策略二：根据移植之后现状植被分布因地制宜地布置雨水花园和植草沟，避让大树，挖出的土方就地造坡。

策略三：将原有的人行道砖更换为透水砖，绿地内增加透水混凝土园路（绿道），沿路布置休闲设施，丰富植物景观，打造林下空间。

4.4 土壤改良与植物选择

4.4.1 土壤改良

仅对雨水花园结构层进行土壤改良，底部换填 60cm 种植土壤层（掺 50% 中粗砂），孔隙率50%。

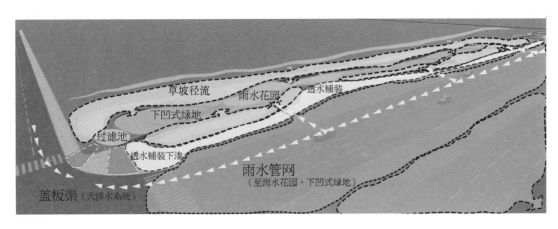

雨水径流组织示意图

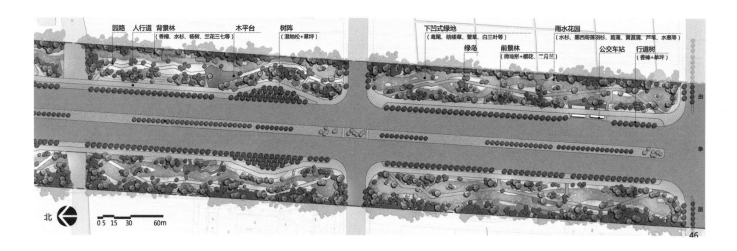

4.4.2 典型设施结构与植物配置

（1）下凹绿地

设计范围内根据汇水需求将部分绿地改造成带状下凹绿地，目的是将道路雨水径流引入下凹绿地并汇入雨水花园。带状下凹绿地底部标高按竖向进行控制，并设置不小于 1% 的纵坡。

（2）雨水花园

设计范围内雨水花园设置在植草浅沟（带状下凹绿地）中央或交叉处，蓄水深度 15~30cm，结构层自上而下依次是地被植物结合松树皮覆盖层 5cm+ 换填 60cm 种植土（原土掺 50% 中粗砂）+ 透水土工布 200g/m² (上侧铺一层粗砂) + 换填 30cm 砾石层（粒径 20~30mm)+ 透水土工布 200g/m² (下侧铺一层粗砂)。

下凹绿地设计示意图

（3）人行道透水铺装设计

人行道铺装改造以生态陶瓷透水砖为主，结构自上而下为：55mm 陶瓷透水砖，30mm 粗砂找平层，100mm 强固透水混凝土素色层、150mm 碎石垫层、素土夯实。

（4）植物种植设计

根据现状条件，结合海绵设施的布置，将植被整体分为四大片区：

一般绿地：位于生物滞留区域外，生境受滞留区的影响小，主要遵循当地景观植物配置原则。改造时尽可能保留现状大乔木，梳理中下层植物空间，丰富林下植被结构。

植被缓冲带：为一般绿地与植草沟或雨水花园等滞留设施的过渡地段。选择净化能力强，耐阴、耐湿并具一定抗旱性的护坡植物。

植草沟：收集传输道路及绿地径流雨水，以带状下凹绿地的形式输送雨水至雨水花园。利用乔灌丛下枯落物层及地被根系，去除地表径流中固体颗粒物和其他污染因子。选择耐荫湿、耐冲刷、抗倒伏、净化能力较强的灌木或草本地被。

雨水花园：即经过换填处理、渗透性较好生物滞留区，雨水一般在此处下渗、暴雨时可作为短时间内的雨水滞留区。该区域应选择净化能力

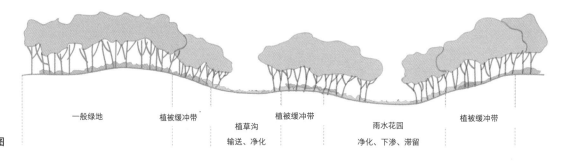

植物种植分区示意图

174

强，根系发达的耐水湿并兼具抗旱能力的植物。

植被缓冲的地被植物主要选取天胡荽、虎耳草、糙叶大头橐吾、白接骨、水竹草、杜若、庐山楼体草、紫花地丁、鱼腥草、花叶野芝麻、血草、石蒜、鸢尾、蛇足石杉、翠云草、肾蕨、紫萁、里白、边缘鳞盖蕨、线蕨等；灌木植物主要选取木槿、木芙蓉、云南黄馨、紫穗槐、十大功劳；乔木植物主要选取水杉、垂柳、柽柳、旱柳、小叶蚊母树、三角枫、乌桕、落羽杉。

植草沟植物主要选取兰花三七、阔叶山麦冬、白花车轴草、狗牙根、结缕草、沿阶草、吉祥草、白穗花、玉簪、萱草、班叶芒、狼尾草、淡竹叶、青叶苔草、崂峪苔草、石菖蒲、金线菖蒲、大吴风草、络石等。

雨水花园植物主要选取兰花三七、细叶芒、玉带草、多花筋骨草、马蔺、蒲公英、络石；乔木植物主要选取水杉、落羽杉。

5 建成效果评价

5.1 工程造价

嘉兴市海绵城市试点建设——南湖大道（中环南路—携李路）建设工程总投资 4373.22 万元，其中：工程费用 3916.58 万元，其他费用 296.62 万元，预备费 160.02 万元。

5.2 监测效果评估

统计南湖大道共 3 场不同降雨的外排水量、SS 总量、COD 总量，对比本底监测数据，得到 3 场降雨平均径流总量控制率为 86.76%、平均 COD 削减率为 92.19%、平均 SS 削减率为 95.69%。

5.3 模型效果评估

（1）年径流总量控制率达标分析：采用 SWMM 模型，对南湖大道采用嘉兴市 2011 年 1 月 1 日～2015 年 12 月 31 日，1min 步长的连续降雨模拟，分析海绵城市改造后雨水径流控制情况。经 SWMM 模型验证结果，南湖大道年径流总量控制率达到 90.9%，达到设计要求；

（2）管网排水能力与内涝控制达标分析：采用 MIKE 软件对南湖大道 2 年一遇 2 小时降雨模拟，未发现雨水管网充满度≥1 情况，南湖大道雨水管网排水能力满足 2 年一遇要求；

通过在 30 年一遇 24h 降雨量条件下模拟，项目建设后，道路内涝风险区域全部消除。

5.4 效益分析

（1）水安全：通过市政雨水管网系统、低影响开发雨水系统、大排水系统的构建，道路综合径流系数减小，雨水管道排水能力达到 2 年一遇以上，内涝防治重现期提升至 30 年一遇；

（2）生态效益：水量方面，通过实际监测，年径流总量控制率由改造前约 45% 提升至 86.76%，促进雨水就地下渗和储蓄，基本恢复了场地内的水文生态；水质方面通过构建低影响开发雨水系统，南湖大道及其周边每年可削减 COD 入河量约 16500kg（相当于削减了约 5 万 t 的生活污水入河）；

（3）社会效益：海绵城市建设工程与景观提升相结合，通过植被梳理，增加公共空间和活动场地，提升居民认同感和舒适度。

6 海绵城市绿地维护管理

6.1 海绵城市绿地维护管养机制

南湖大道市政道路，目前养护绿色设施和灰色设施均由南湖区政府进行养护。海绵城市建设工程竣工验收后，市政道路周围绿色设施的养护主要还是通过原有的绿化养护单位对各项设施进行日常养护，灰色设施则主要通过原有的市政道路、桥梁、雨水管道养护单位对各项设施进行日常养护。维护管理费用由市政园林局支出。

各类设施综合单价表

序号	名称	综合单价（元/m²）	总量（m²）	投资额（万元）
（1）	透水铺装	320	29150	932.8
（2）	雨水花园	350	15800	553
（3）	下凹绿地	80	10000	80

南湖大道径流总量控制率、SS 削减率、COD 削减率数据分析表

项目	日期	降雨量（mm）	降雨历时（h）	径流总量控制率（%）	COD 削减率（%）	SS 削减率（%）
南湖大道	2017/9/11	30.4	4	79.37	94.73	95.03
	2017/9/20	33.2	17	89.83	90.59	97.50
	2017/10/15	37.8	21	91.07	91.24	94.53
平均值	—	33.8	14	86.76	92.19	95.69

6.2 信息化管理与监测

对南湖大道生物滞留设施、透水铺装的污染物去除效果进行监测，指标包括下渗性能、SS、COD、NH$_3$-N、TP、TN。

6.3 海绵城市绿地维护要点

6.3.1 植物养护

植被的养护应符合以下规定：（1）建植后最初

下凹绿地养护要点

养护项目	允许值
溢流雨水口养护	截污挂篮孔眼堵塞情况 ≤ 1/3
	雨水口有沉泥槽，允许积泥表面在管底以下 5cm 雨水口无沉泥槽，允许积泥表面在管底以上 5cm
进水通道养护	垃圾/沉积物堆积比例 ≤ 30%
	消能设施（卵石）按需补充
设施表面养护 （含植物、垃圾清理等）	按现行园林养护方法

雨水花园养护要点

项目	养护方法
溢流雨水口养护	截污挂篮清理：人工
	雨水口内积泥清理：人工清掏或吸泥车
进水通道养护	垃圾/沉积物清理：人工
	消能设施（卵石）补充：人工
土壤养护	人工翻耕或施放土壤免耕剂
排水盲管养护	推杆、转杆、射水等方式疏通 （参考《城市排水管渠与泵站维护技术规程》）
设施表面养护（含植物、垃圾清理等）	按现行园林养护方法

透水铺装养护要点

养护内容	养护方法
油类物质或化学物品污染清除	人工冲洗或化学方法（火碱等）
透水功能性养护	高压水冲洗或负压抽吸等
排水盲管养护	推杆、转杆、射水等方式疏通
日常清扫	参照现行道路养护标准
路面结构性养护	市政道路按《城镇道路养护技术规范》执行，小区与公建内参照执行

4 周应每隔 1 天浇 1 次水，并且要经常去除杂草，直到植物能够正常生长；（2）应根据设施内植物需水情况，适时灌溉。灌溉间隔控制在 4~7 天，在旱季和种植土较薄等条件下应适当增加灌溉次数，雨季应注意排水；（3）检查植被生长情况，及时去除设施内杂草；（4）适时对植物进行修剪；修剪后应及时清理修剪下来的树枝落叶，防止堵塞管道；（5）植物病虫害防治应采用物理或生物防治措施，也可采用环保型农药防治；（6）肥料以腐熟的有机肥为主，不得施复合肥及无机肥，以免污染水体；（7）草坪修剪不得使用轧（滚）草机，以免压实渗透地坪，草坪修剪时，剪掉的部分应不超过叶片自然高度的 1/3。

6.3.2 土壤养护

（1）种植土厚度应每年检查一次，根据需要补充种植土到设计厚度；（2）定期对土壤表层的落叶和垃圾杂物清理一次，在落叶季节还应适当增加维护次数；（3）在进行植株移栽或更换时应快速完成种植土的翻耕，减少土壤裸露时间；（4）在土壤裸露期间应在土壤表面覆盖塑薄膜或其他保护层，以防止土壤被降雨和风侵蚀；（5）定期翻耕种植土以防板结影响渗透性能，操作时禁用尖锐工具，以防损坏过滤层及防水层；（6）若土壤出现板结或其他影响渗透性能的情况，可以适当掺入腐殖酸改良土壤结构，掺入后的土壤性能需满足现行行业标准《绿化种植土壤》CJ/T 340。

设计单位：嘉兴市规划设计研究院有限公司
建设单位：嘉兴市海绵城市投资有限公司
技术支持：浙江省城乡规划设计研究院
管理单位：嘉兴市海绵城市指挥部
编写人员：冯林林　孙　烨　郑晓欣　于搏海
　　　　　楼　诚　施勇涛　蒋国超　解明利
　　　　　黄　屹　杨永康　怀肖清　周伊峰
　　　　　王　浪　郑　寒　郝新宇　唐志儒
　　　　　薛　然

白城市道路源头减排与生态沟渠海绵建设

项目位置：白城市生态新区
项目规模：3hm²（道路长度：0.5km，红线宽度：30m，退让绿地：15m）
竣工时间：2017年7月

1 现状基本情况

1.1 项目概况

纵十三路位于白城市生态新区，北起横五路，南至规划一河，全长0.5km，红线控制宽度30m，红线外两侧各有15m绿化退让。根据海绵城市试点建设目标要求，纵十三路实施源头减排与生态沟渠行泄通道工程。纵十三路所在的汇水片区位于白城市海绵城市建设试点区——生态新区的北部，属于规划一河流域的上游，占地约250hm²，占生态新区试点区面积960hm²的26%。区域路网初成，管网雨污分流，其中雨水管网排口就近接入河道与湖泊。

1.2 自然条件

1.2.1 气候

白城市属中温带大陆地半干旱季风气候，冬季漫长寒冷，夏季短暂凉爽且天气变化无常，春季多风，秋季多雾。年平均气温在5℃左右，1月份平均气温最低，常年平均在-16℃左右，极端最低气温达-37.5℃；7月份平均气温最高，在23℃左右，极端最高气温38.1℃。日照强烈，无霜期较短，在160d左右。

1.2.2 降雨

对白城站1983—2012年实测降雨量资料进行分析，白城市多年平均降雨量410mm，年均蒸发量1678mm，是年均降雨量的4倍。白城降雨量年际变化较大，最大年降雨量出现在1998年为726.3mm，最小年降雨量出现在2001年为123mm。

对月均降雨进行分析，项目区1~5月累计降雨量占全年降雨量12%；10~12月累计降雨量占全年降雨量5%；6~9月累计降雨量占全年降雨量83%。

1.2.3 土壤条件

根据岩土工程勘察报告，2m以内表层土以

纵十三路区位示意图

项目所属流域情况

杂填土和粉质黏土为主，表层土壤渗透系数在400~600mm/d，2m 以下为砂砾，渗透性好。地下水埋深为 3~10m。

白城全市土壤共分 13 个土类，56 个亚类，63 个土属、159 个土种。其中淡黑钙土、草甸土、风砂土、盐土和碱土是主要土类，占总幅员面积的 56%。尤以淡黑钙土最为广泛，其占幅员面积的 27.7%。白城市原土为砂壤土，透水性好，渗透系数一般 100~200m/d。平均 2m 以下是砂砾层，整体地质条件非常有利于雨水入渗。

1.2.4 地下水条件

白城市市区位于洮儿河冲积扇上，主要含水层为第四系潜水含水层，含水层厚 10~40m，地下水水位埋深 3~10m 之间。

1.3 下垫面情况

下垫面包括沥青路面 0.8hm²，人行铺装 0.5hm²，绿地 1.7hm²，详见下表。

1.4 竖向条件与管网情况

纵十三路采用雨污分流制，雨水管网系统已经建成，主要收集路面径流和道路两侧地块的雨水，设计标准为 2 年一遇，设计管径 DN800~DN1000。纵十三路所在生态新区区域西北高、东南低，95% 以上区域坡度小于 5%，整体地势平坦，现状雨水管渠末端排放口均为淹没出流，容易造成积涝。

2 问题与需求分析

现状纵十三路已修建完成，道路下敷设市政雨水管网，收集雨水排入规划一河，管渠排水存在以下问题：（1）区域地势平坦，积水内涝风险较高，现状雨水管渠末端排放口均为淹没出流，不利于超标雨水径流排放系统构建；（2）雨水管道直排入河，径流污染严重，水体水质恶化风险高。

3 海绵城市绿地建设目标与指标

利用道路周边绿地（现状为沙坑）构建末端多功能调蓄水体，结合片区整体竖向条件，以纵十三路作为径流行泄通道，是该片区排涝除险系统构建的关键。

（1）通过源头减排实现道路年径流总量控制率 80%，对应设计降雨量 20.4mm/ 日；

（2）通过源头减排、现状雨水管渠综合实现小排水系统设计重现期标准达到 3 年一遇；

（3）通过道路径流行泄通道、末端多功能调蓄水体等排涝除险系统的构建，结合源头减排与雨水管渠系统，综合达到 20 年一遇内涝防治设计重现期标准。

4 海绵城市绿地建设工程设计

4.1 设计流程

针对纵十三路客水处理方式主要分为两个层

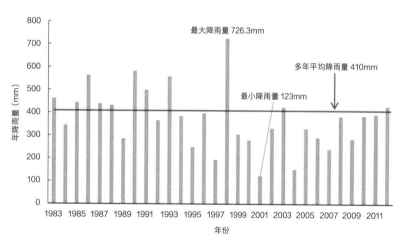

1983—2012 年白城地区年降雨量情况图

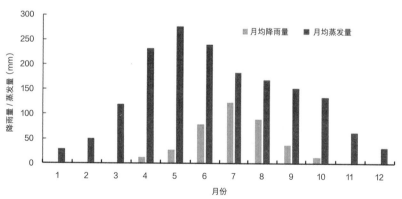

白城市年均降雨量与蒸发量

现状综合雨量径流系数					
道路名称	类型	面积（m²）	百分比（%）	径流系数	综合雨量径流系数
纵十三路	沥青路面	8000	26.7	0.9	0.4
	人行铺装	5000	16.7	0.15	
	绿地	17000	56.6	0.85	
	总面积	30000	100	—	

次，首先，对道路进行源头减排雨水系统构建，利用红线内绿地设置雨水设施消纳道路自身雨水径流；其次，利用道路红线外绿化空间，设置生态沟渠、地表通道等生态设施，将径流有组织地引入其中进行综合控制，结合上游调蓄水体、下游排涝河道，有效控制20年一遇暴雨。

红线外道路径流行泄通道设计以内涝风险分析及现状地形分析为基础，根据当地内涝防治设计标准要求，确定相应标准下的汇水面积，并计算该标准降雨条件下的径流量，得出需要地表行泄通道排除的最大径流量，并根据道路或沟渠断面、坡度得出该道路/沟渠排水能力下可以服务的最大汇水面积，与实际汇水面积进行比较，由此进行反复的校核与设计调整，直至满足设计标准要求。

4.2 总体布局

源头地块、道路溢流雨水经市政雨水管网首先接入末端公园绿地内的前置塘和湿地截污净化区，雨水经净化后进入调蓄水体，水体溢流进入纵十三大排水通道，将道路两侧绿化带改为生态沟渠，生态沟渠与道路坡向一致，在两侧生态沟渠共设计有表流湿地截污净化径流雨水，最后将径流收集输送至规划一河。

4.2.1 红线内设施布局

红线内道路雨水径流通过有组织的汇流与传输，经前置塘预处理后进入红线内分隔带绿化带，绿化带设置生物滞留设施，超过设施能力后溢流进入市政雨水管网。

4.2.2 红线外设施布局

纵十三路红线外有15m宽绿化带，利用红线外绿地空间设置生态沟渠，与上游调蓄公园、下游排涝河道有效衔接，主要设计要点及竖向衔接关系：

（1）道路沿线预留雨水检查井，可将小区雨水管线接入生态沟渠，管线出口设置自然石堆砌消能设施；

（2）在小区出口与道路衔接处采用管道将生态沟渠连接；

（3）道路最低点人行道渐变下坡与机动车道顺接，配合景观设计，保证大排水系统的蓄水、排水功能的同时，打造供人休憩的环境。

4.3 竖向设计与汇水分区

4.3.1 竖向设计与汇水分区

结合示范区积水情况分析，根据上述设计方法对区域内不同类型道路路面的排水能力进行评

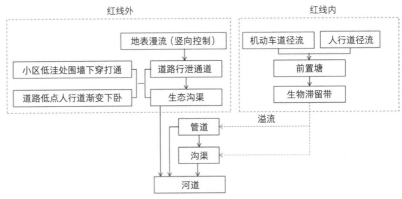

纵十三路源头减排与生态沟渠设计流程图

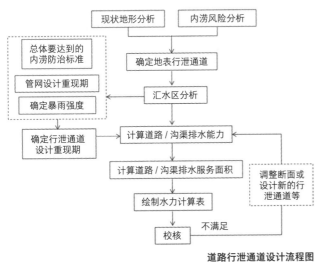

道路行泄通道设计流程图

总体设计布局图

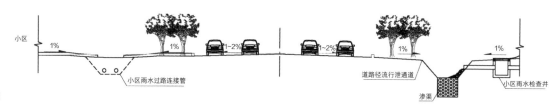

道路行泄通道横断面设计方案

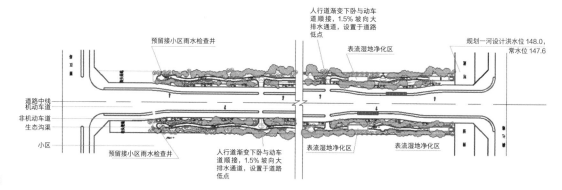

道路行泄通道平面设计方案

估，最终选择纵十三路道路两侧带状绿地作为径流行泄通道。

各系统不同重现期设计降雨强度计算表

各系统设计标准	重现期	设计降雨强度 L/ (s/ hm²)
内涝防治设计降雨强度 $I_{总}$	20 年	327
—	15 年	309
—	10 年	284
—	5 年	241
—	3 年	209
—	2 年	184
管渠设计降雨强度 $I_{管}$	1 年	149

4.3.2 径流控制量计算

（1）设计降雨强度计算

汇流时间为 15min 时，内涝防治系统、雨水管渠系统、大排水系统水文计算如下表所示，根据内涝防治系统总设计标准和管渠系统设计标准，计算得到地表大排水系统设计标准，如式（1）：

$$I_{道路} = I_{总} - I_{管} = 178 \ [L/ \ (s \cdot hm^2)] \qquad (1)$$

式中：$I_{道路}$——道路大排水系统设计标准 [L/ (s·hm²)]；

$I_{总}$——内涝防治系统设计标准 [L/ (s·hm²)]；

$I_{管}$——雨水管渠系统设计标准 [L/ (s·hm²)]。

道路大排水系统设计标准约为 2 年一遇。

（2）水力计算

纵十三路管网、道路行泄通道及其汇水面积

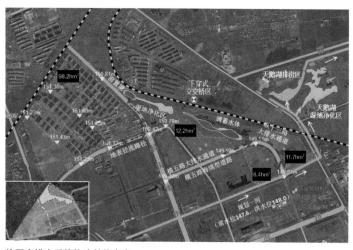

片区大排水系统构建总体方案

大排水通道水力计算示意

如下图所示，分别对 B、C 过水断面进行水力计算，并得到最大可服务汇水面积，通过与实际汇水面积进行对比来判断是否满足设计标准，并据此进行相应的断面调整。

纵十三路以路侧生态沟渠作为行泄通道，生态沟渠最大过水能力计算如下式（2）所示：

$$Q_{沟渠}=Ag*R*0.667i0.5/ng=12.1m^3/s \quad （2）$$

式中：$Q_{沟渠}$——生态沟渠最大过流流量（m³/s）；

Ag——过流断面面积（m³）；

R——水力半径（m）；

i——生态沟渠纵向坡度，取 0.1%；

ng——粗糙系数，取 0.011。

可服务最大汇水面积计算如式（3）所示：

$$A=Q_{沟渠}/\phi/I_{道路}=113.0hm^2 \quad （3）$$

大于实际汇水面积（11.7+12.2）=23.9hm²、8.4hm²，满足设计要求。

4.3.3 设施选择与径流组织路径

纵十三路生态沟渠与道路坡向一致，道路沿线预留雨水检查井，小区雨水管线接入生态沟渠，管线出口设置自然石堆砌消能设施。路面径流通过道路低点渐变下凹式人行道、小区出入口渐变下凹、护栏打开、小区低洼处围墙底部打通等方式与路旁生态沟渠衔接，在小区出口与道路衔接处，其道路、小区出口按 1.0% 坡度坡向大排水通道，绿化带断开处采用混凝土穿道管连接生态沟渠。道路最低点 5m 宽的绿化带断开处人行道渐变下卧与动车道顺接，按 1.5% 坡度坡向生态沟渠，生态沟渠与规划一河其竖向有效衔接。利用道路路面及两侧绿带作为径流行泄通道，不同降雨情境下的运行工况如右上图所示。

4.4 土壤改良与植物选择

4.4.1 土壤改良

纵十三路道路生物滞留带种植土以排水良好、肥沃的壤土为宜，当种植土不符合要求时，施工单位应根据实际情况对其进行改良，以利植物的正常生长，实现种植土壤层达到渗水速度是每小时 10cm。改良土壤配比为常规种植土、炉渣、砂土（中砂∶土 =1∶1），均掺入 10% 腐殖土。

除特殊规定外，一般应将种植土表面造型为自然曲线。临近挡土墙的土壤高度（种植后）应低于墙顶 5cm；与一般硬质铺装临近处，土壤高度（种植后）应低于硬地面 3cm。植物的种植应在地

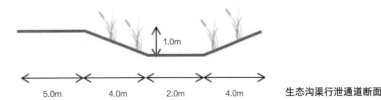

生态沟渠行泄通道断面

水力计算表

断面	道路车道宽 / 沟渠宽	纵坡（%）	最大过流流量（m³/s）	最大服务汇水面积（hm²）	实际汇水面积（hm²）	对比	备注
B	10m	0.1	12.1	113	8.4	113>8.4	满足
C	10m	0.1	12.1	113	23.9 (12.2+11.7=23.9)	113>23.9	满足

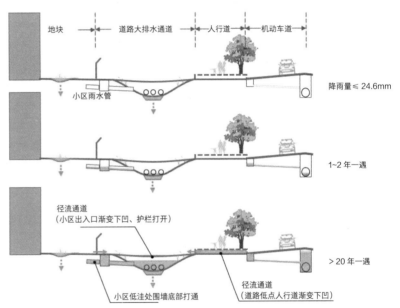

生态沟渠径流行泄通道不同降雨情景下的运行工况

形整理完成后进行，乔灌木栽植完成后，需对地形再次平整处理，达到要求才可铺植草坪的铺植。

4.4.2 典型设施结构与植物选择

（1）道路生物滞留带构造做法

为保证结构安全，防止冬季冻胀造成的路基破坏纵十三路道路生物滞留带采用具备防侧渗漏功能的砂层和砾石层做法。

（2）道路生态沟渠渗渠做法

生态沟渠设计在靠近道路一侧种植 5m 绿化带，坡度在 5%~8% 之间，同时在植物带中布设游园路及小广场，满足周边景观的需求同时，也可对收集的道路雨水进行植物净化及地下水回补，剩余净化后的道路雨水将流入中间的沟渠中，在中间 5m 的绿带中设计不规则自然形河道，成为行

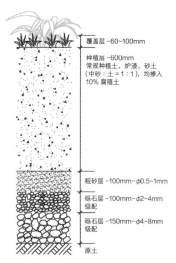

覆盖层 -60~100mm

种植层 -600mm
常规种植土、炉渣、砂土
(中砂：土=1：1)，均掺入
10% 腐殖土

粗砂层 -100mm-φ0.5~1mm

砾石层 -100mm-φ2~4mm
级配

砾石层 -150mm-φ4~8mm
级配

原土

生物滞留带做法断面图

生物滞留带实景图

泄通道，河道采用防渗处理，表面利用大量大小不一卵石、河卵石进行装饰，保证景观效果，行泄通道中设置平流湿地、渗渠、溢流堰等设施，使山地公园溢流的水体得到有效的净化及曝氧后，流入规划一河，在靠近小区一侧设置5m防护绿化带，主要是对旁边地块中的地表径流雨水进行生物净化，净化后的雨水通过绿化带内坡度汇入中间的河道。同时截流纵十三路两侧地块雨水井内雨水，汇入行泄通道中。

（3）植物配置

植物配置以乡土树种为主，疏密适当、高低错落，形成一定的层次；色彩丰富，主要以常绿树种作为"背景"，搭配四季不同花色的花灌木栽植乔木，点缀草本类花卉，使街边游园达到四季常绿，三季有花。

常绿树种：以云杉、樟子松、杜松为主，其次为黑松、侧柏、丹桧（球）等。落叶乔木：以杨

柳为主，垂榆、山杏、白桦、梓树、糖槭等。花灌木：以连翘、榆叶梅、红刺玫、黄刺玫、四季锦带、丁香为主。地被类：三叶草、玉簪、石竹等。攀援类：山葡萄、地锦、五叶地锦等。

可选配的树种有钻天杨、梓树、黄蘗、紫椴、蒙古栎、糖槭、红叶李等。耐湿植物可选择千屈菜、柽柳等。

5 建成效果评价

5.1 工程造价

建设费用总投资 252.98 万元。

5.2 模拟效果评价

在 20 年一遇 24h 的降雨情境下，模拟有无蓄排系统时的内涝风险区域。两者相比，生态新区内高风险区域在湿地公园、纵八路、纵十三路行

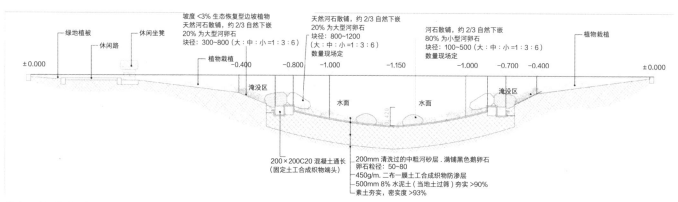

±0.000

绿地植被

休闲坐凳

休闲路

坡度 <3% 生态恢复型边坡植物
天然河石散铺，约 2/3 自然下嵌
20% 为大型河卵石
块径：300~800（大：中：小 =1：3：6）

植物栽植
-0.400

-0.800

淹没区

天然河石散铺，约 2/3 自然下嵌
20% 为大型河卵石
块径：800~1200
（大：中：小 =1：3：6）
数量现场定

-1.000

-1.150

水面

河石散铺，约 2/3 自然下嵌
80% 为小型河卵石
块径：100~500（大：中：小 =1：3：6）
数量现场定

水面

-1.000

-0.700

-0.400

淹没区

植物栽植

±0.000

200×200C20 混凝土通长
（固定土工合成织物端头）

200mm 清洗过的中粗河砂层，满铺黑色鹅卵石
卵石粒径：50~80
450g/m，二布一膜土工合成织物防渗层
500mm 8% 水泥土（当地土过筛）夯实 >90%
素土夯实，密实度 >93%

纵十三路红线外生态沟渠渗渠断面图

图例

▢ 低风险区域（积水深度>0.15m，积水时间>0.5h）

▢ 高风险区域（积水深度>0.30m，积水时间>1h）

建设前区域内涝风险图（20 年一遇）

图例

▢ 低风险区域（积水深度>0.15m，积水时间>0.5h）

▢ 高风险区域（积水深度>0.30m，积水时间>1h）

建设后区域内涝风险图（20 年一遇）

泄通道的蓄排作用下，得到有效消除和缓解。

5.3 实际效果

经强降雨检验，通过多功能调蓄水体和横五路、纵十三路大排水通道对超标降雨的调蓄排放，有效降低了区域内涝风险。

5.4 效益分析

纵十三路海绵建设工程基于道路上下游关系，高效利用红线内外空间条件，统筹考虑"源头减排—过程控制—末端处理""绿色 + 灰色""地上 + 地下"的结合和衔接，以系统性思路解决场地及周边汇水区域的雨水问题，构建生态新区排蓄防涝系统。

水安全：通过道路源头减排雨水系统建设，衔接道路原有雨水管网，使道路整体排水能力达到 3~5 年一遇标准；通过排蓄系统构建，生态新区内涝风险大大降低，达到 20 年一遇内涝防治标准，由内涝问题引起的经济财产损失、交通安全问题等得到缓解，增加了城市居民生活舒适度。

水环境：纵十三路是削减区域面源污染污染物负荷的重要节点，海绵城市建设后，雨水径流污染得到控制，排入规划一河的年污染物总量（SS 计）消减 70% 以上。

各类设施综合单价表

序号	名称	综合单价（元 /m²）	总量（m²）	投资额（万元）
（1）	渗渠	486.15	83	4.04
（2）	平流湿地净化区	276.15	232	6.4
（3）	生物滞留带	383.25	4587	175.8
（4）	生态沟渠驳岸	102.9	4185	43.06
（5）	其他附属设施工程	—	—	57

人行道设置径流通道与生态沟渠连接

地块雨水排入口断接后接入生态沟渠

水生态：海绵城市建设在原有景观现状上锦上添花，提供了人与水的互动空间，丰富了植物多样性，让市民听得见蛙鸣，看得见景色。

6 海绵城市绿地维护管理

6.1 海绵城市绿地维护管养机制

6.1.1 管理机构

该项目由政府投资建设，维护责任主体是城管执法局，具体由城管执法局的园林处负责道路生物滞留带的植被维护、市政维护处负责道路其他各设施的维护，保障海绵设施的正常运行。

6.1.2 管养费用

该项目维护管理费用考虑每年纳入市级财政预算。

6.2 信息化管理与监测

使用数字技术收集生态沟渠、道路生物滞留带的位置、规模、建设年限、建设投资主体、运行维护、地下管网缺陷情况等信息，每年定期更新。通过数字技术生成、派发、处理、反馈维护工作量清单，及时更新和检测运行维护结果，并体现在绩效考核中。

6.3 海绵城市绿地维护要点

6.3.1 植物养护

根据需要对设施内植被进行灌溉，如出现持续干旱期，则应根据需要增加浇灌频次。定期清理杂草，去除入侵物种。依据景观要求适当对植被进行修剪，并清除枯死植被保持合适的密度。当植物出现成片死亡现象，需进行原因分析，应进行植被更替。

6.3.2 土壤养护

当渗透性能严重下降时，应采用深翻耕等方式改善土壤的渗透性。当积水时间超过设计排空时间时，应检查种植土层、填料层的堵塞情况，必要时更换种植土、填料。若雨水设施中的土壤被有害材料污染，应迅速移除受污染的土壤并尽快更换合适的土壤及材料。

6.3.3 水体养护

（1）水体管理：避免杂物、垃圾等进入水体定期打捞水面漂浮物，保持水面整洁；禁止畜禽养殖；控制鱼类及生物种群数量；

（2）水域保洁：清理垃圾和漂浮物等，设置旁路湿地净水设施，建设自净水生生物群落；

（3）水生生物管理：通过调整种群数量与种类等方式，使水生动植物群落稳定，净化水质；

（4）河道清淤：水系清淤，保证淤积不得影响排涝功能和市政排水管口的排水；

（5）驳岸养护：对堤坝至河底区域内的塘——湿地系统、护岸、挡墙、水生植物等进行养护。

6.4 典型雨水设施维护

6.4.1 生态沟渠

应定期巡视生态沟渠的下渗、排水功能，禁止向明渠内倾倒垃圾、粪便、残土、废渣等废弃物；圈占明渠或在明渠控制范围内修建各种建（构）筑物；在明渠控制范围内挖洞、取土、采砂、打井、开沟、种植及堆放物件；擅自向明渠内接入排水管，在明渠内筑坝截水、安泵抽水、私自建闸、架桥或架设跨渠管线；向沟渠中排放污水。

沟渠的检查与维护应符合下列规定：（1）定期对沟渠预处理设施及导流结构的沉积物及设施运行状况进行检测，对预留雨水检查井接入口、道路管网进口、地表径流进水口等进行清理；（2）及时清理落入渠内阻碍明渠排水的障碍物，保持水流畅通；（3）定期整修土渠边坡，修整后断面不得小于设计断面；（4）每年枯水期应对明渠进行一次淤积情况检查，明渠的最大淤泥深度不应超过明渠净高度的1/5，确保其能处理大降雨事件（超过当地设计降雨量）的雨水径流。若实际排空时间超过设计排空时间，则应检查其原因，可对穿孔管进行冲洗和清洁、对结构层进行更换；（5）明渠清淤深度不得低于护岸坡脚顶面；（6）定期检查块石渠岸的护坡、挡土墙和压顶；发现裂缝、沉陷、倾斜、缺损、风化、勾缝脱落等应及时修理；（7）定期检查设施溢流设施、警告牌等沟渠构筑物、附属设施，并保持完好。

6.4.2 生物滞留带

生物滞留设施应定期观察植物生长，垃圾和沉积物累积的状况。维护与检查的具体项目主要包括：（1）运行第一年，每次大降雨事件后，应进行区域整体检测，以保证设施不受侵蚀或过度积水，检测的区域入口区和溢流区（防侵蚀）、蓄水区（垃圾清除）、出水口（防止出现死水现象）；（2）在汛期前，对生物滞留设施内、溢流口及其周边的雨水口进行清淤维护；在汛期，定期清除绿地上的杂物；加强植物的维护管理，及时补种雨水冲刷造成的植物缺失；（3）定期对行人踩踏、车辆碾压造成的植被覆盖度损害以及垃圾碎片、沉积物堆积导致的结构性破坏进行修复，确保植被覆盖度达到80%以上；（4）每年定期处理杂草，若植被长期保持合适的密度，可降低杂草处理频次；（5）若种植土层被雨水径流冲蚀，应及时更换；（6）每年根据需要对生物滞留设施进出口及设施内部的垃圾碎片进行清理，保证设施顺畅运行；（7）若生物滞留设施中的土壤被有害材料污染，应迅速移除受污染的土壤并及时更换适宜的

土壤及材料；若积水超过24h，应检查暗渠堵塞情况；可应用中心曝气或者深翻耕改善土壤渗透性；（9）生物滞留设施主要维护内容的检查周期应符合下表的规定。

设计单位：江苏山水环境建设集团股份有限公司
建设单位：白城市住房和城乡建设局
管理单位：白城市生态新区建设领导小组办公室
编写人员：王耀堂　柴勇浩　杨国辉　王二松
　　　　　赵丰昌　王文亮　高　博　高　雷
　　　　　于　明　徐海林　郑云伟

生物滞留池维护管理周期

检查内容	检查周期
植物生长状况、密度、多样性	建造后1年内1月1次，以后1年4次
土壤的干燥情况	1年4次
雨水径流入口是否堵塞或冲刷破坏查看配水和溢流设施是否有淤积	设施运行的第一年，在每次大降雨事件后检查；以后1年2次；或大暴雨后24h内
存水区是否有泥沙淤积；边坡是否坍塌；溢流口是否通畅	
雨水排空时间是否大于24h	
出水水质	
维护内容	维护周期
补种植物清除杂草、死株和病株；修剪植物，收割植被及时浇灌植物，施加追肥	至少1年2次，视检查结果确定
杂物及垃圾的清理	根据检查结果确定
修整覆盖层、更换覆盖层	1年1次，根据检查结果而定
更换表层种植土、土工布或砂滤层	检查结果显示过滤层及地下排水层失去功效后，通常在使用5~10年后

贵安新区月亮湖公园一期海绵改造

项目位置：贵安新区

项目规模：43.18hm²（月亮湖公园一期41.5hm²，芦官村农村生活污水处理示范项目1.68hm²）

竣工时间：2018年

1 现状基本情况

1.1 项目概况

"两湖一河"项目为贵安新区海绵城市建设示范区内的公园类项目，由月亮湖、星月湖、车田河组成，总面积为667hm²，其中月亮湖公园面积467hm²。

月亮河公园一期海绵改造包括月亮湖公园一期及芦官村农村生活污水处理两部分，项目地处贵安新区海绵城市建设示范区最南端。月亮湖公园一期北接月亮湖，南邻贵安大道，总面积约41.5hm²，是外部支流进入月亮湖的重要汇入口。公园南侧中坝河经场地流入湖内，周边存在村庄生活污水汇入的情况，芦官村农村生活污水处理示范项目负责对进入场地前的中坝河河水进行预处理，面积1.68hm²。

1.2 自然条件

贵安新区处于北亚热带高原季风湿润气候区，具有高原性、季风性特点，全年气候温暖湿润适中、冬无严寒、夏无酷暑、雨量充沛、热量充足、日照率低、风力较小、无霜期长。

贵安新区多年平均气温14.8℃，年平均日照时数1265.1h，占可照时数的29.0%，以夏季为多，冬季为少。车田河流域多年平均降水量1100mm，一般4月下旬至5月上旬进入雨季，降水主要集中在5~10月，流域陆地平均蒸发量700~800mm。

贵安新区内月亮湖一期土壤为红壤土，土壤透水性较差，对海绵设施的下渗功能有一定的阻碍作用；芦官村场地内层土为极微透水地层，据监测，场地内的淤泥渗透性系数统计平均值为4.1009×10^{-7}cm/s，依据《水利水电工程地质勘察规范》GB/T 50487—2008附录F关于岩土体渗透性分级判定，场地土壤渗透性较差。

1.3 下垫面情况

月亮湖公园一期景观建设完成后，透水铺装3.84hm²，不透水铺装0.17hm²，建筑0.06hm²，绿化35.42hm²，水体1.83hm²，木栈道0.18hm²。芦官村现状多为湿地或沼泽地，绿地率85.34%，植被覆盖率较好，但植物种类单一，场地内仅一条村路作为主要进入路径。

1.4 竖向条件与管网情况

场地东西两侧高，周边有山，中间是河道，

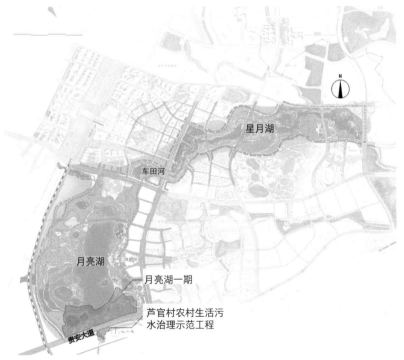

月亮湖公园一期及芦官村农村生活污水处理示范项目区位图

南高北低，山体最高点约为1320m，最低点为1240m，水体自南侧中坝河进入芦官村湿地再到月亮湖公园。

公园一期南侧邻近贵安大道，绿地内部现有雨水沿山体及道路流经局部洼地草沟，汇入湖体。现状雨水管线不连续，缺少雨水管线，溢流雨水无法排放。雨水收集不集中，广场、道路、停车场处缺少管线，多处海绵设施溢流口处无管线连接。贵安大道路面下铺设有给水管道、雨水管道、污水管道、电力排管、通信管道，不适合做高强度的改造建设。

1.5 客水汇入情况

月亮湖一期工程涉及的客水来源为中坝河。中坝河北接芦官村，河流流经村庄后，来自农村的生活污水、企业的生产废水及雨水径流全部通过地势汇流最终排至地势最为低洼的现状水塘，再流入月亮湖中。客水因自重作用散排入场地，汇入的客水水质较差，对月亮湖的水体造成极大的污染。

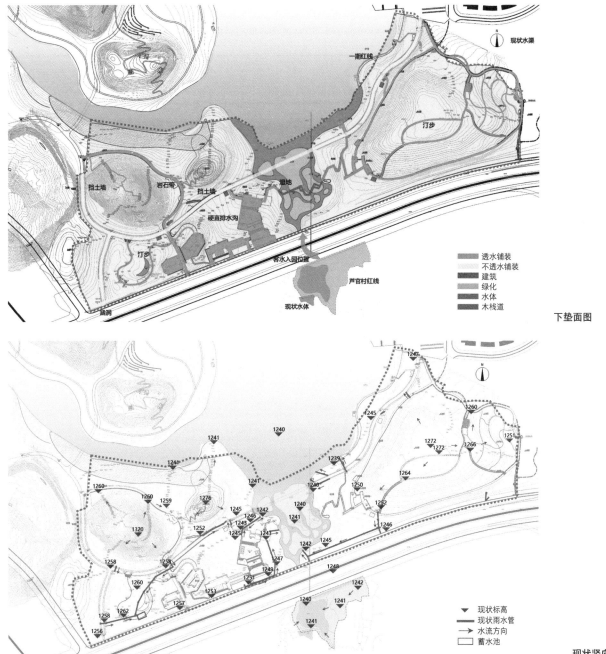

下垫面图

现状竖向与管网图

客水来源

月亮湖入口处污染严重区域

2 问题与需求分析

在"两湖一河"工程中，景观部分已完成施工，海绵化建设部分设施已建成，场地目前还存在的问题与需求可以归纳为以下几方面：

2.1 水质污染问题严重

场地南侧水体汇集至场地内，水质污染十分严重。为保障场地及月亮湖水环境达标，改造设计的重点之一是公园入水水质的净化与处理。

2.2 海绵城市设计不完善、不规范、不系统

海绵设施破损严重，广场、道路、停车场多处缺少排水管线，海绵设施溢流口处缺少溢流管线连接；场地内多处溢流井做法不规范，高差较大处的草沟内缺少挡流设施，易造成雨水冲刷，存在安全隐患；现状海绵设施未对场地做整体考

虑，设施设置较为散乱，雨水设施不连续，导致雨水组织难以成系统，雨水组织流向混乱。

综上所述，海绵系统整体难以实现对地表径流控制的要求，需要从设施的修改、补充以及雨水管网的梳理等多方面进行改造提升。

3 海绵城市绿地建设目标与指标

3.1 水安全目标

根据《城市防洪工程设计规范》GB/T 50805—2012，贵安新区的防洪标准为百年一遇。根据《城市排水（雨水）防涝编制大纲（2013）》，直辖市、省会城市和计划单列市（36 个大中城市）中心城区能有效应对不低于 50 年一遇的暴雨，则贵安新区排涝标准应符合 50 年一遇的设计标准。根据《室外排水设计规范（2014 版）》GB 50014—2006，规划区应满足 30~50 年一遇的内涝防治标准。

通过对水系及湿地、河岸蓄滞洪区、绿地及广场、可淹没地块等空间的组织，形成与地下排水管网系统有机衔接，应对极端天气时的"超标洪水"，完善雨水管网建设，保障畅通的雨水排放通道，避免形成内涝点积水。

3.2 水生态目标

依据场地竖向和设施平面的布局，对场地雨水组织进行分区研究，划定海绵设施建设区域，通过雨水花园、下凹绿地、植草沟、砾石渠、生态停车场、海绵道路系统、广场透水铺装等，综合各种海绵化措施整体达到场地海绵城市建设要求。

依据两湖一河海绵城市设计分地块图，地块综合年径流总量控制率为86%，对应的设计降雨量为35.5mm，同时依据《贵安新区核心区水系统规划》，水体达到《地表水环境质量标准》GB 3838—2002 Ⅲ类水的要求。芦官村内地表径流最终汇入月亮湖，考虑其与月亮湖一期作为一个整体，海绵专项设计指标参照月亮湖一期年径流总量控制率为85%。

3.3 水环境目标

由于两湖一河区域位于贵安新区城市中心区雨水排水系统的末端，受纳水体即为车田河水系，最终汇入下游花溪水库，临近水源保护区，水库现状水质为Ⅲ类，水环境敏感程度较高。最终确

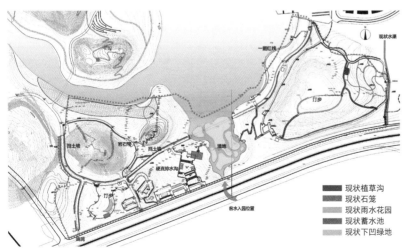

图例
现状植草沟
现状石笼
现状雨水花园
现状蓄水池
现状下凹绿地

月亮湖一期海绵设施现状总体布局

定月亮湖一期水生态岸线建设率达到100%；河道水质达到Ⅲ类水体要求，区域内SS削减率达到3%，COD削减率达到23%，TP削减率达到89%，NH₃-N削减率达到92%。芦官村潜流湿地出水按照《地表水环境质量标准》GB 3838—2002地表Ⅳ类水标准设计。

3.4 水资源目标

以"滞、蓄、净"为主，年径流总量控制率85%，对应的设计降雨量为34.0mm，月亮湖公园内陆地范围内年径流总量为2.2万 m³，将其留在场地内蓄存利用；雨水资源化利用率达到8%。

4 海绵城市绿地建设工程设计

4.1 总体布局

月亮湖及芦官村是贵安新区核心区绿地系统水体的前端，对新区水质影响非常重要。设计方案结合所在地气候与水文地质条件，选择雨水花园、下凹绿地、砾石沟、生态草沟、植被浅沟、透水铺装、渗透塘等类型设施进行雨水径流控制，构建雨水综合控制利用系统。

芦官村周边村庄生活污水最终汇入芦官村现状水塘，经过一级泵到格栅蓄水池中，通过二级泵提到MBR一体化设备中经过处理，通过三级泵流入潜流湿地，经过净化流入表流湿地，最终流入月亮湖中。

村庄、道路、广场等场地的雨水径流，通过竖向排入旁边生态草沟、砾石沟等传输设备，汇入绿地内雨水花园、渗透塘、雨水湿地等设施，经过沉淀净化，多余雨水溢流进入旁边表流湿地或者湖体。通过雨水收集、传输、净化，最后可对净化后雨水进行利用，用于绿化灌溉回用，补充景观水体，路面清洗。

4.2 汇水分区划分

根据场地汇水范围及场地高程分析，月亮湖一期共分为6个汇水分区；芦官村共分为两个汇水分区，根据场地具体条件将汇水分区一进一步细分为8个子汇水分区。

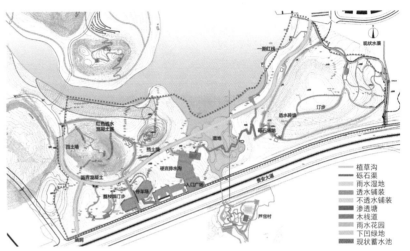

月亮湖一期及芦官村海绵设施改造总体布局

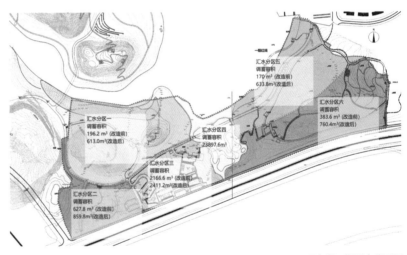

月亮湖一期汇水分区图

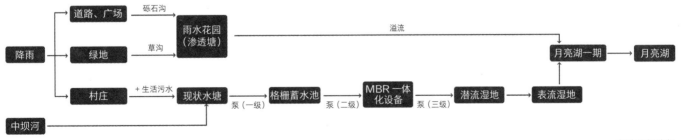

径流组织路径

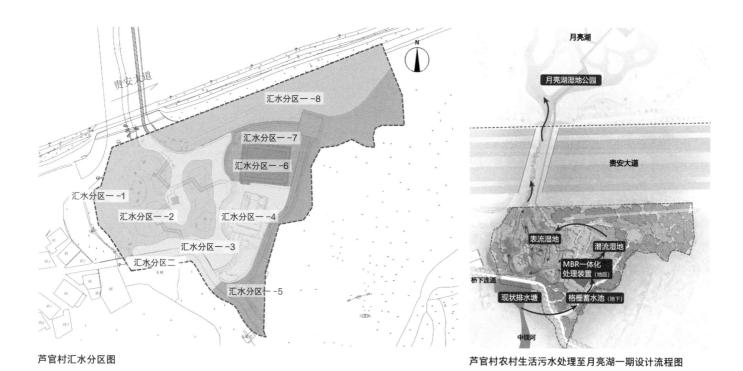

芦官村汇水分区图　　　　　　　　　　　　　　　　芦官村农村生活污水处理至月亮湖一期设计流程图

4.3 水系治理

项目水系治理主要解决以下问题：农村的生活污水处理、地表径流污染防治及区域生态环境改善。

4.3.1 客水处理

芦官村污水采用四级处理系统：应用 MBR 一体化处理站工程将污水处理达到一级 A 类标准后引入潜流湿地；潜流湿地底部用砂石土壤填料，通过亲水植物过滤，达到地表Ⅳ类标准水；经表流湿地，表流湿地由功能型湿地及水生植物群落组成，水质进一步稳定，水体再次净化；最后排入月亮湖一期湿地花园，再次过滤净化后流入月亮湖。一体化装置出水达到《城镇污水处理厂污染物排放标准》GB 18918—2002 一级 A 标准设计。

整个过程中具体工艺流程为：周边村庄生活污水→现状水塘→格栅蓄水池→MBR 一体化处理装置→潜流湿地→表流人工湿地→月亮湖一期湿地花园→月亮湖。

4.3.2 污水处理

芦官村进入月亮湖的污水主要包括三个来源：生产企业的排污、农村生活污水的无组织排放、初期雨水径流。来自芦官村及周边农村的生活污水、生产废水及雨水径流全部依靠地势汇流最终排至地势最为低洼的中坝河，其中村寨内部生活污水主要通过村内道路旁边沟汇集后排入现状水塘，污水通过一级泵提到 MBR 一体化设备下面的格栅蓄水池，然后用二级泵抽到 MBR 一体化设备中，经过处理排入潜流湿地，再经过表流湿地自南向北最终排至月亮湖。

（1）生活污水：据统计，汇水范围内人口约3200 人（考虑预留人口，设计取 4000 人），贵州省地方标准《农村生活污水处理技术规范》DB 52/T 1057—2015 确定用水定额为 85L/（人·d），排水折污系数 0.6。经计算污水量为 204m³/d（污水处理系统设计中取 200m³/d）。

（2）初期径流雨水：参照芦官村 GIS 径流汇水面积图可得集水面积为 31.27hm²，项目计算采用一年一遇降雨计算降雨强度 q=0.981mm/min。初期污染雨水按下面公式进行估算：

$$Q=qF\phi, V=QT$$

当时间取 4min，计算得出初期雨水排放量 V=196.3 m³，对应降雨厚度 3.7mm，叠加日污水量后暴雨期间日处理量取 400m³；当时间取 8min，计算得出初期雨水排放量 V=392.60m³，对应降雨厚度 7.4mm；当时间取 12min，计算得出初期雨水排放量 V=588.9m³，对应降雨厚度 11mm。叠加日污水量后暴雨期间日最大集水量取 800m³，为保证系统在满足正常运行的条件下留有一定的调节容量，故蓄水池设计池容约为 800m³。

（3）企业污水：汇水范围内生产企业包括三家，即农佰牧业（养猪）、三联乳业及养牛场，贵州特驱家禽养殖有限公司。其中农佰牧业厂区不定期间歇排出生产废水，污染农田及中坝河水体。由于此部分生产废水属于高浓度有机废水，不可与生活污水混排处理，须在场内处理后方可排放。提升泵站将水塘水提升至一体化处理装置的格栅蓄水池，格栅蓄水池体积为 200m³，水力停留时间为 1d。一体化处理装置采用 MBR 工艺使各项污染物指标得到有效控制，装置出水进入表流人工湿地处理系统，系统最终出水排至月亮湖。

4.3.3 应急情况处理

由于现场状况较为复杂，芦官村并未全面截污，养殖业废水污染严重，水质和水量无法控制。极端情况下，来水水质较差，远超设备的处理负荷时，MBR 一体化设备和潜流湿地处理的流量及效率有限，无法保证出水为 IV 类水，此时应考虑以下三种措施：

（1）养殖废水水质污染程度极大，偷排现象严重，建议养殖废水须在场内处理达到《畜禽养殖业污染物排放标准》GB 18596—2001 的排放标准后方可排放；

（2）建议可在陆地上增设植物拦截带、生态田埂等对农药污染、初期雨水地表径流进行拦截；

（3）可通过投加微生物菌剂进行应急处理。

4.4 土壤改良与植物选择

4.4.1 土壤改良

月亮湖一期场地为改造项目，现场土壤已经过景观和初步海绵设施处理，芦官村原场地为低洼地，现场整理种植土无建筑垃圾，并已做除杂草处理。海绵设施内部的种植土渗透率需大于 13mm/hr，雨水需在 24h 内渗完。适合建造雨水花园的土壤为砂土和壤土。建议采用 50% 的砂土、20% 的表土、30% 的复合土壤。客土移植时最好移除 0.3~0.6m 的土壤。

生态排水系统上层介质土壤由椰糠（20%）、当地黏土（20%）和建筑用细沙及中粗砂 (60%) 组成，其渗透率应大于 25.4mm/min，有机质含量应控制在 8%~10% 的范围内。铺设底部碎石排水系统内的盲管之前，应对底部进行平整，然后铺筑 3~5cm 的碎石，并确保盲管的纵坡在设计值之内。海绵设施所采用碎石均应冲洗干净后回填，

潜流湿地净化指标

项目	COD$_{Cr}$	BOD$_5$	NH$_3$-N	TP	SS
进水（单位：mg/L）	50	10	5	0.5	10
出水（单位：mg/L）	30	6	1.5	优于 0.5	优于 10
去除率（单位：%）	40	40	70	—	—

潜流湿地位置图

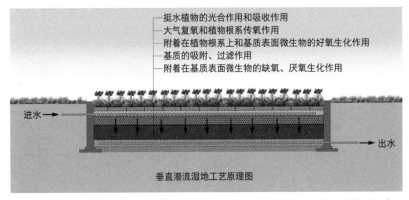

挺水植物的光合作用和吸收作用
大气复氧和植物根系传氧作用
附着在植物根系上和基质表面微生物的好氧生化作用
基质的吸附、过滤作用
附着在基质表面微生物的缺氧、厌氧生化作用

进水 →

出水 →

垂直潜流湿地工艺原理图

潜流湿地构造示意图

含泥量应少于 1%。

4.4.2 低影响开发设施做法及植物选择

（1）潜流湿地

湿地中的植物多采用根系发达，且生物量或者茎叶密度较大，具有较强的运输氧能力的乡土植物。潜流湿地植物选择以净化能力强、抗逆性相仿，而生长量较小的植物为主要原则，既能起到净化效果也可以减少后期管理的工作。品种选择为：

乔木层：日本晚樱、日本早樱、丛生榔榆、早园竹、云南樟、深山含笑、广玉兰；

灌木层：木瓜海棠、木槿、丛生紫薇、丛生

丛生榆　早樱　　紫荆　　美人蕉　结香　南天竹

晚樱　斑叶芒　拂子茅　木槿　芦苇　木槿　深山含笑

潜流湿地植物平面图及建成照片

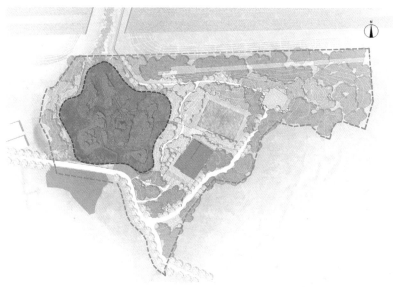

表流湿地位置示意图

香蒲　　蔗草　　千屈菜　美人蕉　　睡莲　　菖蒲

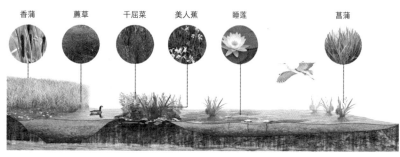

表流湿地构造示意图

黄菖蒲　芦苇　木芙蓉　芦苇　香蒲　再力花　苦草　花叶芦竹

大漂　垂柳　双荚决明　鸡爪槭　丛生榆　早樱　丛生乌桕

表流湿地种植图及现场照片

蜡梅、木芙蓉；

地被层：美人蕉、芦苇、水葱为主，周边有部分细叶芒、拂子茅、南大竹、斑叶芒等。

（2）表流湿地

充分利用月亮湖入口处大片闲置沼泽地，构建表流人工湿地系统，与月亮湖入口处的湿地花园交相呼应，呈现一体化自然生态景观，行人可通过木栈道观赏湿地景观。表流人工湿地面积约为 4600m^3。

通过营造深潭浅滩和生态岛恢复并发挥湿地的生态修复功能。设计表流湿地中构建深水塘区域、浅水区域，形成不同形式的水淹环境。

选择具有防污抗污、净化水质高效，有较高观赏价值的乡土品种，总体根据不同水深配置湿地植物：水域区域种植浮水植物（睡莲、大漂）和沉水植物（苦草），水域与陆地过渡区域种植挺水植物（菖蒲、鸢尾、香蒲、再力花、芦苇）。

乔木层：垂柳、广玉兰、早樱、晚樱、无患子、丛生榆、朴树；

灌木层：木芙蓉、双荚决明、丛生蜡梅、海桐球、木槿、木瓜海棠；

地被及水生：菖蒲、鸢尾、香蒲、睡莲、苦草、花叶芦竹、再力花、芦苇、狼尾草、香根草、金鱼藻、细叶芒等。

（3）雨水花园

月亮湖一期及芦官村项目绿地中设置多个雨水花园，在地势较低的区域种植植物，通过植物截流、土壤过滤滞留处理小流量径流雨水，并可对处理后雨水加以收集利用。根据雨水花园中水淹情况，可将雨水花园种植区分为蓄水区、过渡区、边缘区。配植考虑不同植物的耐淹、耐旱特性。蓄水区植物物种耐淹能力和抗污染能力、净化能力要求最高，同时要求在非雨季的干旱条件下也要有一定的耐旱能力。缓冲区对植物的耐淹特性有一定的要求，同时要求植物有一定的耐旱能力和抗雨水冲刷的能力；边缘区无蓄水能力，植物物种需要有较强的耐旱能力，可选用一般较耐旱的植物，与周边植物景观相衔接。以月亮湖一期市政道路旁雨水花园为例，植物选取如下：

乔木层：杜鹃、金森女贞。

灌木丛：海桐球、红叶石楠。

地被层：旱伞草、紫叶美人蕉、天人菊、德国鸢尾、水葱、金丝桃、再力花、狼尾草。

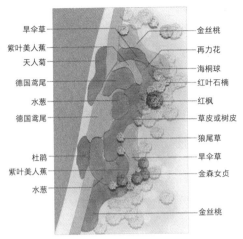

旱伞草　　　　　金丝桃
紫叶美人蕉　　　　再力花
天人菊　　　　　海桐球
德国鸢尾　　　　红叶石楠
水葱　　　　　　红枫
德国鸢尾　　　　草皮或树皮
　　　　　　　　狼尾草
杜鹃　　　　　　旱伞草
紫叶美人蕉　　　金森女贞
水葱
　　　　　　　　金丝桃

雨水花园种植平面图及建成照片

5 建成效果评价

5.1 工程造价

月亮湖一期改造项目包括海绵提升、水质净化以及绿化三部分，工程总造价 3864.49 万元。海绵设施费用为 2422.99 万元，其中 1700.57 万元用于芦官村湿地公园建设及生活污水的处理。水质监测及净化设施费用为 1381.52 万元。

5.2 监测效果评估

通过改造，场地雨水径流问题得到改善，污水得到有效削减，水质安全可靠，同时，为解决场地汇水质保障而设计的芦官村农村污水处理示范点，大大保障场地的水质安全，也丰富了景观内容，为市民提供舒适游玩的场地。

5.3 效益分析

海绵设施部分代替传统的雨水管网，加强雨水净化再利用能力，经济效益显著。芦官村农村污水处理工程加入 MBR 一体化设备，每立方水运行成本仅 1.58 元，极大改善了芦官村水环境。改造后的月亮湖公园，成为市民休闲放松的好去处，水岸渐渐成为真正自然的亲水活动空间。

6 海绵城市绿地维护管理

6.1 海绵城市绿地维护管养机制

6.1.1 管理机构

该项目是由政府和社会资本合作的 PPP 项目。根据 PPP 协议，中交贵州海绵城市投资建设有限公司作为项目责任主体，负责公园总体运营维护，包含项目设施的管理、运营、养护、维修和保洁等内容，周期 12 年。贵安新区规划建设管理局按照《运营维护考核指标》《海绵城市考核指标》相关要求进行考核，按效付费。

同时，项目公司制定《贵安新区海绵城市试点两湖一河 PPP 项目海绵设施养护制度》，对工程运行的管理人员进行岗前培训，同时负责相关维护管理记录工作。

6.1.2 管养费用及保障机制

根据《国务院办公厅关于推进海绵城市建设的指导意见》（国办发〔2015〕75 号）文件要求，项目建立了绩效考核和按效付费机制。绩效考核包括公园运营维护考核和海绵城市指标考核，考核满分均为 100 分。运营期内，政府通过季度考核和临时考核两种方式对项目公司的运营维护服务质量进行评价，考核结果与服务费用的支付情况相互挂钩。季度考核每季度一次，各季度考核得分的算术平均值作为公园运营维护年度考核成绩。政府方随时对项目公司的养护服务质量进行抽查，并在 24h 内将问题以书面形式通知项目公司，项目公司在接到通知后应及时修复缺陷。

作为水系公园类海绵建设项目，参照住房城乡建设部考核办法，水生态、水环境、水资源、水安全、公众参与 5 类指标也在考核范围内。

根据按效付费机制，年内公园运营维护考核和海绵城市指标考核按 1:1 比重加权计入年度运营维护考核成绩，满分 100 分，70 分及格，85 分优良。高于 85 分及以上时，政府支付全部当期运营维护服务费；高于到 70 分、未达到 85 分时，按考核得分扣除当期一定的运营维护服务费；低于 70 时，政府不支付当期运营维护服务费；未达到 60 分，政府将按照当期应付运营维护服务费的两倍对项目公司进行违约处罚，并从当期应付可用性服务费中扣除或从履约保函中兑取。

6.2 信息化管理与监测的维护管理

信息化系统管理采用监测与模拟分析手段，通过对运行状况的在线监测、持续模拟评估、设施检查和运行维护过程的数据采集等工作，进行项目管理、应急预警与管理调度，以优化运行维护管理和应急管理方案，提高城市管理水平。

6.2.1 绿地海绵功能的信息化管理

（1）建立海绵城市设施数据库和信息技术库，通过数字化信息技术手段，进行科学规划、设计，并为海绵城市设施运行与维护提供科学支撑；

（2）加强信息化管理设施的管护，注重基础数据和相关资料的积累，合理科学利用监测监控数据信息，指导水务工程的维护与管理工作；

（3）定期检查系统的运行情况，添加药剂和清洗设备，保证系统运行的正常运行，维持设备的监测精度；

（4）定期将监测数据传输至管理部门，及时统计分析，掌握水体水质、排口水量水质等动态变化情况，若排口水质浓度大幅增加或河道水质有较大变化，应及时摸排，并尽快处理；

（5）对项目现场进行监控，记录、纠正和跟踪船舶排污、违规捕鱼、乱倾倒垃圾等不文明行为。

6.2.2 绿地海绵功能监测

对绿的海绵功能布设监测点，主要在进出水口以及溢流井出水管，当发现污染物去除率下降较快时，应对绿地海绵设施进行维护。

6.3 海绵城市绿地维护要点

6.3.1 植物养护

植物养护及更换将会花费相当数量的资金，所以选择适应性较强、易于养护的植被，利用植物对存在一定安全隐患的海绵设施进行必要的围

合及隔离，减少维护成本和对人体造成的危害。养护中，要求雨水花园设施植物长势健康，裸露区域比例小于 20%，少量杂草。雨水花园、下凹绿地中按需补植长势不佳或残缺的植物，至少每季度清除一次杂草，及时清除死株病株。植被草沟中的草需要定期修剪，修剪后草高度不超过 40mm，维护周期一年 3 次或看景观要求。

6.3.2 土壤养护

及时清理设施管口等位置的淤泥，沉积物，查看土壤是否流失、侵蚀、板结，表土层进行翻耕。下凹式绿地、雨水花园表层土半年浅层深翻一次，雨水花园种植土长期积水范围比例小于 5%。

6.3.3 水体养护

污水处理 MBR 设备应根据膜通量下降情况进行反冲洗，清洗时加药分组灌药，同时降低膜池液位和增加曝气。模块化学清洗推荐采用次氯酸钠杀菌和碱清洗为主。清洗频率，每周清洗一次。污泥定期清运至生活垃圾填埋场。

人工湿地维护时，MBR 设备出水接人工湿地进行深度处理，主要包括潜流湿地与表流湿地。潜流湿地需控制污水进入人工湿地系统的悬浮物浓度，适当的采用间歇运行方式定期清淤，必要时局部更换人工湿地系统的基质。

表流湿地需根据暴雨、洪水、干旱、短流等各种情况，进行水位调节，不得出现进水端壅水现象和出水端淹没现象。人工湿地植物栽植后立即充水，植物系统建立后，应保证连续供水以维持水生植物的密度及良性生长需求，及时缺苗补种、杂草清除、适时收割，不宜使用除草剂、杀虫剂等处理方式。冬季水温不低于 4℃，保证 MBR 设备正常运行，减轻人工湿地系统的污染负荷。

设计单位：中国城市规划设计研究院、中规院（北京）规划设计公司、北京正和恒基滨水生态环境治理股份有限公司
管理单位：贵安新区规划建设管理局
建设单位：贵州贵安市政园林景观有限公司
编写人员：舒永胜 周峰 崔萍 吴泽春 陈远霞

武汉国际园林博览会海绵化建设

项目位置：武汉市张公堤城市森林公园核心区
项目规模：156.8hm²（不含外围停车场及汉口里）
竣工时间：2015年9月

1 现状基本情况

1.1 项目概况

第十届中国（武汉）国际园林博览会位于武汉市硚口、东西湖、江汉三区交界处，主场地以三环线为界，北部原来主要为亚洲单体最大的金口生活垃圾填埋场，占地面积45hm²，垃圾容量约700万t；场地东北角与城中湖金银湖相接；三环线以南原为棚户区，禁口明渠龙须沟排污通道流经此地。

该项目以园林景观工程为主，绿地率为73.3%，有效改善了区域生态环境。2015年9月开展，次年6月闭展，展后作为公园面向市民开放。

1.2 自然条件

1.2.1 气候

武汉属亚热带季风湿润区，年平均气温15.8~17.5℃，极端最高气温41.3℃，极端最低气温－18.1℃。年平均相对湿度为75.7%。

1.2.2 降雨

据武汉市气象台1951—2012年资料统计，近50年来，武汉市年降雨量在700~2100mm之间波动。多年平均降水量在1257mm左右，最大降水量2056.9mm（1954年），最小降水量726.7mm（1966年）。其中4~8月降雨量约占全年的65.8%，且降雨连续，1960—2010年，武汉市日降雨量超过200mm的有11次，降雨特点是雨量丰沛，梅雨期长，汛期暴雨频发且雨强大。

1.2.3 土壤

园博园主场地为长丰地块和已停运10年的原金口垃圾场，北部主要为垃圾填埋场用地，南部以坑塘农田及棚户区为主，现状土壤为垃圾土、人工填土、一般黏性土及淤泥质土，渗透系数在3.0×10⁻⁸~3.0×10⁻⁷区间。北部垃圾填埋场进行封场生态修复，逐步改善土壤环境，南部棚户区拆迁移居，可利用南部较高的地下水位营造景观水体。

1.3 下垫面情况

现状下垫面主要为垃圾填埋场、棚护区、绿荒地、水泥路面与场地。

设计场地主要为建筑屋面、道路铺装、绿地和水面。

1.4 竖向条件与管网情况

园区北部金口垃圾填埋场现状标高平均在33.20~21.20m之间，南部棚户区局部地势低洼，现状标高平均在24.60~22.30m之间，总体竖向呈现北高南低风貌。园博园现状场地内无市政管网。

1.5 客水汇入情况

园博园周边均为市政道路，无外部客水汇入。

项目区位图

2 问题与需求分析

2.1 问题

（1）项目占地面积较大且地形复杂，且场地南北被三环线割裂，收集并高效利用雨水资源面临一定挑战与困难。全园现状浇灌用水主要是抽取利用南部楚水，旱季浇灌用水的需求量会在短时间内急剧上升，影响区域水体景观效果；

（2）园外北部的下银湖为场地主要补水水源，水质 V 类，低于 III 类标准的最低要求界限，内部湖水水质易受影响。旱季蒸发量大，常态补水使水体面临新的污染。

2.2 需求

收集利用园区内外水资源进行综合调配，实现水资源综合效益最大化，构建低影响开发雨水系统。

3 海绵城市绿地建设目标与指标

园博园年径流总量控制目标为 75%，对应设计降雨量为 29.2mm，按照容积法计算，园博园设计总径流控制量须不小于 55440m³，具体指标如下。

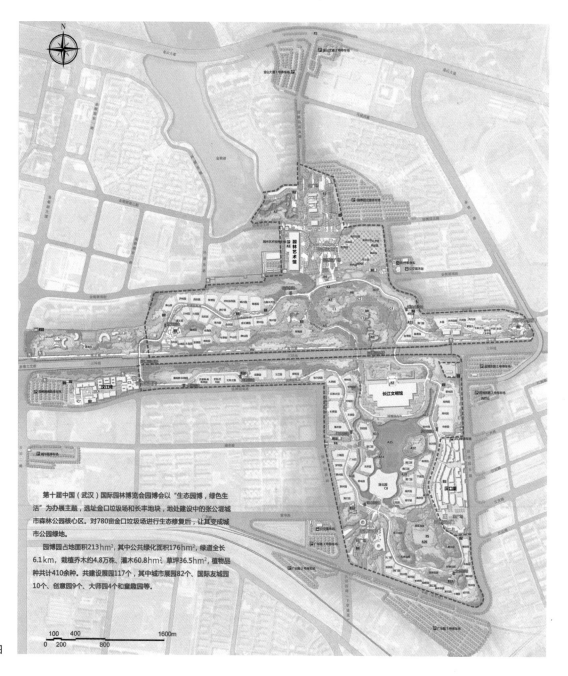

第十届中国（武汉）国际园林博览会园博会以"生态园博，绿色生活"为办展主题，选址金口垃圾场和长丰地块，地处建设中的张公堤城市森林公园核心区。对780亩金口垃圾场进行生态修复后，让其变成城市公园绿地。

园博园占地面积213hm²，其中公共绿化面积176hm²，绿道全长6.1km，栽植乔木约4.8万株、灌木60.8hm²、草坪36.5hm²，植物品种共计410余种。共建设展园117个，其中城市展园82个、国际友城园10个、创意园9个、大师园4个和童趣园等。

园博园规划总平面图

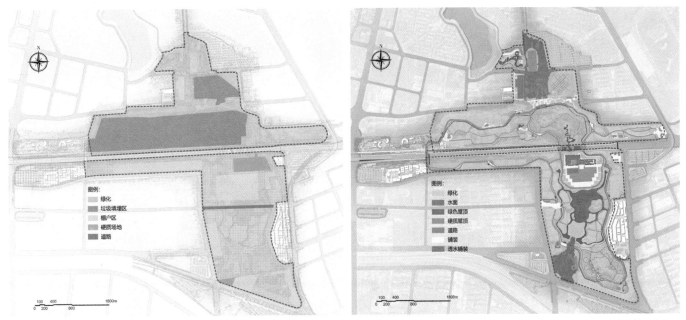

现状下垫面分布图　　　　　　　　　　　　　　　　　　　　　　　设计下垫面分布图

4 海绵城市绿地建设工程设计

4.1 设计流程

园博园雨水系统建设包括：汇水分区划分和雨水资源化体系构建；

（1）汇水分区划分

根据园区竖向变化和地表径流方向，确定各汇水分区的范围。依据排水总体规划要求，因地制宜确定汇水区雨水排水管位置、管径及标高。

（2）雨水资源化体系构建

园博园贯彻低影响开发理念，实现园区对常规降雨调蓄、超常规暴雨削峰及源头场地径流减排。雨量控制总量目标确定后，进行水面率校核、补水水源测算、常水位水深、调蓄高度、暴雨淹没范围、雨水排口标高及功能区分布及特质分析。

4.2 总体布局

系统构建，北掇山、南理水、中织补的总体格局，修复金口垃圾场变身山体，建设楚水景观水体，实现"生态山轴"和"景观水轴"的整体生态格局。"水与绿"的格局，不仅缝合了因快速路阻隔的绿地斑块，也将两地的水系统的串联在一起，是城市绿地"海绵体"的建设的典型案例。

园区利用自然地势设计的"一湖四溪"的雨水收集体系的构建，将除北部垃圾填埋区域的雨水基本收入景观水体之中。通过雨水净化体系，

对金银湖的补水进行净化，在枯水季补充园内水体。雨水设施的设置充分融合场地现状条件与功能需求，如在长江文明馆设置大型绿色屋顶，利用低地设计花谷景观，布设雨水花园，将海绵设施和景观统筹在一起。

4.3 竖向设计与汇水分区

4.3.1 竖向设计与汇水分区

场地竖向设计遵循因地制宜原则，在园内北部人工堆山——荆山、南部开挖人工湖——楚水。

园博园海绵建设总体指标

类别	水生态	水环境	水安全		
指标	年径流总量控制率（%）	污染物削减（以TSS计，%）	雨水管网重现期（年）	内涝防治标准	峰值径流系数
目标	75	50	$P=3$	50年一遇	0.25

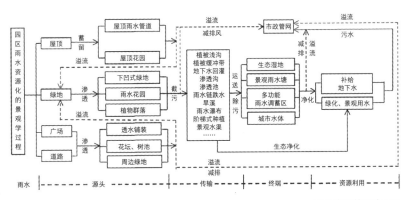

雨水资源管理流程图

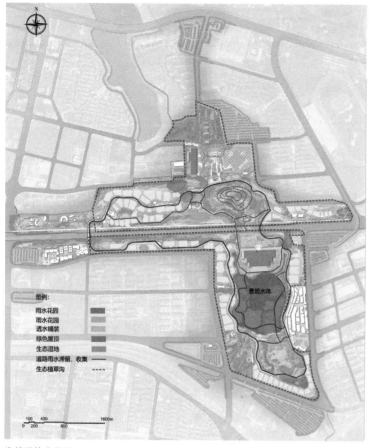

图例:
雨水花园
雨水花园
透水铺装
绿色屋顶
生态湿地
道路雨水滞留、收集
生态植草沟

景观水体

100 400 1600m
0 200 800

海绵设施布局图

全园制高点为北部荆山主峰 45.50m，最低点为楚水湖底 19.50m，其余场地高程一般在 25.0~30.0m。

顺应总体北高南低风貌，北部荆山通过跨三环线的生态织补桥与南部楚水相接，南区四周高中间低，雨水系统根据地势收集场地雨水，经生态拦污后排入楚水，溢流雨水排入城市雨水箱涵。楚水面积约 8hm²，常水位 21.50m，湖深 0.8~2m，收集荆山南坡及南区场地所有雨水，作为生态景观水体，经处理后用作园区绿化和道路浇洒。北区山体上设置生态草沟，收集山体雨水，通过三环线连通桥排至南区楚水，用作楚水的补水水源。按照地形、高程和现状雨水管道的走向分成 23 个主要汇水分区，共计 156.80hm²。

4.3.2 径流控制量计算

雨水计算参数采用汉口地区暴雨强度公式计算。该项目的年径流总量控制率按 75% 考虑，所在地武汉地区的设计控制雨量为 29.2mm，雨水有效调滞容积为 55440m³。其中雨水渗透量 41688m³，楚水水体调蓄容积为 9120m³，其他雨水调蓄设施的容积 4632m³。设计后通过雨水渗透、楚水蓄积、雨水花园调蓄，园区雨水年径流总量控制率为 81.4%，设计调蓄雨水量约为 68492m³。

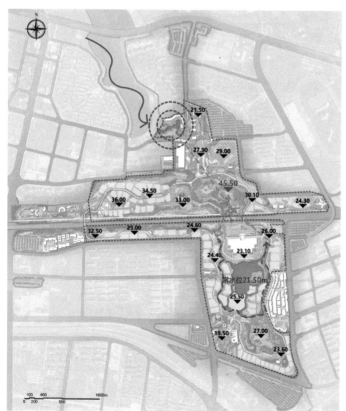

竖向高程图

图例:
汇水分区范围线
径流方向

100 400 1600m
0 200 800

汇水分区划分和雨水径流组织示意图

4.3.3 设施选择与径流组织路径

场地内雨水设施选择主要包括绿色屋顶、透水铺装、生态草沟、雨水花园、生态湿地、景观水体等。

其中控制面源污染和雨水滞蓄的海绵体系主要有：(1) 采用雨水花园、生态湿地、生态草沟等方式，通过植物、土壤的拦截、吸附、吸收作用，降低雨水颗粒物含量，降低 BOD 等污染负荷和削减雨水径流负荷；(2) 在雨水入湖口设置了 8 处生态拦污池，通过沉淀、级配填料过滤及水生植物的吸收进一步去除雨水中的固体颗粒物和污染物；(3) 采用 STCC 碳系水体生态修复工艺和清水型生态系统构建两项新技术，以保证楚水水质，保障雨水资源利用的最大效益。同时根据景观水体的自然形状及地势，设计滚水坝，形成景观瀑布和生态小溪。瀑布、喷泉在改善梦泽湖景区环境的同时，亦起到了增加水中溶解氧 (DO) 含量，使水活化且降低水温的作用。

4.4 管网体系设计

4.4.1 给水管网

园博园海绵体系构建还通过一系列技术手段实现水资源综合效益最大化。除北区垃圾填埋场的渗滤液外，园博园公共服务区的雨水基本汇集在南部楚水之中。通过景观化设计的 4 溪 (4 条特色花溪) 将雨水汇入楚水，达到雨水收集的最大化。充分利用雨水等非传统水源进行灌溉、冲洗道路等用途，减少对市政自来水的消耗；对园区雨水进行下渗、调蓄、涵养地下水，减小对市政管网的冲击负荷；通过采用生态技术，保持楚水的水质稳定；采取生态措施拦截、降低雨水面源污染；水资源利用设施与景观相结合，烘托了展会绿色氛围等。

根据各地块收集的雨水用作绿化和道路浇洒之用做水量平衡分析，南区可利用的雨水量全年有 6 个月能够满足灌溉和道路浇洒需求。6 月雨水盈亏达到最大盈值，为 67074m³，日均约为 2236m³；12 月雨水盈亏达到最大亏值，为 14865m³，日均约为 496m³。当雨水系统处于最大盈值月份时，雨水系统通过梦泽湖设置的溢流口排出多余雨水，溢流口设计溢流量为 1.5m³/s；当雨水系统处于最大亏值月份时，雨水系统从下银湖取水进行应急补水，补水设计流量为 100m³/h。

园博园海绵建设指标一览表

类别	水生态	水环境	水安全		
指标	年径流总量控制率 (%)	污染物削减 (以 TSS 计，%)	雨水管网重现期 (年)	内涝防治标准	峰值径流系数
目标	75	50	$P=3$	50 年一遇	0.25
建设后	81.4	50.2	$P=5$	50 年一遇	0.25

水源来自园区收集的雨水，经初期处理后排至南区楚水，湖水经过水处理工艺后加压，供园区绿化和道路浇洒用，干旱年份楚水的应急补水引用下银湖水补给。园博会园区最高日绿化和道路浇洒用水量为 2264m³/d。南北区给水管网分别沿园区一级园路敷设 DN200 灌溉管线，供各场地绿化和道路浇洒。

4.4.2 雨水管网

南区地形四周高中间低，形成楚水。南区雨水系统根据地势收集场地雨水，经生态拦污后排入楚水，楚水溢流的雨水则排入城市雨水箱涵。被收集到楚水的雨水，既作为生态景观水体，也作为雨水资源利用的水源，经处理达到城市用水水质标准后，方可用作整个园区的绿化和道路浇洒。在北区山体设置生态草沟，收集山体雨水，通过三环线织补桥排至南区楚水，用作楚水的补水水源。

4.4.3 污水管网

园博园因三环线的阻断，将园区内的污水分为南北两区，南区通过园内道路设置的污水收集

给水管网布局图

图例：
—— 给水管
----- 绿化管
◑ 消火栓

管道进入园外市政道路的污水干管，最终经附近的古田二路污水泵站抽升后送往汉西污水处理厂处理。北区通过园内道路设置的污水收集管道，经过消能井处进入现状污水自排箱涵，再经该箱涵送往汉西污水处理厂处理。最高日可处理生活污水2809m³/d。

园博园内的污水根据地势，按照就近排放的原则排入市政管网。南区按建筑单体分为三个区域重力式排水，北区根据建筑的位置，散点式重力排放。园区各单体建筑分散设置化粪池，经过处理后的污水排入周边市政道路上的污水管网。

4.5 雨水资源利用系统

4.5.1 雨水资源利用系统

园博园南区的楚水作为雨水资源利用水源，绿化灌溉量按1L/（m²·d），道路浇洒量按2L/（m²·d）的标准进行设计。园博会园区最高日绿化和道路

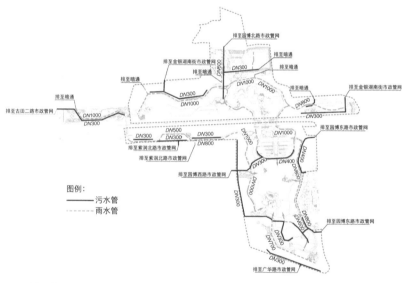

雨污管网布局图

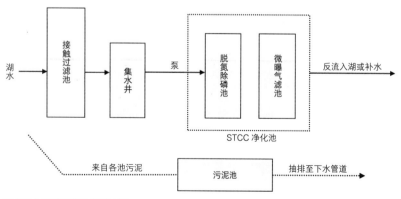

湖水净化设施工艺流程示意图

浇洒用水量为2264m³/d。水处理工艺流程：原水→原水泵→气浮设备→中间水池→过滤水泵→过滤器→消毒→清水池，经处理后到达《城市污水再生利用城市杂用水水质》GB/T 18920—2002城市绿化用水水质标准。水处理采用自动曝气符合介质精滤水处理机，处理能力为150m³/h，设备根据滤层含污量自动调整反冲洗周期，自动实施反冲洗，反冲洗时间不大于2min，反冲洗强度32L/s·m²。消毒设备采用次氯酸钠发生器，采用湿式自动投加方式，投加量为2mg/L。绿化灌溉加压泵采用变频加压设备，流量为45L/s，扬程为60m。

4.5.2 雨水资源利用的应急补水系统

园博园南区的楚水以北区天然湖下银湖作为应急补水水源。根据楚水初次充水流量及雨水不足时的补水量，确定取水流量为2000m³/d。取水流程为：下银湖→取水头部→引水管→格栅间→吸水井→水泵。水处理工艺流程：原水→原水泵→气浮设备→中间水池→过滤水泵→过滤器→消毒→清水池。原水经提升泵提升至气浮设备内，同时由加药装置投加PAC、PAM药剂，经溶气水释放，使原水中的悬浮物絮凝后迅速上升，然后由刮渣机去除浮渣，气浮出水自流进入中间水池，再经过滤水泵提升至过滤器内过滤，进一步去除水中的悬浮物及其他杂质。原水水质为Ⅴ类，处理后水质指标达到《城市污水再生利用景观环境用水水质》GB/T 18921—2002中对观赏性景观环境用水的湖泊类或水景类水质标准的要求。

4.6 水体水质保障技术

4.6.1 STCC技术

为保持楚水水质，采用STCC碳系水体生态修复工艺这一新技术。该工艺是一种多种介质填料的曝气生物滤池技术，采用天然材料和废弃材料作为填料，组成复合填料床，通过特殊的曝气系统在填料床中形成好氧、缺氧和厌氧交替的环境，达到脱氮和除磷的目的。该工艺流程为自然流动式，全程采用淹没式折回曝气生物滤池结构，设备采用封闭地埋式，具有占地面积较小，污泥量少，臭气和噪声等二次污染较少的优点，较好地处理了水处理构筑物与周边环境的关系。

4.6.2 水生态系统构建技术

通过构建水生植物群落、底栖动物、鱼类群落等完整的水生态系统结构，增加水体景观功能，

将营养物质在水环境中重新分配，防止水体富营养化，降低景观湖水质恶化的风险，建立景观湖清水型生态系统。主要工程内容包括：沉水植物群落构建工程、鱼类群落构建工程和底栖动物群落构建工程。

4.7 土壤改良与植物选择

4.7.1 土壤改良

园博园绿地的种植土不提倡大面积使用外来介质土。经检测，不能满足海绵功能需要和植物正常生长需求的原土，应进行改良，全园绿地进行土壤改良平均厚度为30cm。

土壤改良的内容及方式：

（1）pH值超出项目地区选用的植物栽植品种所需的标准范围，可用农业改良法和化学改良法，改善土壤的pH值，以满足植物的正常生长。

（2）土壤的容重≥1.5g/cm³时，可采取改变土壤颗粒密度，增加土壤有机质含量等方法进行土壤改良。

（3）对低影响开发的快排雨水设施，如雨水花园、下沉式绿地等，考虑到长期的快渗过程会造成大量的有机质流失，为确保该类型绿地效果的长效性，该类型绿地的土壤有机质含量应提高到2.0%以上。

（4）采用人工或机械的方法，使绿地内的土壤粒径不大于50mm，对色块和花径为栽植区域的土壤粒径应小于等于20mm，且有机质的含量应大于2.0%。

4.7.2 典型设施与植物选择

（1）绿色屋顶

绿色屋顶：自上而下包括轻质种植土、无纺布过渡层、凹凸型平排（蓄）水板、聚酯无纺布、耐根穿刺防水卷材、保护层、防水层、保温层、隔汽层、找坡层、混凝土屋面板，PVC排水管处自上而下包括米黄色水洗石、1:3干硬性水泥浆、M5水泥浆砌MU10灰砂砖，并连接在女儿墙之间的排水沟散置白色卵石。

植物选择：上层：桂花、杜英、柚子树、柿树、竹；中层：日本晚樱、垂丝海棠、杨梅；下层：春鹃、黄金菊、细叶芒、菊花。

（2）雨水花园

雨水花园：自上而下包括植物层、种植介质、透水土工布、自然土壤。雨水花园高程低于周边地

面，部分雨水通过植草沟有效传输，整体汇流其中。设置的溢流口将超出设计降雨量的雨水排至市政管网，溢水口用植物和景石的搭配进行遮挡。

植物选择：上层：垂柳、香樟、意大利杨；中层：石楠、茶花、云南黄馨、垂丝海棠；下层及水生植物：千屈菜、花菖蒲、美人蕉、大吴风草、芦苇、再力花、金鱼藻。

（3）景观水体

景观水体：水面与驳岸衔接处以双排山木桩护岸，素土夯实，并种植水生植物。驳岸处将原土夯实后种植耐水植物，其上散置褐色景石加以点缀。

水体沿岸植物选择：上层：乌桕、香樟、樱花、垂柳；中层：三角枫、红叶碧桃、紫薇、山茶；下层：西伯利亚鸢尾、黄菖蒲、大吴风草、黄金菊、鼠尾草。

绿色屋顶植物配置实景照片

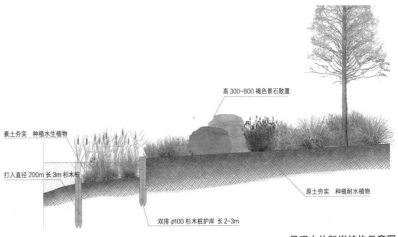

景观水体驳岸结构示意图

5 建成效果评价

5.1 工程材料应用

武汉园博园多选择"低碳"材料，提倡园林材料的可持续利用，如耐火砖、旧瓦、废陶片、废弃混凝土块、旧枕木、废桩头、废弃盖板、钢材余料、旧轮胎，在铺装广场、景墙、花池坐凳及园路上的运用，减少钢材、玻璃、水泥的用量，有效节约工程投资。此外，对一些具有历史记忆的生活物件也进行了园林化再造，将马槽、云盆、石磨盘、竹床、水车等老物件作为园林小景布置于全园多处。通过对已成型、已使用材料的改装、重构等创新设计措施，使越来越多的废旧材料得以循环再利用，让它们在园林中焕发生机。

5.2 效果评估

5.2.1 建设成效

武汉园博园选址中心城区，周围有 8 个居民社区。建成后，极大地改善当地居住环境，被誉为"最亲民"的园博园。并获得第 21 届联合国气候大会"C40 城市气候领袖群第三届城市奖"和"中国人居环境范例奖"，得到社会各界的一致好评。

5.2.2 监测效果评估

园博园内景观湖楚水和三亚园旁水系两处水质监测点位的数据检测结果显示，园博园内水质监测符合《地表水环境质量标准》GB 3838—2002 中Ⅲ类标准。

5.3 效益分析

通过水资源综合规划，园区总用水量为 5451m³/d，其中非传统水源用作绿化灌溉、洗车及道路浇洒的用水量为 2264m³/d，节水率为 41.5%；非传统水源作为绿化和道路浇洒等用途的使用率达到 100%。雨水花园、跌水、生态草沟、生态拦污池、生态水处理等多种生态处理措施和设施的运用降低了面源污染，人工湖水质与绿地景观设计有效结合彰显园博主题。最大限度地减少由于开发建设行为对原有自然水文特征和水生态环境造成的破坏，将园区建设成"自然积存、自然渗透、自然净化"的"海绵体"，从而实现"修复水生态、涵养水资源、改善水环境、提高水安全、复兴水文化"的多重目标。

6 海绵城市绿地维护管理

6.1 海绵城市绿地维护管养机制

6.1.1 管理机构

园区实施建设、维护、运管一体化机制，展会闭幕之后，由原建设方武汉园林绿化建设发展有限公司（市属投资平台）全面负责园博园的管理统筹，由其全资子公司汉口里控股有限公司负责园区的运营维护管理，包含园区绿化保洁、水电系统、建筑工程设施设备、监控智能、安保门务、市场活动策划、宣传、票房营销等园内运营及日常维护管理，实现全流程的无缝对接。

雨水花园建成实景图

生态湿地建成实景图

6.1.2 管养费用

园区绿化养护一年养护经费约 1500 万元，由汉口里公司统一调拨管理，物业管理中心环境保障部具体负责日常管理。

6.2 典型雨水设施维护

6.2.1 绿色屋顶

定期清理垃圾和落叶，防止屋面雨水口堵塞，干扰植物生长。定期检查排水沟、雨水口等排水设施，当雨水口因堵塞或淤积导致过水不畅时，应及时清理垃圾与沉积物。如发现雨水口沉降、破裂或移位现象，则加以调查，妥善维修。定期检查屋顶种植层是否有裂缝、接缝分离、屋顶漏水等现象，屋顶出现漏水时，应及时排查原因，按要求修复或更换防渗层。定期检查灌溉系统，保证其运行正常，旱季根据植物品种及时浇灌。

定期检查评估植物是否存在病虫害感染、长势不良等情况，当植被出现缺株时，则及时补种；在植物长势不良处重新播种，如有需要应更换易存活的植物品种。定期检查土壤基质是否产生侵蚀通道的迹象，如有及时补充种植土。根据植物种类，采取防寒、防晒、防火、防冻措施。

6.2.2 透水铺装

透水铺装按常规道路维护要求进行清扫、保洁。禁止在透水铺装及其汇水区堆放黏性物、砂土或其他可能造成堵塞的物质；当装有农药、汽油等危险物质的车辆运输经过透水铺装时，采用密闭容器包装，避免洒落，以防污染地下水。降雪时应及时清除透水铺装（不含嵌草砖）上的积雪。嵌草砖路面除按照以上维护要求执行外，定期修剪嵌草砖内的植草修剪或对缺株进行补种。

定期对透水铺装道路进行巡检，检查透水铺装面层是否存在破损、裂缝、沉降等。当面层出现破损时应及时修补或更换。对可能损害道路结构的沉降、裂缝等危害出现时，应局部修整找平或对道路基层进行修复。维修时需铲除路面疏松集料，清洗路面去除孔隙内的灰尘及杂物后再进行铺装，严禁在表面构筑密封物或铺砂土。

当路面出现积水时，应检查透水铺装出水口是否被堵塞，如有堵塞应立即疏通，确保排空时间小于 72h。因孔隙堵塞造成透水能力下降时，可使用高压水或压缩空气冲洗、真空泵抽吸等方法清除堵塞物。采用高压水冲洗时，水压不得过

高，避免破坏透水面层。

6.2.3 生态草沟

根据植被品种定期修剪，修剪高度保持在设计范围内，一般可控制在 75~100mm 之间。修剪的草屑应及时清理，不得堆积，保证美观。生态草沟内杂草宜手动清除，不宜使用除草剂和杀虫

园博园水质监测调查表

监测点位	监测项目	监测结果	评价标准	达标评价
景观湖（楚水）☆1号	pH 值（无量纲）	7.09	6~9	达标
	透明度（cm）	160	—	—
	水温（℃）	21.0	—	—
	化学需氧量	16.7	≤ 20	达标
	氨氮	0.161	≤ 1.0	达标
	总磷（以 P 计）	0.042	≤ 0.05	达标
	总氮	0.52	≤ 1.0	达标
	五日生化需氧量	3.7	≤ 4	达标
	悬浮物	14	—	—
	溶解氧	7.6	≥ 5	达标
	叶绿素 a（mg/m³）	2.0	—	—
景观湖（三亚园旁水系）☆2号	pH 值（无量纲）	7.15	6~9	达标
	透明度（cm）	100	—	—
	水温（℃）	20.9	—	—
	化学需氧量	16.4	≤ 20	达标
	氨氮	0.153	≤ 1.0	达标
	总磷（以 P 计）	0.043	≤ 0.05	达标
	总氮	0.30	≤ 1.0	达标
	五日生化需氧量	3.3	≤ 4	达标
	悬浮物	19	—	—
	溶解氧	7.4	≥ 5	达标
	叶绿素 a（mg/m³）	0.2	—	—

注：本项目湖泊水评价标准为《地表水环境质量标准》GB 3838—2002 表 1 中Ⅲ类标准限值。

绿色屋顶维护事项及维护周期一览表

维护事项	日常	月	半年	一年	备注
垃圾、落叶清除		√			按需
植物病虫害感染及长势不良巡检		√			生长期间 / 根据设计需求
乔灌木植被修剪			√		按需
稳定期替换死亡植株（第一年）		√			由施工方 / 植被供应商负责
稳定期后，替换死亡植株				√	每年秋季 / 按需
土壤基质冲蚀巡检				√	暴雨后
排水沟、雨水口等排水设施，雨水口堵塞或淤积巡检				√	暴雨前 / 后
裂缝、漏水巡检				√	暴雨后
喷灌系统巡检				√	
旱季植被浇灌	√				按需

透水铺装日常维护事项及维护周期一览表

维护事项	日常	季度	半年	一年	备注
沉积物、垃圾、杂物清除	✓				日常道路清扫保洁
储水层72h排空监测				✓	雨后检查
裂缝、破损巡检			✓		
积水巡检			✓		雨后检查
冲洗抽吸,恢复渗透能力				✓	视具体情况
植草修剪		✓			针对嵌草砖路面/按需

生态草沟维护事项及维护周期一览表

维护事项	日常	月	半年	一年	备注
沉积物、垃圾、杂物清除	✓				日常清扫保洁
浇灌	✓				旱季
植被修剪		✓			生长期间/根据设计需求
杂草清除		✓			按需
进水口、溢流口淤积巡检			✓		暴雨前/后
表面冲蚀及边坡塌陷巡检			✓		暴雨后
积水区域巡检			✓		暴雨后
植被长势不良处重新播种或更换				✓	按需

雨水花园维护事项及维护周期一览表

维护事项	日常	月	半年	一年	备注
垃圾、杂物清除	✓				日常清扫保洁
护栏等安全措施及警示牌巡检	✓				—
雨水花园周围植被修剪		✓			生长期间/根据设计需求
水生植物修剪			✓		按需
水体水质检查		✓			检查水体是否有发黑发臭现象
泵、阀门等相关设备检查			✓		按需
前置塘或预处理池清淤					按需
主体清淤					按需

景观水体维护事项及维护周期一览表

维护事项	日常	月	半年	一年	备注
警示标识及防护设施巡检	✓				—
进水口、溢流口冲刷巡检			✓		按需,确保完好,应急情况时能随时使用
进水口、溢流口及通风口堵塞淤积巡检			✓		按需,确保完好,应急情况时能随时使用
防误接、误用、误饮等警示标识巡检	✓				—
泵、阀门等相关设备检查			✓		按需,确保完好率应急情况时能随时使用
入渗系统检查			✓		按需
池体清淤				✓	按需

剂,特别是在生长期,应限制使用。若湿式生态草沟植被难以发挥功能,则需要重新配置植物。

定期和在暴雨后检查冲刷侵蚀情况以及典型断面、纵向坡度的均匀性,修复对生态草沟底部土壤的明显冲蚀,修复工作需要符合生态草沟的原始设计。当生态草沟产生淤积,过水断面减少25%或影响景观时,应进行清淤。定期检查生态草沟进水口(开孔立缘石,管道等)以及出水口是否有侵蚀或堵塞,如有需要应及时处理。

6.2.4 雨水花园

定期巡检,确保雨水花园外围误用、误饮等警示标识以及护栏等安全防护措施和警示牌保持完整,如发生损坏或缺失,及时进行修复和完善。

按常规要求进行保洁,清除雨水花园内及周边区域垃圾与杂物。定期清理沉水植物,保持沉水植物占湿塘的面积不大于50%,并根据挺水植物品种定期进行收割。雨水花园周边公共区域草坪应根据植被品种定期修剪,保证其美观,修剪的枝叶应及时清理,不得堆积。

6.2.5 景观水体

定期检查进水口和溢流口,当冲刷造成水土流失时,及时设置碎石缓冲或采取其他防冲刷措施。定期检查弃流井、进水口、溢流口及通风口堵塞或淤积情况,当过水不畅时,及时清理垃圾与沉积物,确保通风口通畅。定期检查泵、阀门、液位计、流量计、过滤罐等设备及喷灌系统,保证其正常工作。

对雨水采用入渗方式进入调蓄模块或调蓄池系统的,定期检查入渗表面是否有积水,查明滤层表面是否被沉积物、藻类及其他物质堵塞,如有需要应进行清除并替换表层过滤介质。

应对调蓄设施内蓄水情况进行记录,当存水超过一周时应及时放空,避免滋生病菌。

设计单位:武汉市园林建筑规划设计研究院有限公司
管理单位:武汉市园林绿化建设发展有限公司、汉口里控股有限公司
建设单位:武汉市园林绿化建设发展有限公司
编写人员:孟 勇 让余敏 杨念东 季冬兰
谢先礼 李良钰 平 涛 肖 伟
姚 婧 李良正

南宁青秀山兰园海绵城市建设工程

项目位置：南宁市青秀山风景名胜区

项目规模：21.58hm²

竣工时间：2015年12月

设计单位：南宁市古今园林设计院

1 现状基本情况

1.1 项目概况

该工程位于南宁市青秀山风景名胜区北门东南侧，临近观音禅寺等主要景点，项目规划用地总面积为21.58hm²。该工程通过低影响开发雨水系统的构建，对园区进行海绵化改造。

1.2 自然条件

兰园所在的青秀山地处低纬度地区，全年受海洋暖湿气流和北方变性冷气团的交替影响，气温较高、降水丰沛，属亚热带季风气候。兰园所在地区降水量季节变化很大，降雨主要集中在汛期4~9月，约占全年降雨量的80%左右。由于受海洋暖气团的影响，每年从5月份开始出现暴雨，产生暴雨的天气系统主要有锋面雨、低涡雨、台风雨三类，而且暴雨来势急促，8~9月份又受台风的影响，伴随有大量降雨。据统计，多年平均降雨量为1302.6mm，最大年降雨量为1970.6mm（1923年），最小年降雨量为830.1mm（1989年）；多年平均相对湿度89%；多年平均蒸发量1736.6mm。

兰园内土壤主要是由砂岩和砂页岩发育而成的红壤，母岩主要为花岗岩，土壤类型属于红黏土，土层较深，为团粒结构。园区呈山丘谷地冲沟地貌，坡积层较厚，质地疏松，养分含量高，呈酸性反应，土壤渗透性较好。

1.3 下垫面情况

兰园总面积21.58hm²，其中绿地15.4hm²，水域3.33hm²，道路2.8hm²，硬化铺装0.04hm²。

兰园区位图

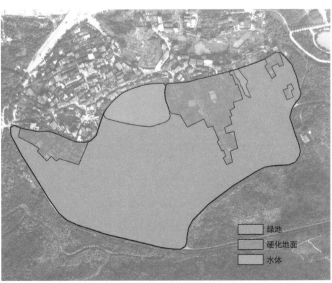

绿地
硬化地面
水体

下垫面分析图

1.4 竖向条件与管网情况

兰园处于山体边坡,园内东、南、西三侧均有山体。园区最高点位于南部,海拔高程为210m,公园北侧北门停车场最低,海拔高程为145m。兰园周边园区给水管网完善,但兰园场地内无给排水管网。

1.5 客水汇入情况

兰园坡体上方凤翼路两侧约有10hm² 林地,林地的雨水径流通过路侧雨水沟汇入,进入兰园后改为自然无序排水方式。兰园中有泉水,资料显示全年平均流量为15L/s,全年汇入兰湖的泉水共计47.3 万 m³,经现场调研核定,泉水的流量已

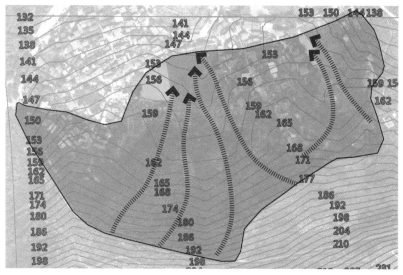

场地竖向示意图

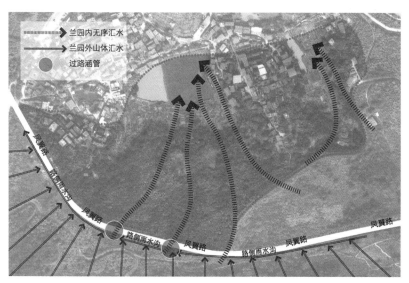

凤翼路汇水示意图

微乎其微,因此不计入客水范围。

2 问题与需求分析

在兰园原址范围内,聚集大量的城中村,并不断壮大扩张,原本的自然绿地被大量侵占,使得场地雨水涵养能力降低、生态功能受到严重损害。村落大量的生产生活污水不经过处理净化,直接排放进入绿地。原自然水体逐步演变成鱼塘,水体污染严重。周边的景观绿地浇灌用水需通过泵站从邕江提水利用成本较高。

在完成城中村征拆的基础上,对该地块进行改造提升,重点围绕湖体水质改善、地下水源涵养等方面内容提升,满足还原自然本貌、提升景观品质和解决绿地浇灌等建设需求。

3 海绵城市绿地建设目标与指标

3.1 水生态目标

综合考虑场地内建设项目、土壤情况等因素,海绵建设应达到南宁市海绵城市规划设计导则的标准,达成改、扩建项目年径流总量控制率指标(约束性指标)≥85%的目标要求,并以此与片区内其他地块的指标控制相契合,提高片区水生态的承载力。

3.2 水安全目标

兰园通过设置海绵设施涵纳青秀山北麓大面积汇水分区的客水共10000m³,提高整个片区的雨水径流总量控制率,确保调蓄功能;并且与下游青秀湖、民歌湖形成联动,连通水系进行导洪,打造区域海绵体的同时保障城市水安全。此外,海绵改造将提高青秀山水土涵养率,降低山体水土流失的风险。

3.3 水资源目标

提高雨水资源化利用,项目实施后年径流污染控制率(以SS总量去除率计)指标(约束性指标)≥50%,可每年从兰园向青秀湖及民歌湖补充优质水 60 万 m³ 以上。

3.4 水环境目标

通过雨水净化处理系统、雨水回用系统、水

系循环系统，促使兰园水系连通，提高水系自净能力，为兰园内植物提供良好生长环境，并且对接下游青秀湖、民歌湖的雨洪调蓄枢纽系统，构建起城市片区的水质保障措施，整体提升区域的水体环境质量与绿化品质。

4 海绵城市绿地建设工程设计

4.1 设计流程

首先雨水经过外围上边坡坡底的截水沟传导，汇流于过路涵管，穿过凤翼路进入兰园。同时降水在兰园南侧凤翼路的边坡面，流经兰园背景林。

流入兰园的雨水经过旱溪的消能与初步过滤，进入植草沟进行传输或直接排入兰园各水系，未进入旱溪的雨水经由林下植被空间，通过自然渗透过滤回补地下水，多余径流再流入植草沟中。

雨水在植草沟中缓流，经过沉淀、过滤、渗

透后，进入末端的截污雨水井，通过截污雨水井的排水管接入兰园的梯田景观和叠塘景观进行层级过滤，排入湖体。

在最终入湖之前，湖边的水生植物形成生物栅栏，对进入的雨水进行吸附过滤。

设计利用潜水泵将湖水抽至高位水池，经处理后用于灌溉。

多余的雨水在湖体一侧的闸口，通过连通的溢流管道排入下游水体进行生态补水或排入市政排水管网弃流。

4.2 总体布局

海绵改造布局在客水引入处设置旱溪消能、传导，山脚下沿道路布置植草沟和雨水渗透井，通过连通管进入叠瀑景观、景观湿地、雨水渗透井、生物栅栏层层净化汇入水系，最终超标雨水通过市政雨水管网输送至下游进行生态补水。

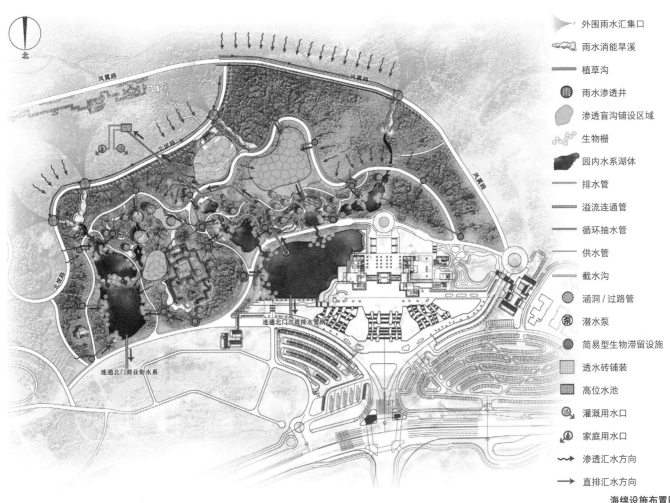

外围雨水汇集口
雨水消能旱溪
植草沟
雨水渗透井
渗透盲沟铺设区域
生物栅
园内水系湖体
排水管
溢流连通管
循环抽水管
供水管
截水沟
涵洞/过路管
潜水泵
简易型生物滞留设施
透水砖铺装
高位水池
灌溉用水口
家庭用水口
渗透汇水方向
直排汇水方向

海绵设施布置图

4.3 竖向设计与汇水分区

4.3.1 竖向设计与汇水分区

园内以兰湖及芳池为最低点，四君园为分水线，最终所有场地雨水径流汇入兰湖。公园内水域水源主要为自然汇流的雨水。根据兰园现状场地特征分析。园区内部划分为两个主要的汇水分区，分别是兰湖汇水分区 13.23hm²、芳池汇水分区约

汇水分区图

各分区设计径流控制量表

下垫面类型	兰湖汇水分区	芳池汇水分区	合计
总面积（hm²）	13.23	8.35	31.58
林地（hm²）	—	—	10
草地（hm²）	9.52	4.48	14
水域（hm²）	1.83	1.5	3.33
道路（hm²）	1.86	0.94	2.8
硬化铺装（hm²）	0.02	1.43	1.45
综合径流系数	0.36	0.49	0.35
雨水径流量合计（m³）	1924.17	1652.97	3577.14
客水（m³）	4000	6000	10000
设计径流控制量（m³）	5924.17	7652.97	13577.14

公园内部各汇水分区海绵设施设计调蓄容积表

汇水分区	设施类型	滞水深度（m）	调蓄容积（m³）	调蓄容积小计（m³）	调蓄容积合计（m³）
兰湖汇水分区	兰湖	0.5	6500	7393.4	15913.4
	旱溪	—	—		
	雨水花园	0.1	720		
	植草沟	0.3	173.4		
芳池汇水区	芳池	0.5	7500	8520	
	旱溪	0.3	1020		
	雨水花园	—	—		
	植草沟	0.3	—		

8.35hm²，园区外则主要是凤翼路客水汇水分区。经测算，凤翼路客水汇水分区大致产生 4000m³ 和 6000m³ 的雨水径流量，分别汇入兰湖汇水分区与芳池汇水分区。

4.3.2 径流量与设计调蓄容积核算

设计调蓄容积可按照《海绵城市建设技术指南》容积法计算，项目年径流总量控制率目标 85%，对应设计降雨量约为 40mm。根据用地类型及自然地形坡度，场地综合径流系数根据各下垫面径流系数取值，通过加权法算得 0.4，设计径流控制总量约为 13577.14m³。

兰湖调蓄水位可以达到 149.50m，设计兰湖可调蓄容量为 6500m³，芳池可调蓄容量为 7500m³，总体可调蓄容积将达到 14000m³，超过控制率指标要求。加上其他海绵设施，则园区内总调蓄容积可达 15913.4m³，达到 85% 控制率要求。

参照《室外排水设计规范》GB 50014 和《雨水控制与利用工程技术规范》DB 11/685，林地径流系数按 0.2 计，草地径流系数按 0.15 计，水域径流系数按 1 计，道路径流系数按 0.8 计，硬化铺装按 0.8 计。雨水径流量均按 24 小时降雨流量计算。通过控制径流总量公式进行计算：

$$W=10\Psi_{zc}hyF$$

式中：W——控制径流总量；

10——系数；

Ψ_{zc}——设计综合径流系数；

F——汇水面积（hm²）；

hy——设计降雨量。

4.3.3 设施选择与径流组织路径

（1）设施选择

生物栅栏：主要布置在水岸交接之处，形成针对湖体的水生植物围挡，并结合人工水草种植、微生物投放，三者共同形成微生态系统，起到处理水体、去除污染物的作用。

雨水消能旱溪：主要布置在兰园几处外部客水的进水口处，原为雨水冲刷的壕沟，通过叠石景观处理，逐级延缓雨水流速，起到消能作用。

传输型植草沟：布置于兰园原路路侧，起到截留边坡雨水的作用，同时将雨水传输到其他的海绵设施中进行下一步处理。

渗透盲沟：主要分布于兰园翠屏兰香大草坪的地下，为解决大草坪地势低洼积水现状问题设计布置，为网格状埋设于土壤中。

调蓄塘：也即兰园中的两大跌水——兰湖水系与芳池水系，为自然山体形成的山谷之地，原为原址村民的层级耕地，设计利用地势，配合循环泵打造跌级活水景观，除增加观赏性外，更重要的是调蓄水体。

高位水池：建于兰园的最高点，藏于绿植掩蔽之中，通过重力管道为全园的绿化灌溉及景观用水提供水源。

（2）径流组织该工程客水由过路涵管从凤翼路引入。涵管出口设置叠石旱溪，经消能后进入芳池及兰湖上游跌水水系。自然降落的初期雨水，则通过设置在路侧的植草沟收集并传输至芳池及兰湖上游跌水水系。该水体水系蓄存的水可通过铺设于北门停车场的市政雨水管网输送至下游青秀湖及民歌湖进行生态补水。同时，园区内绿地浇灌及消防用水均采用兰湖及芳池所蓄水体为水源。

4.4 水系设计

4.4.1 水系布局

兰湖属于原有池塘改造，水深 1.2~3m 之间，设计沉水植物覆盖率达到 75% 以上。芳池位于兰园东北侧，与兰湖相距 200m，处于一块缓坡地带，由南向北被人为分割为 4 块水池，水深在 1~2m 之间，各水池间被拦水景观石、连岸等造景人为分隔，由池 1 经池 2、池 3、池 4 依次呈现水位下跌阵势。

4.4.2 水位设计

兰园的年径流总量控制率目标为 85%，对应设计降雨量为 40mm。降雨量不足 40mm 时，可实现园内雨水不外排。若降雨量超过 40mm，则超出设计降雨量的径流雨水通过溢流口排入下游青秀湖，进行生态补水。

常水位：兰园兰湖与芳池的设计常水位分别为 148.0m 和 152.5m，水体常水位需满足多级水池存蓄要求。

极限水位：兰园兰湖与芳池的设计溢流管道标高即极限水位分别为 148.5m 和 153m，该水位为满足兰园年径流总量控制率 85% 而设计。

池底标高：兰园兰湖与芳池的池底标高分别为 146.0m 和 151.0m。

4.4.3 水循环设计

在兰湖与芳池湖内分别设置潜水泵，配建压力管道，将湖水从湖体抽送至上游 2 座跌水水系

进行循环，利用高差跌水对水体进行曝气。曝气完成后，降低流速后，进行水生生物处理后自然溢流回至湖内，从而加强湖水内流动，提高水体自净能力。循环系统根据景观需求和水体水质的好坏不定期开启。

4.4.4 补水方案

按照南宁年平均 1302.6mm 的降雨量，引入客水的汇水面积为 10hm²，综合径流系数取 0.2，估算全年可引入公园的水量为 2.6 万 m³，园区汇水面积为 31.58hm²，综合径流系数取 0.4，则年收集雨水约 11.2 万 m³，兰湖及芳池总汇水面积 2.8hm²，则年收集雨水约 3.63 万 m³。由于湖体底面设计了防渗层，在忽略渗漏量的前提下，根据全年月平均蒸发量数据，计算得到全年蒸发量约 3.27 万 m³，则扣除蒸发量，兰园每年理论能向下游青秀湖及民歌湖输送约 61.46 万 m³ 的优质水。这些水可通过铺设于北门停车场的市政雨水管网输送至下游青秀湖及民歌湖。

4.5 客水的收集和净化

该工程规划引入约 10000m³ 客水进入公园水体内，客水主要来源为凤翼路两侧边坡林地，由过路涵管从凤翼路边沟引入，其下垫面基本为地被植物及乔灌木树林，径流系数取 0.2。引入初期雨水含沙量较大，水质较差，接入涵管出口设置叠石旱溪，经消能后进入芳池及兰湖上游跌水水系。

4.6 雨水回用

园区内绿地浇灌及消防用水均采用兰湖及芳池所蓄水体为水源。在高程为 203m 处已建有一座 300m³ 蓄水池，其中 150m³ 为绿地浇灌及室外消防共用水池。兰园绿地面积为 14.29 hm²，按 2L/（m²·d）绿地浇灌水量计算，约需 286m³/d 用水量。当蓄水池水量不足时，需开泵进行抽水。园

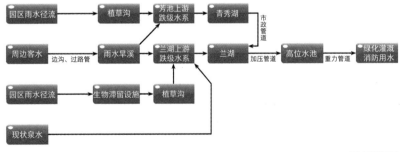

雨水流程图

雨水回用绿化自动喷淋实景图

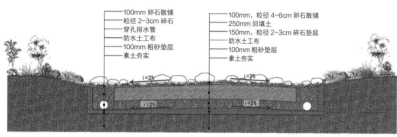

旱溪做法结构图

旱溪种植平面图

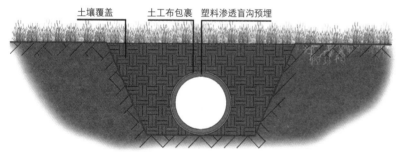

渗排盲沟做法结构图

区绿化浇灌主要采用人工取水阀取水浇灌。人工取水阀沿园区道路按30m的间距布置于阀门箱内。此外，园区梯田式花田及药田采用自动喷灌进行绿化浇灌。园区设计消防用水量为20L/s，按1处火灾2h计算，消防用水量为144m³，蓄水池满足要求。

4.7 土壤改良与设施选择

4.7.1 土壤改良

兰园场地内植被覆盖率较高，现状表层土均为水分涵养率较高的腐殖土。设计重点针对海绵设施布置区域及绿化提升区域进行土壤改良，进一步增加其透水性，具体措施为分层混合加入砂与木屑等松散填料，其中上部约300mm厚种植土层：更换种植土并参入20%木屑，具体配比为木屑：种植土＝2：8；下部约300mm厚填料层，掺入20%中砂，10%细砂，具体配比为中砂：细砂：现状种植土＝2：1：7。

4.7.2 低影响开发设施选择

（1）旱溪

兰园位于山体边坡之地，园内林下的空间在雨水常年冲刷下形成道道自然的沟壑。由于景区的逐步开发，项目周边道路、景点等建设日趋增多，使得汇入兰园沟壑内的雨水含大量杂质，最终形成淤沟泥壑。设计放弃了采用截水沟这种人工化浓重的方式，改而采用自然化的景观处理手段将其打造成一系列隐匿于背景林当中的自然旱溪，使得整体景观与周边山林相互协调融合，透露出自然野趣的意境。同时，旱溪也发挥了缓冲初期雨水汇流的作用。

（2）透水草坪

兰花草坪原是兰园现状中部一片农作物沼泽之地，设计因地制宜利用其开阔平整的地形将之

建设后旱溪实景图

（a）建设前

（b）建设后

透水草坪建设前后的对比图

打造成为大草坪，为遍布繁茂植物的兰园开辟一处使人豁然开朗的开敞空间。但由于该草坪局部区域常有积水，草本植物不耐水湿故而长势不佳。设计在不改变草坪空间格局的情况下，在草坪之下埋入网络状布置的渗排盲沟，以此种自然形式的盲沟布置解决水涝问题，在不影响面上大草坪园林景观的同时帮助解决其排水，以保证草坪的生长。

(3) 跌级梯田

兰花的种植需要潮湿温润的自然环境，对空气湿度的要求尤其高。而兰园所处山体的边坡，水土流失较大，不利于保水。设计从广西传统山地耕种水田的环境汲取灵感，选取兰园两处地形较为陡峭而不宜种植兰花的边坡，通过竖向改造，使之形成梯田式的地形，用孔隙率较高的火山岩替代土墙进行围合，营造出层次分明而又绵延遍野的花海景观，给人以强烈的视觉感受。从兰花的生长环境来看，层级的田洼地形，有利于雨水的蓄积，营造适合兰花生长的湿润环境，而火山岩的运用除了契合兰花的附生特性外，还发挥了其渗排的良好功能，避免花田内雨水蓄积过多，损伤植物。

(4) 调蓄塘

青秀山北麓由不同的山岭谷地组成，落下的雨水由这些自然的分水岭形成兰园内部的诸多水系，这些水系在设计时均运用垒石叠水的方式营造处理高差，使之形成系列的跌水湖景，立体湿塘景观。山泉雨水等经由不同的大小湖面逐级跌落，水流通过层级间所设计的自然植被护坡得到净化，在此过程中不断汇入、过滤、沉淀，进而

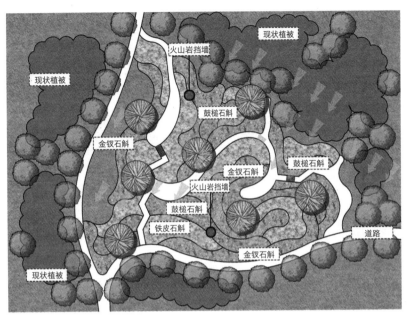

跌级梯田种植平面图

建设前后的跌级梯田对比图

调蓄塘断面图

调蓄塘种植平面图

（a）建设前

建设前后的调蓄塘对比图

（b）建设后

建设后的块石水沟实景图

溢出至下一湖面。

（5）块石水沟

兰园总有一处园中园，名为兰苑，是一座以花中四君子为主题的中国古典园林院落组合。园内的铺装为求与兰园外部自然环境相互协调，选用青砖的传统园林铺装，体现精致古朴之意境，院内空间场地侧边不埋设人工的排水管网，而是采用填充青石块沟渠取而代之，沟渠围合于场地四周，目光所及之处皆与青砖铺装浑然一体，在崇尚传统造园手法的同时，更显自然材料所体现出来的内敛深沉，潺潺雨水汇入石粒沟渠之中，穿流于石缝之中，在此过程中渐渐滤净，慢慢四渗入土层，润泽大地。

5 建成效果评价

5.1 工程造价

工程建设费用 2121.61 万元。

5.2 监测效果评估

兰园通过雨水净化处理设施，达到年径流污染物控制率 50.5%。兜兰花瀑井水出水水质检测结果表明，除总氮达地表Ⅲ类水水质标准外，其余指标均满足地表Ⅱ类水水质要求。雨水通过自然净化后，基本能满足兰园绿化浇洒用水的水质和水量要求。

5.3 效益分析

兰园及北门区通过海绵化改造之后，形成了公园雨水净化系统，景观水体水质得到了改善；而收集净化后的雨水还使得景观水体补水得到保障，同时还能回用于绿地浇灌，园区每年可利用雨水 1.1 万 t，节约提水电费 120 万元。

6 海绵城市绿地维护管理

6.1 海绵城市绿地维护管养机制

6.1.1 管理机构

维护管理的责任主体为建设单位南宁市青秀山风景名胜旅游开发有限责任公司，并由当地海绵城市相关部门、园林部门实施技术监管。责任主体单位结合本行业技术标准及《南宁市低影响开发雨水控制及利用工程设施运营维护技术指南（试行)》要求，建立健全海绵城市绿地的维护管理制度。

6.1.2 管养费用

纳入景区日常养护资金。

6.2 海绵城市绿地维护要点

6.2.1 植物养护

按照不同植物生长要求定期维护，维护重点包括补种植物、清除杂草及施肥、按照园区内绿化风格要求修剪植物。维护周期＜3个月/次。

6.2.2 土壤养护

土壤经过雨水冲刷，容易造成水土流失，需定期回填补充改良后的种植土，以保证海绵绿地的长效使用。另外土壤长期处于潮湿保水的状态，容易形成黏化的现象，需定期查看土壤的松实情况或检测土壤的透水率，通过补充松散填料，保证海绵城市绿地内的土壤具有良好的透水性。维护周期＜6个月/次。

6.2.3 水体养护

水体养护的重点主要是定期检查和清理溢流设施和格栅、疏通连接水体的各类进出水设施、清理水体淤泥与垃圾，维护周期＜6个月/次。

如果维护巡视结果显示雨水入渗不畅，则考虑更换土工布或砾石层，一般在水体使用5~10年后考虑更换。

检查各类安全警示标志是否有残缺或被遮挡，并及时更换或清理遮挡物。

6.3 典型雨水设施维护

6.3.1 旱溪

除植物与土壤的维护外，重点修补旱溪的坍塌位置，保持设计的断面形状，同时定期清理旱溪内部因雨水冲刷而淤积的淤泥和垃圾。定期补充及平整旱溪表面的卵石层，使其均匀分布与旱溪坡面，长效发挥其消能、过滤的作用，维护周期＜6个月/次。

6.3.2 透水草坪

除植物与土壤的维护外，需定期疏通草坪内部铺设的渗透管，可采用从清淤立管注水冲洗的方式进行，维护周期＜6个月/次。

定期更换人工填料层、砂层、砾石层和种植土，一般在草坪使用5~10年后或重新种植草坪时候考虑更换。

6.3.3 跌级花田

除植物与土壤的维护外，需定期修补跌级围边的火山岩挡墙，保持设计的断面形状，维护周期＜6个月/次。

定期更换人工填料层、砂层、砾石层和种植土，一般在花田使用5~10年后或重新种植兰花植物时候考虑更换。

6.3.4 块石水沟

维护重点主要是清理沟中淤积的垃圾，以及适时补充沟中块石，维护周期＜6个月/次。

设计单位：南宁市古今园林规划设计院
管理单位：南宁青秀山风景名胜旅游区管委会、
　　　　　南宁市住房和城乡建设局
建设单位：南宁青秀山风景名胜旅游开发有限责任公司
编写人员：杨宁彬　李宇宁　韦　护　冯延锋
　　　　　莫长斌　胡　婷　张文娟　陈佩瑶
　　　　　黄春露　段　磊

西宁西山海绵化改造及景观提升项目

项目位置：青海省西宁市西山
项目规模：358.29hm²
竣工时间：2021年9月

1 现状基本情况

1.1 项目概况

西宁市属于典型的"两山夹一川"的河谷城市，位于黄土高原与青藏高原交界处。13排水分区西山片区位于西宁市海绵城市建设试点区南侧山体，总面积约358.29hm²，属于区域绿地。根据《西宁市海绵城市建设试点13排水分区海绵化改造总体规划》，西山作为西宁市重要的生态屏障，项目的改造提升将对西宁市水环境、水安全等方面起到重要保障作用。

1.2 自然条件

1.2.1 降雨条件

西宁市降水主要集中在每年的6~9月，占年降水量的80%以上，且年降水量周期性变化明显。据多年降水数据统计，降水历时在6h以内的次数达70%以上，1h降水量大于16mm的暴雨有11次；24h降水量大于50mm的暴雨4次；百年一遇1h最大降水量32mm，24h最大降水量为66mm。

1.2.2 土壤条件

西山片区土壤主要为以黄土母质发育成的栗钙土，土层厚度30~50cm，碳酸钙含量高，pH值8.0~9.0，盐基饱和度高，土壤贫瘠干旱，含水量6%~8%，有机质仅占1%~2%土壤结构不良，保水保肥能力差。

1.2.3 植被分析

局部林地群落结构不合理，生态效益不高；部分山林水平阶年久失修，水土保持能力降低；游憩绿地配置简略，缺乏特色，植物景观水平有待提升。

1.2.4 水系冲沟分析

场地属于典型的干旱山区黄土沟谷地貌和高山地貌，冲沟坡降高差基本在100m以上，落差较大，最大沟壑纵深，长度达1429m。场地水土流失严重；暴雨时洪water来势凶猛，容易形成泥石流灾害；冲沟治理措施欠缺，存在"塌、断、堵、丑"等问题。

1.3 下垫面情况

根据卫星影像图的遥感解译，结合场地调研踏勘，对西山下垫面进行分析，主要包括水域、道路、建筑、裸地、铺装和林地6类。其中，植被覆盖面积比例最大，占78.01%，其次为裸地，占13.44%。区域综合径流系数为0.25。

1.4 竖向条件与管网情况

1.4.1 场地竖向条件

西山片区地形主要为山地，海拔由南向北逐渐降低。片区范围内山体坡度大多在15°～35°之

区位分析图

（1）生态效益良好的针阔混交林	（2）火西北坡低效灌木林	（3）火西阳坡低效灌常绿林	（4）受冲刷侵蚀失修水平阶

植被现状图

（1）冲沟塌陷	（2）西山公墓建筑垃圾	（3）火西林场冲沟淤塞	（4）俯视火烧沟

水系冲沟现状图

现状卫星影像遥感图

下垫面现状统计表

类别	水域	道路	建筑	裸地	铺装	植被	合计
面积（hm²）	1.49	13.59	5.68	48.15	9.87	279.51	358.29
百分比（%）	0.42	3.79	1.58	13.44	2.76	78.01	100

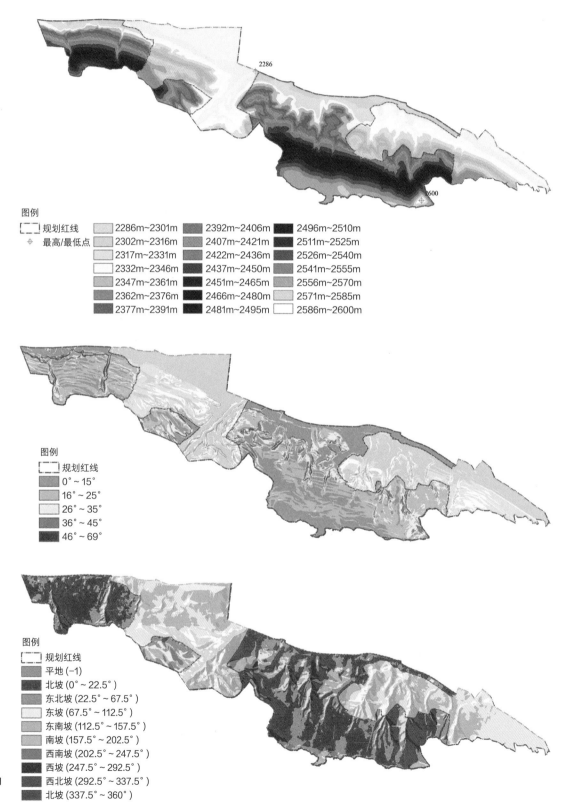

图例

☐ 规划红线
✛ 最高/最低点

2286m~2301m 2392m~2406m 2496m~2510m
2302m~2316m 2407m~2421m 2511m~2525m
2317m~2331m 2422m~2436m 2526m~2540m
2332m~2346m 2437m~2450m 2541m~2555m
2347m~2361m 2451m~2465m 2556m~2570m
2362m~2376m 2466m~2480m 2571m~2585m
2377m~2391m 2481m~2495m 2586m~2600m

图例

☐ 规划红线
0°~15°
16°~25°
26°~35°
36°~45°
46°~69°

图例

☐ 规划红线
平地（-1）
北坡（0°~22.5°）
东北坡（22.5°~67.5°）
东坡（67.5°~112.5°）
东南坡（112.5°~157.5°）
南坡（157.5°~202.5°）
西南坡（202.5°~247.5°）
西坡（247.5°~292.5°）
西北坡（292.5°~337.5°）
北坡（337.5°~360°）

高程（上）、坡度（中）、坡向（下）分析图

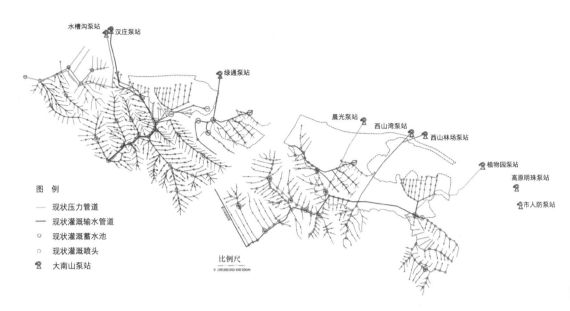

图 例
—— 现状压力管道
—— 现状灌溉输水管道
○ 现状灌溉蓄水池
○ 现状灌溉喷头
🔧 大南山泵站

比例尺
0 100 200 300 400 500m

西山片区灌溉系统现状分布图

间，占总面积的 49.53%。其中，范围内 15°以下坡度，主要位于山体向城市过渡的地区，易受浅山地区水土流失的影响，应注意治理和防范。片区范围内山体坡向以北坡和东北坡为主，占总面积的 55.44%。阴坡水分条件相对较好，可种植一些常绿及速生乔木，阳坡水热条件较差，适宜营造灌丛草甸或高山草甸。

1.4.2 灌溉设施分析

西山林地基本属于林场管理，区域灌溉规模大，且东西跨度长，分为 3 块区域。现状通过加压泵站泵取解放渠的水至山顶蓄水池，然后以管灌和喷灌的方式进行灌溉，耗能较大，未考虑雨水收集回用措施作为灌溉水源补给。

1.5 客水汇入情况

该项目红线已考虑山体坡面汇水的整体性，无客水汇入。

2 问题需求分析

2.1 问题分析

（1）水生态问题：项目所在火烧沟流域林地覆盖不足、林相单一，水土保持、水涵养能力不高。按照《水土保持综合治理技术规范》GB/T 16453.3—2008 测算，火烧沟流域年输沙量约 8950t/a，水土流失严重；

（2）水资源问题：现状灌溉水源为渠水（解放渠），并通过泵站梯级供给，浇灌系统耗能大、

成本高，且雨水收集回用措施较少，林木保水措施欠缺；

（3）水安全问题：场地内冲沟密集、纵深比降大，暴雨时容易形成泥石流灾害。

2.2 需求分析

项目需按西宁市海绵城市建设试点目标的要求，以排水分区为重点，统筹外围生态空间，系统实施造林、整地、冲沟治理等重点工程，达到"泥不下山，水不出沟"的海绵建设目标；同时完善道路、灌溉等基础设施建设，提升山体景观，构建游览系统，加强场地的可游可赏功能，让海绵工程真正成为民生工程。

3 海绵城市绿地建设指标

根据上位规划，该项目排水分区设定的海绵城市建设目标主要包括针对山体治理的水生态修复、水资源涵养、水安全保障方面的具体指标，项目海绵建设总体目标见下页表。

4 海绵城市绿地建设工程设计

4.1 设计流程

结合相关上位规划，调研分析场地内"山、水、林、城"等重点要素，识别西山项目在水安全、水生态、水资源等方面存在的问题及景观提升和生态建设需求，确定方案总目标；针对不同

西宁西山项目海绵城市建设目标指标表

目标分类		建设指标	数值
治山	水生态修复	山体林木覆盖率	≥ 85%
		山体水土流失治理比例	≥ 80%
	水资源涵养	年径流总量控制率 / 对应设计降雨量	98.6%/30.5mm
	水安全保障	山体冲沟防洪标准	30 年一遇

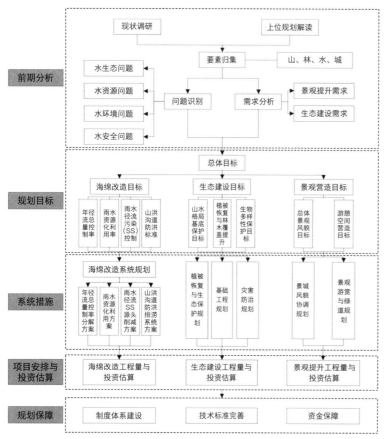

西宁西山项目海绵化改造及景观提升技术路线图

的建设目标，确定系统实施措施；为确保项目的持续运转，配套相关的基础设施规划，完善制度保障工作。

4.2 总体布局

依据目标要求，针对山体雨水径流路径，构建"源头削减、过程控制、系统治理"的系统性海绵改造建设路径。首先，通过生态营林、坡面整地技术，对林木植被进行生态修复，强化源头水土保持；在重要节点布置低影响开发设施，强化雨水滞留与就近浇灌利用。其次，实施生态边沟改造，统筹协调边沟排水与灌溉功能，对灌溉用水和雨水径流进行有序引导和控制。最后，通过对冲沟、边坡以及水系驳岸等重点区域进行综合修复与治理，构建雨水多级净化与调蓄利用系统，减缓径流冲刷，防止水土流失，并达到沟道防洪标准。

4.3 竖向设计与汇水分区

4.3.1 与区域汇水分区、排水分区关系

西宁西山海绵化改造及景观提升项目属跨汇水分区项目，涉及位于火烧沟箱涵汇水分区和解放渠汇水分区，场地径流主要汇流至受纳水体火烧沟，后经火烧沟箱涵最终排入湟水河，少部分汇流至解放渠。

4.3.2 汇水分区

根据山体汇水方向，共划分 17 个子汇水分区。

设施总体布局图

4.3.3 年径流总量控制率与水土流失治理达标率计算

（1）年径流总量控制率计算

A 山体海绵化整地坡面径流控制量

坡面径流控制量计算按照《西宁市山地海绵化整地技术要求》（以下简称"技术要求"）中不同整地方式拦蓄径流能力分析，得出各子汇水区山体整地控制的径流量计算公式：

$$V_w = V_{w1} \times N_1 + V_{w2} \times L_2$$

式中：V_w——子汇水区山体整地控制的降雨径流量（m^3）；

V_{w1}——单个鱼鳞坑控制地块上部汇流坡面径流量（m^3），取值 0.116m^3；

N_1——子汇水区内鱼鳞坑数量（个）；

V_{w2}——单个水平阶控制地块上部汇流坡面径流量（m^3），取值 0.034m^3；

L_2——子汇水区内水平阶总延米（m）。

其中 V_{w1} 和 V_{w2} 按照 10 年一遇 24h 重现期日降雨量 45.48mm 进行测算。

对比实际整地方式和技术要求整地方式，将 1~4m 宽的水平阶的控制径流量按技术要求中标准水平阶的容积进行换算，具体换算方式见下表。由此计算可得，各子汇水分区雨水径流控制量总计 39078.22m^3。

B 低影响开发改造径流控制量

低影响开发改造径流控制量计算：按照《海绵城市建设技术指南——低影响开发雨水系统构建》设计的各类低影响开发设施调蓄量，得出低影响开发改造控制的径流量计算公式。

$$V = V_a + V_b + V_c + \cdots + V_n$$

由以上公式计算可得西山片区海绵设施调蓄量总计 2530.45m^3。

C 年径流总量控制率计算

根据海绵化整地坡面径流控制量和低影响开发改造径流控制量综合换算。按照《海绵城市建设技术指南——低影响开发雨水系统构建》中容积法计算公式反推。项目海绵化改造径流控制量为 41608.67m^3，计算得项目设计降雨量 46.5mm，对应年径流总量控制率 99.7%，达到上位指标。

子汇水分区详表

子汇水分区编号	面积（hm^2）	子汇水分区编号	面积（hm^2）
1	43.24	10	41.97
2	25.70	11	14.42
3	19.64	12	46.57
4	9.80	13	26.30
5	14.83	14	28.25
6	38.89	15	27.40
7	35.40	16	2.54
8	5.95	17	14.50
9	4.48	—	—

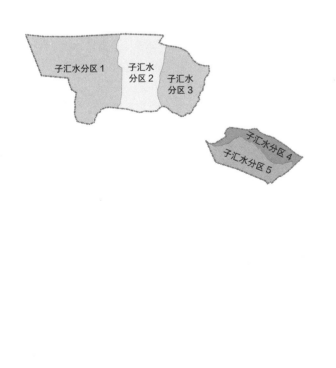
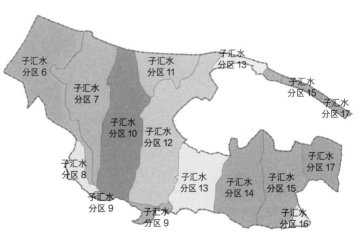

汇水分区划分

（2）水土流失治理达标率计算

A 坡面径流土壤侵蚀控制量

按照《西宁市山地海绵化整地技术要求》中不同整地方式拦蓄径流泥沙能力分析，得出各子汇水区山体整地控制的土壤侵蚀控制量计算公式：

$$M_{汇k}=0.001 \times V_{k1} \times N_1 \times \rho+0.001 \times V_{k2} \times L_2 \times \rho+0.001 \times V_{k3} \times L_3 \times \rho$$

式中：$M_{汇k}$——K 子汇水区山体整地控制的土壤侵蚀量 (t/a)；

V_{k1}——单个鱼鳞坑控制地块上部汇流坡面土壤侵蚀量 (m^3)，取值 $0.0303m^3$；

N_1——子汇水区内鱼鳞坑数量（个）；

V_{k2}——单个水平阶控制地块上部汇流坡面土壤侵蚀量 (m^3)，取值 $0.0080m^3$；

L_2——子汇水区内水平阶总延米 (m)；

V_{k3}——单个反坡梯田整地控制地块上部汇流坡面土壤侵蚀量 (m^3)，取值 $0.0053m^3$；

L_3——子汇水区内反坡梯田整地总延米 (m)；

ρ——山体泥沙密度 (kg/m^3)，取值 $1.6 \times 10^3 kg/m^3$。

B 坡面径流土壤侵蚀量按照《西宁市南北山土壤侵蚀风险评价研究》，试点区内山体平均侵蚀模数为 1000 $t/(km^2 \cdot a)$–2500$t/(km^2 \cdot a)$，山体坡面径流土壤侵蚀量计算公式如下所示：

$$M_{汇}=F \times M_s$$

式中：$M_{汇}$——各子汇水区年均土壤侵蚀量 (t/a)；

M_s——年均土壤侵蚀模数 ($t/km^2 \cdot a$)，取值 2500 $t/(km^2 \cdot a)$；

F——各子汇水区集水面积 (km^2)。

C 项目水土流失治理达标率

项目水土流失治理达标率计算公式如下所示：

$$\eta=(M_{汇k1}+M_{汇k2}+\cdots+M_{汇k1})/(M_{汇1}+M_{汇2}+\cdots+M_{汇n})$$

经计算，水土流失治理达标率已达到 100%，达到上位指标。

4.3.4 指标复核

经核算，经海绵改造后能解决 41608.67m^3 雨水径流量，达到 99.7% 年径流总量控制率，消纳 46.5mm 降雨。土壤侵蚀控制量 51676.26m^3，达到 100% 的水土流失治理比例。

4.4 源头削减

加强山林修复，局部宜林裸地区开展补植，提高山体林木覆盖率。根据不同坡度、坡向、土壤厚度等立地条件，合理确定整地造林模式、选择适宜树种及配置方式实施低效林改造，开展鱼鳞坑、水平阶等种植坡面整理和修复，加强林地生态涵养功能，提升山体海绵雨水调蓄功能。

（1）山体整地

根据坡度、坡向、土壤厚度等立地条件确定整地造林模式。25° 以下缓坡地段，采用类似水平台地的水平阶（4m 宽）和水平阶（3m 宽）整地，长度依地形而定；25°~35° 之间的坡面，采用水平阶（2m 宽）和水平阶（1m 宽）整地，沿等高线修筑；水平阶需保持沟面水平或反坡约 10°，阶底设砾石护脚防上游溢水冲刷。35° 以上宜挖成高标准的鱼鳞坑，要求鱼鳞坑均匀分布，按"品"字形排列，利于充分拦截雨水。

（2）生态营林

适地适树以降低植物养护和种植成本。在植物配置时结合经济作物（如药用植物）发展林下经

实际整地方式对标技术要求换算表

实际整地方式	宽度（m）	深度（m）	长度（m）	间距（m）	对标技术要求换算
鱼鳞坑	0.8~1.5	—	0.5~0.8	2~3	鱼鳞坑
水平阶 1m 宽	1	0.4~0.6	—	1~2	水平阶 ×2×1/1.25
水平阶 2m 宽	2	0.4~0.6	—	2~3	水平阶 ×2×2/1.25
水平阶 3m 宽	3	0.2~0.3	—	3~4	水平阶 ×3/1.25
水平阶 4m 宽	4	0.2~0.3	—	4~5	水平阶 ×4/1.25

西山片区海绵设施调蓄量统计表

海绵设施类型	单位	工程量	调蓄容积（m^3）
调蓄塘	m^2	2530.45	2530.45
碎石导流渠	m	40	—
植草沟	m^2	514	—
排水沟	m	7367.26	—
导流渠	m	48.62	—
总计	—	—	2530.45

西山项目完成指标表

目标分类		完成指标	数值
治山	水生态修复	山体林木覆盖率	≥ 85%
		山体水土流失治理比例	≥ 100%
	水资源涵养	年径流总量控制率 / 对应设计降雨量	99.7%/46.5mm
	水安全保障	山体冲沟防洪标准	30 年一遇

济，提升生态恢复的附加价值和景观的丰富度。

积极营造混交林，改变以往的造林树种单一模式。加强乔灌株间混交，混交主要树种为青海云杉或油松与沙棘，祁连圆柏和枸杞，油松和山杏以及枸杞等；景观改造主要选择观叶灌木植物金叶猬、红叶小檗等进行带状栽植，并混交红叶李等观叶乔木树种；道路绿化主要选择河北杨、白榆。

鼓励在土壤厚度大于30cm的中厚土立地条件下开展坡面整地造林，对于阳陡坡、土层薄等立地条件相对较差的地区，选择油松、沙棘、柽柳等耐贫瘠的乡土树种开展整地造林，并适当降低造林密度。

4.5 过程控制

西山现有边沟主要沿山体道路布置，主要为水泥硬化边沟，局部地段为土沟，主要作为灌溉用水的传输通道，同时起到截洪沟的作用。改造时，一是梳理边沟系统，通过截流沟导流雨水径流，提高排水路径的连通性；二是对边沟进行清淤疏浚，降低灌溉用水的传输消耗，并增加卵石或河滩石铺面，对山体雨水径流过滤净化。

4.6 系统治理

系统开展西山片区山体沟道防洪、水土流失防治，重点实施山体冲沟治理工程，构建从上游到下游层层设防的冲沟排洪和水土保持的立体林网体系。防治策略主要通过上游设置沟埋式沟头防护，中下游设置跌水、干塘或蓄水缓冲沟以达到减缓沟头扩张、减小山洪流速、净化调蓄雨水径流的效果，末端结合调蓄塘、湿地、湖体等，蓄存净化雨水，超标雨水再通过溢流管道进入市政管网系统，提高防洪标准，减缓沟头扩张，减小山洪流速，地质灾害威胁，减少水土流失，并充分利用山体雨水资源。

5 建成效果评价

5.1 工程造价

该项目投资13795.76万元，资金来源均为海绵城市建设专项资金。

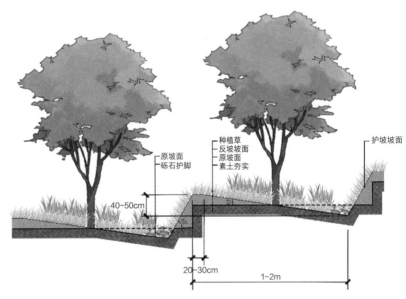

反坡水平阶整地示意图

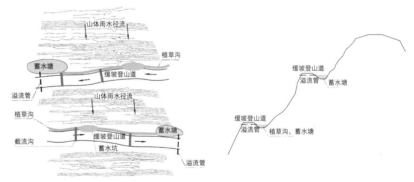

生态边沟做法示意图

西山项目造林树种表

	造林植物	经济作物	园林观赏植物
乔木	祁连圆柏、毛白杨、油松、青海云杉、白榆、青杨（雄株）、樟子松、新疆杨、小叶杨、旱柳、柽柳等	文冠果、山杏等	青海云杉、油松、祁连圆柏、青杄、白杄、紫果云杉、樟子松、圆柏、侧柏、国槐、白榆、白蜡、海棠、油松容器苗、樱桃、红叶李等
灌木	柠条、沙柳、狼牙刺、紫穗槐、花棒、竹柳、杞柳、丁香等	沙枣、花椒*、金银花、塔青、沙棘、黑枸杞、树莓等	金叶猬、偃伏株木、茶条槭、红叶小檗、金露梅、金叶榆、榆叶梅、绣线菊等
草本	当地适生地被	大黄、贝母、甘草、秦艽、黄芪、当归、甘松、麻黄、锁阳、款冬花等	鸢尾、马蔺、波斯菊、百合、郁金香、紫菀、垂盆草、点地梅等

* 在局部小气候较好地条件中使用

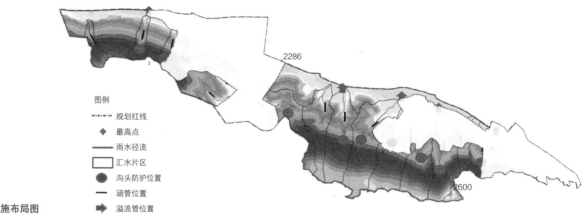

图例

┅┅┅ 规划红线

◆ 最高点

—— 雨水径流

▭ 汇水片区

● 沟头防护位置

— 涵管位置

➡ 溢流管位置

沟道治理设施布局图

5.2 监测效果评估

项目所属的西宁市试点区 13 管控分区年径流总量控制率达到上位规划提出的 98% 指标的要求，13 管控分区的监测设施设置在西山山下的植物园冲沟溢流口和出水口，分别安装 1 处多普勒流量计、1 处在线 SS 分析仪及 1 处在线雨量计。经 2019 年 6 月全今的监测（6 月 15 日产生最大日降雨量，25mm），山体冲沟的溢流口和出水口均无产流现象，基本达到了"泥不下山，水不进城"的建设目标。

5.3 效益分析

西山项目以问题为导向，构建"源头修复与削减、过程引导与控制、系统综合治理"的建设实施路径，实现西宁试点区的海绵城市建设目标；

探索了以山体雨水径流过程梳理为主线，有机串联生态修复、小流域治理、水土保持、地质灾害防治等各项内容，构建了西北地区海绵城市建设的"治山"模式。统筹水土保持、冲沟治理、植物修复以及灾害防治等多个系统建设，综合协调各个领域对相关工程的建设要求，实现区域生态环境与海绵建设的全面提升。

6 海绵城市绿地维护管理

6.1 海绵城市绿地维护管养机制

6.1.1 管理机构

西山海绵化改造项目属于政府投资项目，西宁市园林旅游体育资产经营有限公司负责建设，以及建设期间的管理、维护。建设完成后交由西宁西山林场负责管理。

6.1.2 管养费用

管养费用由西山林场纳入林场日常管护资金中。

6.2 信息化管理

西山作为西宁市试点区 13 管控分区最大项目地块，同 13 管控分区其他项目一起纳入西宁市海绵城市监测与数字化管控平台，并在西山山下的植物园冲沟溢流口和出水口设置了 1 处多普勒流量计、1 处在线 SS 分析仪及 1 处在线雨量计。

西宁市城乡规划和建设局作为项目业主和资产持有人负责平台总体管理，该信息系统建成后（至 2019 年）管理工作委托中标方进行持续的管理和运行维护。其中，设备仪器公司和方案编制的

创建防火隔离带

两侧绿地径流雨水

增加坑塘，实现多级调蓄、缓冲

增加石块减缓水速

冲沟修复做法示意图

相关负责人员主要负责项目的建设、监测方案的优化调整和设备的运维管理，并由西宁市城乡建设局总协调，其他相关政府部门和自来水公司等共同参与配合完成。

6.3 海绵城市绿地维护要点

6.3.1 植物养护

（1）幼林抚育管理

为提高造林保存率和林分质量，应适时进行抚育管理。每年进行两次抚育，以锄草、松土为主，结合进行培土、扩穴、间苗、定株、平茬、修枝等工作。每年进行5~6次灌溉，灌溉水必须浇足浇透。每年春季施肥一次，结合灌溉进行。新造幼林应严格封禁，禁止樵采、放牧。同时要做好病虫害的防治工作。

（2）植物常规养护管理

考虑到林场区域面积大，林场购买了移动式碎枝机，方便在西山上进行随处碎枝作业，就地处理园林绿化垃圾。林场内灌溉主要采用穴灌和喷灌，主要是在旱季进行浇灌。发现病虫害及时控制。林地整洁无杂物，无白色垃圾等。其他未尽事项按照《森林抚育规程》GB/T 15781—2015、《高寒山地森林抚育技术规程》DB63/T 1303—2014等国家、地方以及行业标准、规范进行养护。

6.3.2 土壤养护

针对幼林进行施肥，提高土壤的营养含量，保证幼林的成活率。同时充分利用林场的园林绿色垃圾，就地处理，变废为宝，进行土壤的保墒和改良。

6.4 典型雨水设施维护

6.4.1 水平阶（反坡梯田）

应以保持水平阶阶面平整和阶坎稳固，保持坡面水系工程及水平阶面排水沟渠连接通畅为管护重点。

在汛前和暴雨后，应清理坡面水系工程和水平阶面排水沟渠内的淤泥和杂物，保持水流畅通。

阶坎管护应符合下列要求：（1）土坎：保护护坎、护梗植物，加强抚育管理和病虫害防治工作。在暴雨后应进行检查，发现阶坎被冲毁应及时修复；（2）石坎：经常检查石坎是否稳固，有无松动、外倾、垮塌等现象，发现问题及时修补。石坎水平阶/反坡梯田可在坎内侧种植具有经济价值的护坎草本。

应保护好水平阶/反坡梯田周围的原有植被。

6.4.2 鱼鳞坑

应经常维修坡面和鱼鳞坑间的截水沟、排水沟，以保持坡面排水畅通，维护鱼鳞坑坑梗的稳固为管护重点。

坑梗维护应符合下列要求：（1）石梗：应保持石梗植物，发现垮塌或冲口应及时修复；（2）土梗：每年汛前和暴雨后应培土夯实土梗。可在土梗上种植固土草本。

应保护好鱼鳞坑周围的自然植被。

设计单位：中国城市建设研究院有限公司
管理单位：西宁市林业局
建设单位：西宁市园林旅游体育资产经营有限公司
编写人员：邱莉淘　王国玉　何俊超

重庆市张家溪（悦来段）生态环境整治工程

项目位置：重庆市悦来国际会展城
项目规模：43.13hm²
竣工时间：2019年

1 现状基本情况

1.1 项目概况

场地原为张家溪两侧护坡，经改造作为城市公园绿地使用，规划用地面积43.13hm²，东邻国博大道，北靠悦来大桥和高架桥，张家溪由南向北汇入嘉陵江，张家溪大桥横穿南区。

1.2 自然条件

1.2.1 气候

重庆属亚热带季风性湿润气候，气候温和，雨量充沛，四季分明，无霜期长，云雾多，日照少，春季气温回暖早，冷空气活动频繁；夏季炎热而长，降水集中。常年平均气温为18.5℃，极端最低气温为零下3℃，极端最高气温为43.5℃。

1.2.2 降雨

根据重庆市渝北区气象站的记录资料，规划范围内降雨多集中于5~9月，约占全年降雨量的69%，7~9月常有大雨和暴雨，按2003—2013年降雨量计算，年平均降水量为1078mm。

1.2.3 土壤条件

依据张家溪地勘报告，覆盖层为素填土和粉质黏土，厚度1.0~25.0m，素填土的渗透系数为22.8m/d，属于强透水层；粉质黏土渗透系数取经验值为0.02m/d，为弱透水层。下伏基岩主要为沙溪庙组砂岩、泥岩。

1.2.4 地下水状况

区内地下水类型主要为第四系全新松散岩类孔隙水和基岩裂隙水。松散岩类孔隙水主要贮存于第四系全新统素填土和粉质黏土层中，第四系全新统填土结构松散，径流距离短，排泄条件好，主要由大气降水补给，且受季节变化影响大，雨季含水量稍大，旱季含水量贫乏，沿地势低洼处或基岩面处排出。基岩裂隙水主要贮存于砂岩层中，受岩性的影响，在孔隙水总体上贫乏的情况下，基岩裂隙水也贫乏，同样受大气降水和季节变化的影响明显。

1.3 下垫面情况

整体下垫面情况以现状植被、建筑弃渣和裸露基岩为主，项目场地内植被面积占整个场地的95%，建筑弃渣2%，裸露基岩3%。

1.4 竖向条件与管网情况

园区属构造和剥蚀的丘陵地貌，因溪流侵蚀形成沟谷陡坡，坡度30°~45°，场地原陡坡陡崖区堆积了大量的弃土弃渣，场地整体地形起伏大，雨水流速较快，地形坡度15°~40°，局部边坡高达50°，相对高差最高达84m。场地雨水排涝系统结合道路规划和竖向优化，构建道路超标泄流系统，结合道路两侧的生态泄流通道疏导超标降雨径流。

1.5 客水汇入情况

大量建设用地包围现状河谷，周边多个地块雨水径流由12个排水口进入公园绿地。

2 问题与需求分析

2.1 问题分析

（1）针对重庆的雨型特点，强降雨时，由于场地内雨水下渗空间有限，排水缓冲不足，导致场地无法下渗和消纳这些雨水，易产生局地内涝；

（2）场地整体地形起伏较大，地质情况复杂，雨水流速较快，不易雨水引流，地表径流及雨水

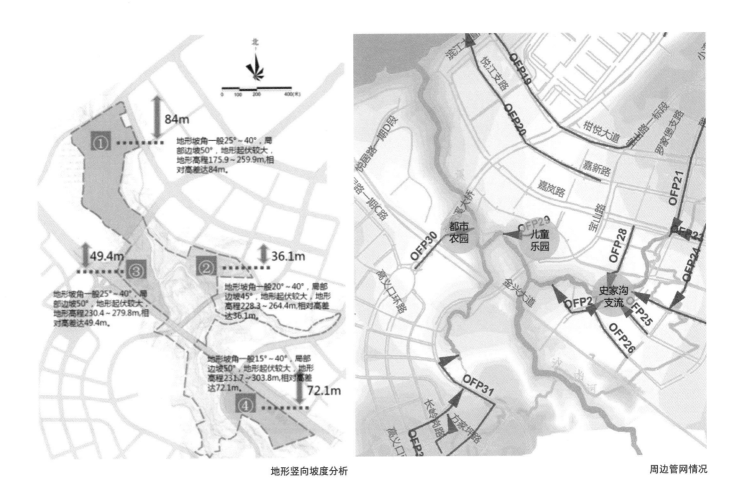

地形坡角一般25°~40°，局部边坡50°，地形起伏较大，地形高程175.9~259.9m,相对高差达84m。

地形坡角一般25°~40°，局部边坡50°，地形起伏较大，地形高程230.4~279.8m,相对高差49.4m。

地形坡角一般20°~40°，局部边坡45°，地形起伏较大，地形高程228.3~264.4m,相对高差达36.1m。

地形坡角一般15°~40°，局部边坡50°，地形起伏较大，地形高程231.7~303.8m,相对高差达72.1m。

地形竖向坡度分析

周边管网情况

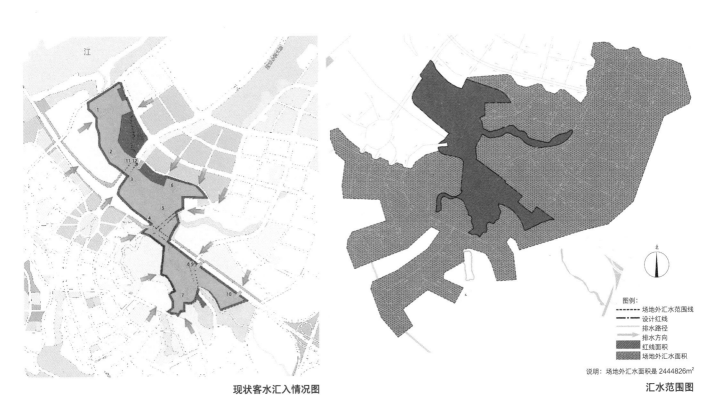

现状客水汇入情况图

汇水范围图

图例:
----- 场地外汇水范围线
—·—·— 设计红线
——— 排水路径
——► 排水方向
场地红线面积
场地外汇水面积

说明: 场地外汇水面积是 2444826m²

管网压力日趋增大；

（3）目前规划中虽有完整排水系统，但污水收集和处理设施不足，部分污水就近直排。同时坡度大导致短时污染物浓度急剧上升，造成水质迅速恶化，初期雨水冲刷效应显著。

2.2 需求分析

（1）总量控制：蓄水空间局促降雨压力增长，需提升蓄水能力；

（2）峰值控制：雨峰靠前短时强降雨内涝威胁，需达到削减峰值效果；

（3）雨水资源化利用：因地制宜，合理设置雨水收集设施与雨水利用设施；

（4）污染控制：污水直排导致水体短时间内迅速恶化，需降低污染情况。

重庆市两江新区悦来新城面源污染排放总量

项目	典型污染物类型	雨水径流平均浓度（mg/L）	面积（m²）	降雨量（mm）	径流系数	污染物量（t/年）
路面	COD$_{Cr}$	120	2958004		0.9	345.02
	TSS	560				1610.10
	TN	3.87				11.13
	TP	0.71				2.04
	NH$_3$-N	1.3				3.74
绿地	COD$_{Cr}$	60.5	6995965		0.2	91.42
	TSS	22.4				33.85
	TN	2.85				4.31
	TP	0.44				0.66
	NH$_3$-N	1.18				1.78
屋面	COD$_{Cr}$	66.4	3638002	1.08	0.9	234.80
	TSS	100.6				355.74
	TN	4.4				15.56
	TP	0.16				0.57
	NH$_3$-N	1.9				6.72
硬地	COD$_{Cr}$	60	4864330		0.9	283.69
	TSS	500				2364.06
	TN	3.2				15.13
	TP	0.3				1.42
	NH$_3$-N	2.5				11.82

3 海绵城市绿地建设目标与指标

3.1 建设目标

项目通过修复天然的海绵系统，加强雨水径流控制和降雨面源污染控制，落实"末端绿地"的生态功能，为悦来新城海绵城市建设提供生态保障。

3.2 设计指标

张家溪公园属于悦来新城雨水管理分区SW18、SW21、SW22、SW23、SW25，根据上位规划的要求，年径流总量控制率>88%，径流污染控制率≥50%，年径流排放率≤22.4%。

4 海绵城市绿地设计

4.1 设计流程

根据现状地形特征，分析张家溪公园片区雨水排水子流域。根据现场情况及设置的源头减排设施功能的系统性，划分系统区域，对每个区域的下垫面情况进行分析，根据存在的问题和相关规划对张家溪公园片区源头减排确定控制目标——年径流总量控制率、径流污染去除率、径流流量峰值控制、年径流排放率。根据现状的条件和确定的目标，确定源头减排设施类型，初步确定设施规模。

利用SWMM计算软件，对拟定的源头减排设计方案进行模拟评估设计，确定合理的源头减排设施规模，后进行具体设计；并根据对张家溪公园径流雨水的采样分析及相关的科研成果，结合《海绵城市建设技术指南》中源头减排设施对污染物的推荐去除率取值，计算改造区域源头减排设施的径流污染物去除率。

4.2 总体布局

通过源头减排设施技术的选择实现场地雨水入渗、削峰、调蓄和净化功能。

4.2.1 梯田缓冲区

梯田缓冲区包括：梯田台地与梯田湿地。两者结合，既能保证含蓄雨水径流的空间，又能净化水质，同时还能将收集的雨水用于园区。

4.2.2 雨水收集带

雨水收集带分为雨水收集植物沟与下渗广场。

雨水收集植物沟收集雨水并将雨水传输到末端设施，设计标准为10年一遇降雨量，输送能力强，具有一定净化能力，景观效果好，适应旱涝两季。下渗广场以下渗回补地下水，雨水调蓄、净化、增加活动场地的功能为主。

4.2.3 植物缓冲带

植物缓冲带分为山地缓冲带与花溪缓冲带。山地缓冲带增加地表覆盖率及植物种类、能够减缓径流速度、净化雨水径流。具有储存与净化功能，景观效果良好。花溪缓冲带增加地表覆盖率及植物种类、能够减缓径流速度、横向净化雨水径流纵向净化溪流，兼具贮存与净化功能，景观效果良好。

4.3 竖向设计与汇水分区

4.3.1 竖向设计与汇水分区

园区竖向设计根据洪水位要求划分出安全级别不同的区域。以10年一遇水位、100年一遇水位为界限，划分为三大安全级别不同的区域。100年一遇以上为安全区，可建设长期使用的人工景观；10年一遇与100年一遇之间的区域为过渡段，主要保护现状植被、恢复现状植被，也是海绵城市建设实践的重要景观区段；2年一遇水位设计滨水步道，增强场地亲水性。四大公园板块均为台地式公园。体育公园板块高程由250~185m；采摘果园板块高程由240~205m；社区农园板块高程由252~232m；运动拓展公园板块高程由278~265m。根据场地的坡度与地表覆盖物等现状条件，将场地划分为14个汇水分区，并分别赋予特性值。

4.3.2 径流控制量计算

根据上位规划的要求，设计范围内年降雨总量控制率为88%，是周边地块的末端绿地，所对应降雨量约为41mm。

技术路线图

总体布局图

下沉绿地（梯田种植）
雨水花园
生态水塘
透水混凝土
雨水收集沟
植被缓冲带

各汇水分区指标控制表

	ZMJ1	ZMJ2	ZMJ3	ZMJ4	ZMJ5	ZMJ6	ZMJ7	ZMJ8	ZMJ9	ZMJ10	ZMJ11	ZMJ12	ZMJ13	ZMJ14
出水口	J1	ZMJ1	ZMJ5	J4	J5	J6	ZMJ6	ZMJ9	J9	J10	ZMJ10	J12	J13	ZMJ13
面积（hm²）	6.95	1.54	7.18	1.2	0.8	0.79	2.98	1.55	5.6	3.14	2.4	3.15	3.72	2.12
宽度（m）	86.7	73.1	103.5	38.1	35.1	22.1	50.2	61	160.9	54.2	60.9	66.2	76.2	93
坡度（%）	60	7	42	14	13	18	14	30	43	39	35	36	38	50
渗透性粗糙系数 N 值	0.03	0.04	0.6	0.15	0.6	0.12	0.03	0.6	0.4	0.4	0.03	0.6	0.15	0.02
渗透性洼地蓄水（mm）	2.54	2.54	6.3	2.54	6.3	2.54	2.54	6.3	6.3	2.54	2.54	6.3	6.3	1.27

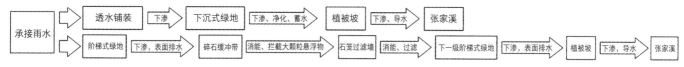

径流组织路径图

4.3.3 设施选择与径流组织路径

公园主要采用梯田缓冲区、雨水收集带、植被缓冲带三大措施，建设绿色海绵。

场地承接雨水通过两种路径流入张家溪水系，线路一：场地承接雨水，雨水通过透水铺装下渗，能够减慢地面排水速度；后流入下沉式绿地，经过下渗、植物根系吸收氮磷等水体污染元素，达到净化目的，大雨量时下沉式绿地兼具蓄水功能，补充地下水，减慢排水速度；雨水再经植被缓冲带，经过下渗、植物净化汇入张家溪水系。线路二：梯田缓冲区（阶梯式绿地）承接雨水，雨水通过阶梯式绿地排至碎石缓冲带、石笼过滤墙，其作用是消解排水势能，减慢排水速度，并通过碎石和石笼石块缝隙，物理方法过滤掉水中大颗粒杂质，经过几层梯田缓冲净化后，雨水经植被缓冲带下渗、净化，汇入张家溪水系。

4.3.4 客水处理

汇入张家溪的客水包括污水和雨水，污水通过综合管网同步整治设置截留井，接入张家溪截污干管。雨水排口通过清理泥沙，铺砌卵石等方式整治，雨水进入公园后通过梯田种植区截留初期径流污染，经过植被缓冲带再次净化后进入张家溪。

分区地块图

4.4 分区设计

4.4.1 设计区域

园区海绵设施面积总计 83856m²，按照地形和使用功能需求分为都市农园、拓展公园等 6 个板块。设计对排水分区的地形、地貌、植被等进行梳理，调整部分地形高程确保雨水径流顺畅衔接，保留部分海绵设施周边同时采用了不同的绿色 LID 设施组合，对汇流面内的雨水进行汇集、转输、净化，降低人类活动的影响，使该区域实现自然、休闲、水清、岸绿的效果。采用的源头减排雨水设施包括下沉绿地、透水铺装、雨水旱沟等。

都市农园、拓展公园、儿童乐园主要使用下沉绿地和透水铺装，发挥收集、净化、下渗雨水的作用。花田多采用下沉绿地，主要发挥净化、下渗雨水作用；养生花园主要采用雨水旱沟和透水铺装，发挥收集转导、净化、下渗雨水的作用。

4.4.2 设施类型基础数据

依据上位规划设计目标要求，结合场地条件，对下沉式绿地、透水混凝土铺装、碎石铺装、雨水收集植草沟进行详细设计，对其表面层、土壤层或路面层、蓄水层分别提出相应的设计标准，具体参数详见各设施类型基础数据表。

4.4.3 海绵系统流程与模型运算结果

通过对园区设计前后的 SWMM 模型的对比，其中，都市农园区地表径流深度由 51.74mm 降至 19.57mm；儿童乐园地表径流深度由 58.11mm 降至 34.8mm；养生花园地标径流深度由 58.03mm 降至 28.26mm；拓展公园地表径流深度由 57.4mm 降至 35.74mm；花田一地表径流深度由 58.18mm 降至 44.66mm；花田二地表径流深度由 57.76mm 降至 31.02mm，可见，所有分区地表径流均有所改善，海绵设施效果明显。

4.5 土壤改良与植物选择

4.5.1 土壤改良

土壤应疏松湿润，排水良好，pH值 5~7，

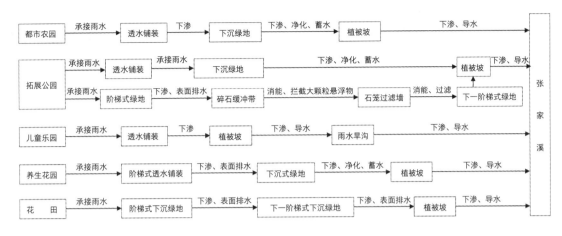

系统流程图

含有机质的肥沃土壤，整理地形、翻土、松土30~40cm，去除直径2.5cm以上的石块、垃圾。对不符合要求的土壤进行改良，土壤改良可通过深翻熟化、客土改良、培土掺沙和施肥等措施，提高土壤肥力，改善土壤结构和理化性质，为植物生长发育创造良好的条件。绿化土方回填及土方地形时必须按20%的沉降系数提前预留出土方富余量。为保证绿化长期效果，绿化种植前需加入5cm厚泥炭土并深翻种植土20cm厚拌合均匀。

种植必须的最低土层厚度：草本花卉30cm，草坪地被35cm，小灌木45cm，大灌木60cm，浅根乔木90cm，深根乔木200cm。

4.5.2 典型设施结构与植物选择

（1）雨水收集带

雨水收集带分为雨水收集植物沟和下渗广场，主要设置于道路边缘、地块内部绿地，并利用场地现有自然冲沟。雨水收集植物沟主要功能为收集雨水，并将雨水传输到末端设施，是各区主要的收集、排水廊道。下渗广场平时作为活动场地，降雨时为下渗回补地下水，调蓄雨水、净化。

（2）梯田缓冲区

梯田缓冲区设在因溪沟侵蚀作用形成沟谷陡斜坡处。主要功能为截留初期径流污染，并收集雨水进行绿化灌溉。梯田缓冲区上层设置雨水花园，提升景观效果，下层设置雨水收集池，收集净化雨水，旱季时可以对园区植物进行灌溉。

梯田缓冲区乔木选择：水杉、银杏、香樟、红枫、元宝枫、榉树、枫杨、慈孝竹、国槐等乡土植物。梯田缓冲区地被选择：凌霄、爬山虎、千鸟花、马蔺、狼尾草、大叶萱草、狗牙根、旱伞草、茶花、细叶芒等乡土物种。

（3）植物缓冲带

植物缓冲带设置在现状山地污染严重的地块，分为山地缓冲带和花溪缓冲带。山地缓冲区上增加植物地表覆盖率及植物种类，主要起到减缓径流速度和净化的作用。花溪缓冲带种植耐涝、耐污染、有一定的吸收营养元素能力的低维护观赏性植物。

4.5.3 植被选型

整体以乡土植物为主，花溪植物选择以耐涝、耐污染的植物种类，生态草沟、雨水花园植物选择以水旱两宜、耐污染种类为主。

各设施类型基础数据表

下沉式绿地			
表面	蓄水深度 300mm	植被覆盖率80%	表面粗糙系数（曼宁 N 值）0.24
土壤	厚度100mm	孔隙率0.437	产水能力0.062	枯萎点0.024	导水率120.396	吸水头49.02mm
蓄水	高度600mm	空隙比0.479	导水率0.508mm/h

透水混凝土		
表面	植被覆盖率0	表面粗糙系数（曼宁 N 值）0.02	表面坡度（百分比）1%
路面	厚度50mm	孔隙比0.25	渗透性（mm/h）1800
蓄水	高度150mm	孔隙比0.4	导水率（mm/h）460

碎石铺装		
表面	植被覆盖率0	表面粗糙系数（曼宁 N 值）0.02	表面坡度（百分比）1%
路面	厚度100mm	孔隙比0.3	渗透性（mm/h）360
蓄水	高度180mm	孔隙比0.4	导水率（mm/h）460

雨水收集植草沟				
表面	蓄水深度1000mm	植被覆盖率90%	表面粗糙系数（曼宁 N 值）0.18	表面坡度2.8%	洼地边坡（L/H）0.4
路面	蓄水深度1500mm	植被覆盖率90%	表面粗糙系数（曼宁 N 值）0.18	表面坡度2.8%	洼地边坡（L/H）0.4
蓄水	蓄水深度1800mm	植被覆盖率90%	表面粗糙系数（曼宁 N 值）0.18	表面坡度2.8%	洼地边坡（L/H）0.4

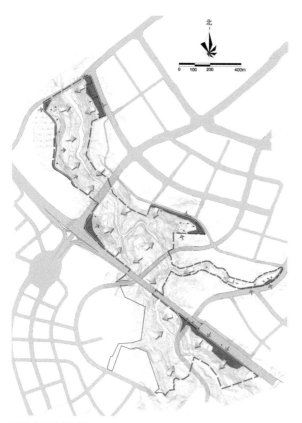

雨水收集带位置图

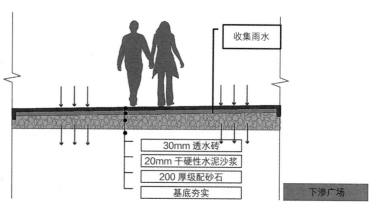

收集雨水并净化

2000

150

可渗透土壤过滤

雨水收集植物沟

收集雨水

30mm 透水砖
20mm 干硬性水泥沙浆
200 厚级配砂石
基底夯实

下渗广场

雨水收集带剖面图

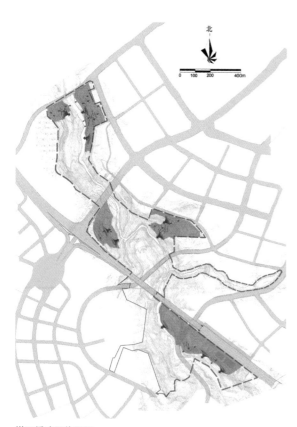

梯田缓冲区位置图

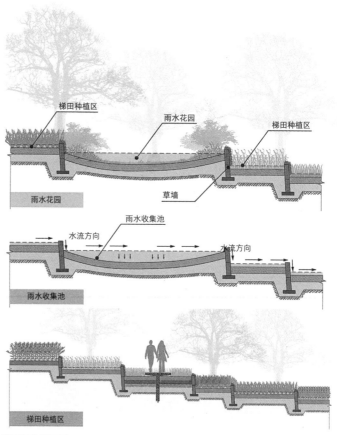

梯田种植区
雨水花园
梯田种植区
雨水花园
草墙

雨水收集池
水流方向
雨水收集池
水流方向

梯田种植区

梯田湿地剖面图

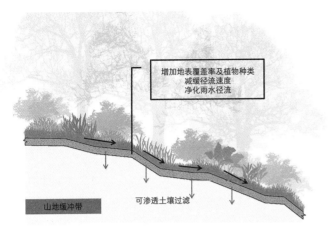

植物缓冲带剖面图

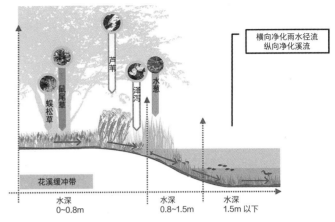

花溪缓冲带剖面图

5 建成效果评价

5.1 工程造价

项目概算造价 12268.6691 万元。其中绿化工程造价 5870.1344 万元，单方造价 136 元 /m²，投资海绵设施工程造价 1421.7769 万元，单方造价 33 元 /m²。

5.2 设计效果评估

年径流总量控制：设计前现状可消纳雨水量约为 33.71mm，年径流总量控制率为 85%。设计后可消纳雨水量为 41.13mm，年径流量控制率为 88%。满足上位规划《悦来新城海绵城市总体规划》年径流总量控制率要求。

径流峰值流量控制：通过图对比可以看出，经过低影响开发建设，径流排水减少且具有一定的错峰效果。

径流污染控制：通过对设计后的径流污染控制进行评估，源头减排设施对污染物去除率为54.89%，满足《悦来新城海绵城市总体规划》径流污染控制率 ≥ 54% 的要求。

5.3 效益分析

张家溪（悦来段）生态环境综合治理工程海绵秉承"系统考虑、源头控制、过程管理、监测反馈、高收低用"的设计理念，整个"海绵"系统科学、指标合理，达到海绵总规指标控制要求，在区域水生态、水环境、水安全、水资源四个方面都达到了很好的示范效应。水环境方面，建成后初期雨水得到控制，排入张家溪的年污染物总量（SS 计）削减了 50% 以上；水生态方面，建设恢复和疏通水生态径流路径，顺应自然，让自然做功，有利于乡土植物生长，形成低维护景观；水安全方面，降低了张家溪两侧坡地雨水流速，

设计后年径流总量控制统计表

径流量连续性	容积（万 m³）	深度（mm）
总降水	3.60	84.60
渗入损失	11.76	200.32
最终地表蓄水	2.40	41.28
地表径流	3.55	60.39
连续性误差	0.10	

乡土树种统计表

种类	树种
乔木	黄葛树、水杉、垂丝海棠、丛生朴树、榉树、黄金槐、银杏、香樟、丛生香樟、蓝花楹、紫薇、广玉兰、垂柳、元宝枫、红叶李、栾树、国槐、枫杨、二乔玉兰、日本晚樱、木芙蓉、桂花、桢楠、日本红枫、鸡爪槭、丛生花石榴、池杉、喀什榆、丛生茶条槭、红梅、小叶榕、椰榆、栾树、毛叶海棠、紫荆、雪松、罗汉松、柳杉、羽衫、慈竹、斑竹、楠竹、琴丝竹、孝顺竹
地被植物	蒲苇、玫红蒲苇、千层金、海芋、香菇草、八角金盘、晨光芒、茶花、春鹃、春羽、大滨菊、荷兰菊、黑心菊、宿根天人菊、松果菊、大花秋葵、大花萱草、大吴风草、旱伞草、红花酢浆草、红花继木、花叶鹅掌柴、花叶良姜、花叶芦竹、花叶美人蕉、火星花、金鸡菊、金山绣线菊、金丝桃、金叶石菖蒲、柳叶马鞭草、狼尾草、芦苇、马蔺、木春菊、南天竹、凌霄、爬山虎、千屈菜、洒金桃叶珊瑚、蓝花鼠尾草、肾蕨、水葱、四季桂、宿根美女樱、文殊兰、五色梅、细叶芒、小叶栀子、银边芒、再力花、中华蚊母、紫娇花、细叶结缕草、粉黛乱子草、楠竹、小丑火棘、须芒草、玉蝉花

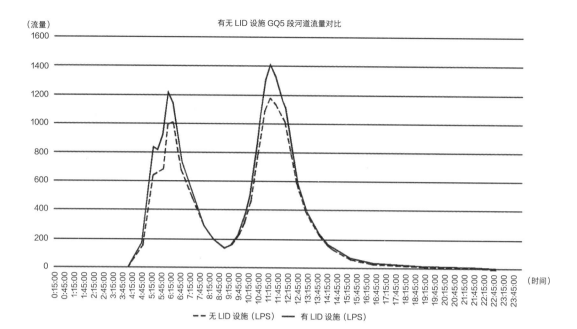

径流峰值流量控制设计前后对比图

源头减排设施对污染物去除率贡献比值表

单项设施	污染物去除率 (以SS计，%)	设施面积 (m²)	总面积 (m²)	污染物去除率 贡献比值（%）
雨水花园	50~80	43604.9		6.57
渗透塘	70~80	5381		0.87
碎石铺装	80~90	15247	431299	3
透水水泥混凝土	80~90	14677		3
雨水收集带	35~90	5984		0.69
植被缓冲带	50~75	352389.1		40.85
总计				54.89

减少对驳岸的冲刷，发挥了水土保持功效，同时也起到错开雨季洪峰的作用；水资源方面，通过高收低用的回用系统，每年能将收集的雨水用于补充地下水及绿化浇灌，节约了水资源。

6 海绵城市绿地维护管理

6.1 信息化管理与监测

该项目中水量在线监测设备，地块雨水接入市政的排口，设置有水量、SS在线监测设备，监测设备均接入悦来新城海绵城市监测与信息平台。监测平台会对监测数据进行收集，按照使用者需求，可以测算年回用水量、年径流总量控制率和污染物削减率。当地块雨水中混入污水时，会有超标排放报警，通过查看对应区域管网，结合现场踏勘，可以进行混排污水点溯源。

6.2 海绵城市绿地维护要点

6.2.1 植物养护

植物养护根据需求，适量浇灌植物，雨季水分过多时及时排水，以防烂根；定期修剪保持植物形态，海绵植物根据需求收割，及时除杂草和预防病虫害；冬季、夏季针对灾害天气采取相应的措施。

6.2.2 土壤养护

土壤养护是维护的重要部分，与植物养护相辅相成，日常养护中经常进行松土透气、有利于植物根系生长和土壤微生物的活动，对于已经板结的土壤要及时进行土壤处理，恢复土壤活力。

6.2.3 水体养护

水体日常养护中要及时清理漂浮杂物、植物枯叶，控制污染源，杜绝污染水及垃圾进入水体，对于水质恶化的水体，及时采取水质恢复措施。

6.3 典型雨水设施维护

6.3.1 下凹式绿地

定期修剪植物、清除杂草、定期巡检预防植物病虫害等；进水口、溢流口等在大雨后和落叶季及时巡查，清除堵塞等情况，具体维护措施如下表：

6.3.2 雨水湿塘

防误接、误用、误饮等警示标识、护栏等安全防护设施及预警系统损坏或缺失时，应及时进行修复和完善，具体维护如下：

设计单位：北京土人城市规划设计股份有限公司、重庆市风景园林规划研究院

建设单位：重庆悦来投资集团有限公司

管理单位：重庆悦来投资集团有限公司

编写人员：魏映彦　胡军享　刘英鹏　申　亚
　　　　　郭钰琦　邵亮亮　苏　醒　樊崇玲

下凹绿地设施日常维护事项周期表

项目	检查内容	检查维护频次	备注
进水口、溢流口	堵塞	12,S,F	—
	消能措施	2,S	雨季前/后
	侵蚀、损坏	2,S	
边坡、堰	裂口、沉降、侵蚀损坏	2,S	
种植土	表层沉积物	每周	—
	含水率	N	—
	土壤肥力	N	—
	流失、侵蚀、板结	N	—
	厚度	1,S	—
覆盖层	添加	2,S	—
	更换	2~3 年	—
配水、排水管/渠	是否堵塞、损坏、错位等	4,S,F	雨季前/中/后
防渗膜	破损、渗漏	N	—
设施内空间	设施内是否存在垃圾杂物	与市政卫生同步	—
植被	植被存活状况	N,S	—
	植被外观情况，确定是否需要修剪	N	—
	植被是否遭受病虫害	N	—
	植被是否缺水	N	—
	设施内杂草生长状况	N	—
	植被覆盖率	N	—
积水	积水时间是否超过 24h	S	—

注：检查维护频次，1–每年 1 次；2–每年 2 次；3–每年 3 次；4–每年 4 次；12–每月 1 次；S–24h 降雨量大于等于 2 年一遇；F–落叶季节；N–按需要，居民报告异常情况时也应进行检查维护。备注，雨季前/中/后：指至少应在雨季前、雨季中和雨季后各执行一次检查和维护。

调节塘维护事项周期表

项目	检查内容	检查维护频次	备注
进水口	垃圾、沉积物	N,S	—
塘体、管道	裂口	1,S	雨季前
	渗漏	1	雨季前
塘内淤积	池内淤泥、杂物情况	1	雨季前
水质	是否达到相关水质要求	N	—
安全检查	是否密封良好	12	—
	警示标识是否完好	12	—